普通高等教育“十二五”创新型规划教材·电气工程及其自动化系列

EDA/SOPC 实验指导

杨春玲　朱　敏　主　编
张　岩　杨荣峰　张　刚　副主编

哈爾濱工業大學出版社

内容简介

本书是一本EDA(电子设计自动化)/SOPC(片上可编程系统)实验指导书,主要包括组合时序逻辑电路基础实验、Modelsim仿真实验及嵌入式逻辑分析仪、状态机设计实验、Qsys基础实验、趣味实验和数字触屏综合实验。书中每个实验都给出了详细的设计方法和实验步骤,学生可根据指导书,轻松地完成实验,从而比较全面地掌握PLD设计方法。本书所使用的实验系统为台湾友晶科技公司的DE2-70实验板。

本书可作为高等院校电子设计相关学科本科生或研究生的数字电子技术、EDA/SOPC技术的教材及实验指导书,也可作为相关专业技术人员的参考书。

图书在版编目(CIP)数据

EDA/SOPC实验指导/杨春玲,朱敏主编.—哈尔滨:哈尔滨工业大学出版社,2015.7

ISBN 978-7-5603-5472-9

Ⅰ.①E… Ⅱ.①杨…②朱… Ⅲ.①电子电路-电路设计-计算机辅助设计-实验-高等学校-教学参考资料 ②可编程序逻辑器件-系统设计-实验-高等学校-教学参考资料 Ⅳ.①TN702-33 ②TPI32.1-33

中国版本图书馆CIP数据核字(2015)第153394号

策划编辑 王桂芝
责任编辑 范业婷
出版发行 哈尔滨工业大学出版社
社　　址 哈尔滨市南岗区复华四道街10号 邮编150006
传　　真 0451-86414749
网　　址 http://hitpress.hit.edu.cn
印　　刷 哈尔滨工业大学印刷厂
开　　本 787mm×1092mm 1/16 印张14.75 字数332千字
版　　次 2015年7月第1版 2015年7月第1次印刷
书　　号 ISBN 978-7-5603-5472-9
定　　价 30.00元

普通高等教育“十二五”创新型规划教材
电气工程及其自动化系列
编　委　会

序

随着产业国际竞争的加剧和电子信息科学技术的飞速发展，电气工程及其自动化领域的国际交流日益广泛，而对能够参与国际化工程项目的工程师的需求越来越迫切，这自然对高等学校电气工程及其自动化专业人才的培养提出了更高的要求。

根据《国家中长期教育改革和发展规划纲要(2010—2020)》及教育部“卓越工程师教育培养计划”文件精神，为适应当前课程教学改革与创新人才培养的需要，使“理论教学”与“实践能力培养”相结合，哈尔滨工业大学出版社邀请东北三省十几所高校电气工程及其自动化专业的优秀教师编写了《普通高等教育“十二五”创新型规划教材·电气工程及其自动化系列》。该系列教材具有以下特色：

1. 强调平台化完整的知识体系。系列教材涵盖电气工程及其自动化专业的主要技术理论基础课程与实践课程，以专业基础课程为平台，与专业应用课、实践课有机结合，构成了一个通识教育和专业教育的完整教学课程体系。

2. 突出实践思想。系列教材以“项目为牵引”，把科研、科技创新、工程实践成果纳入教材，以“问题、任务”为驱动，让学生带着问题主动学习，“在做中学”，进而将所学理论知识与实践统一起来，适应企业需要，适应社会需求。

3. 培养工程意识。系列教材结合企业需要，注重学生在校工程实践基础知识的学习和新工艺流程、标准规范方面的培训，以缩短学生由毕业生到工程技术人员转换的时间，尽快达到企业岗位目标需求。如从学校出发，为学生设置“专业课导论”之类的铺垫性课程；又如从企业工程实践出发，为学生设置“电气工程师导论”之类的引导性课程，帮助学生尽快熟悉工程知识，并与所学理论有机结合起来。同时注重仿真方法在教学中的作用，以解决教学实验设备因昂贵而不足、不全的问题，使学生容易理解实际工作过程。

本系列教材是哈尔滨工业大学等东北三省十几所高校多年从事电气工程及其自动化专业教学科研工作的多位教授、专家们集体智慧的结晶，也是他们长期教学经验、工作成果的总结与展示。

我深信：这套教材的出版，对于推动电气工程及其自动化专业的教学改革、提高人才培养质量，必将起到重要推动作用。

教育部高等学校电子信息与电气学科教学指导委员会委员
电气工程及其自动化专业教学指导分委员会副主任委员

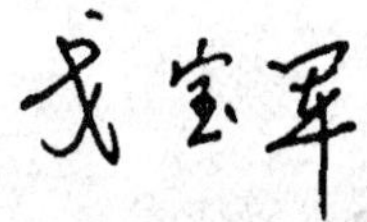

2011 年 7 月

前　言

为了适应EDA(电子设计自动化)/SOPC(片上可编程系统)技术人才培养的需要,哈尔滨工业大学电子学教研室凝练多年教学研究成果和科研经验编写了本书。

本书围绕EDA/SOPC实验展开,注重实践性。其主要内容包括:组合时序逻辑电路基础实验、Modelsim仿真实验及嵌入式逻辑分析仪、状态机设计实验、Qsys基础实验、趣味实验和数字触屏综合实验。

本书具体特点如下:

(1) 循序渐进,通俗易懂,可读性强。本书中对每个实验都给出了详细的实验步骤,学生可以非常容易地完成实验。

(2) 内容全面,覆盖了PLD的主要设计方法。本书给出了组合时序逻辑电路、Modelsim仿真方法、嵌入式逻辑分析仪、状态机设计和SOPC构建等实验案例。读者通过模仿这些实例可以快速地掌握逻辑电路的Verilog程序编写方法。

(3) 启发式实验设计,针对实验内容的HDL代码,书中给出设计过程及电路原理框图。每个实验后给出扩展实验,激发学生的自我创新意识,巩固相关实验内容。

(4)第5章的趣味实验可以提高学习兴趣,其中"基于VGA的桌面弹球"实验案例来自于美国伊利诺伊香槟分校。

本书可作为高等院校电子工程、通信、工业自动化、计算机应用技术、电子对抗、仪器仪表、数字信号或图像处理等学科的本科生或研究生的数字电子技术、EDA/SOPC技术的教材及实验指导书,也可作为相关专业技术人员的参考书。

本书由杨春玲、朱敏任主编,由张岩、杨荣峰、张刚任副主编,参加编写的还有康磊等。

由于编者的水平有限,书中定有疏漏和不妥之处,恳请读者给予批评指正。

编　者

2015年5月

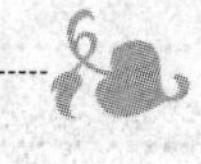

目　录

第1章　组合时序逻辑电路基础实验

1.1　实验要求

（1）学习 ED2-70 开发板的使用。

（2）分频器基本实验：控制 1 个 LED 灯，按 1 Hz 频率亮灭。

（3）十进制计数器编码显示实验：1 s 计数 1 次，从 0 计到 9，不断重复，用 1 个 7 段数码管显示当前计数值。

（4）扩展要求：100 进制可逆计数器编码显示实验，通过按键，控制加计数还是减计数。计数为 0～99。

1.2　硬件外设介绍

本书所使用的硬件设备为台湾友晶科技公司生产的 DE2-70 开发板，FPGA 芯片为 Altera Cyclone® II 2C70F896C6N，如图 1.1 和图 1.2 所示。下面介绍一下本实验使用的外部设备。

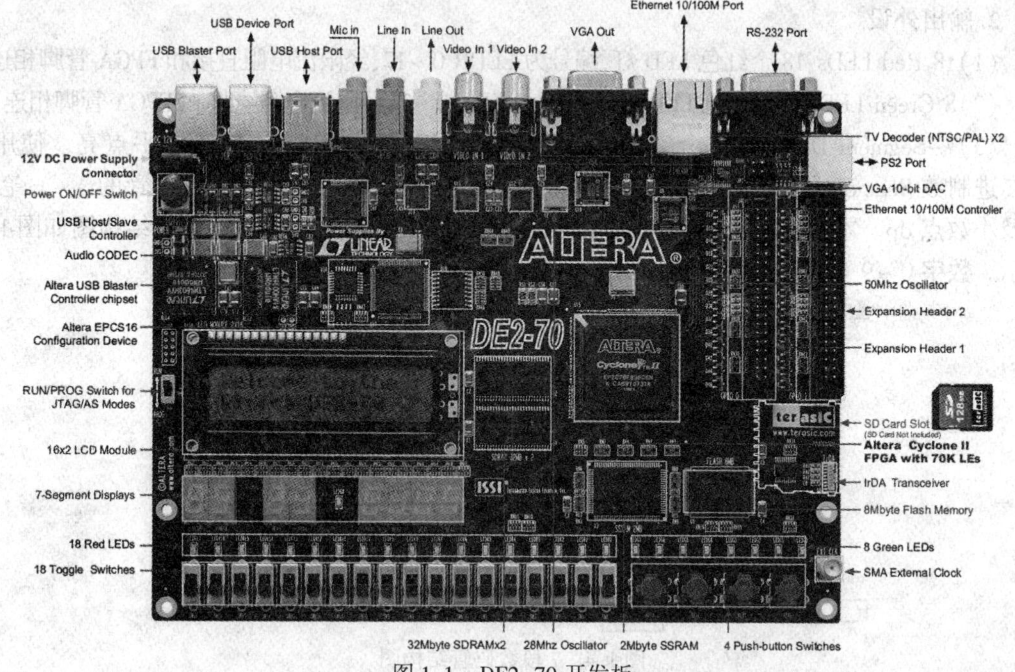

图 1.1　DE2-70 开发板

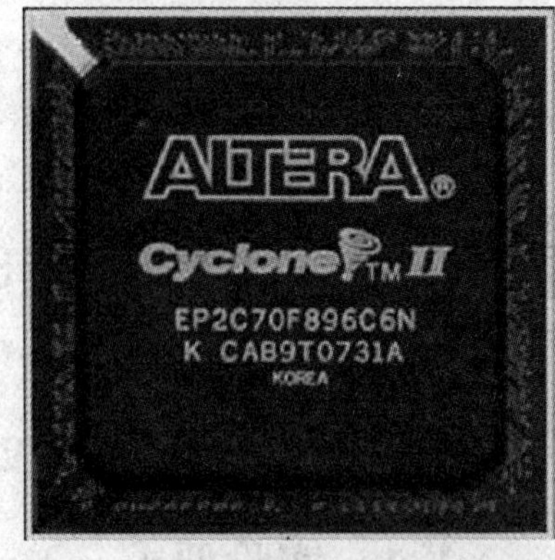

图 1.2　DE2-70 开发板 FPGA 芯片

本实验所使用的外部设备如图 1.3 所示。

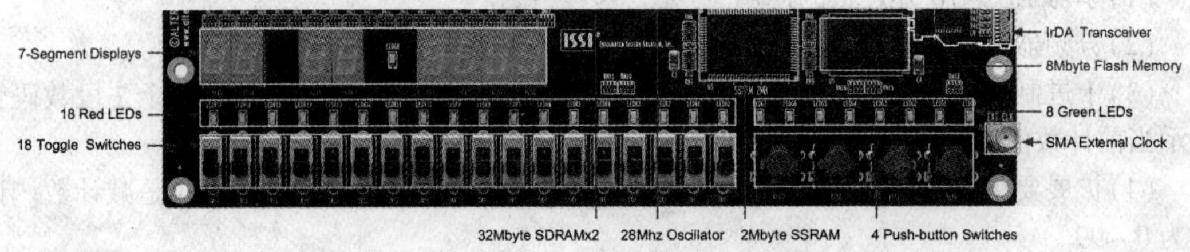

图 1.3　本实验所使用的外部设备

1. 输入外设

(1)4 Push-button Switches:4 个按键,编号为 Key 0 ~ 3,按下为 0,松开为 1。(带施密特触发器接 FPGA 管脚)

(2)18 Toggle Switches:18 个拨码开关,编号为 SW 0 ~ 17,直接和 FPGA 管脚相连,上 1 下 0。

2. 输出外设

(1)18 Red LEDs:18 个红色 LED 灯,编号为 LEDR 0 ~ 17,经限流电阻直接和 FPGA 管脚相连。

(2)8 Green LEDs:8 个绿色 LED 灯,编号为 LEDG 0 ~ 7,经限流电阻直接和 FPGA 管脚相连。

(3)7-Segment Displays:8 个 7 段共阳极数码管,编号为 HEX 0 ~ 7,低电平点亮。使用 8 位二进制数 Segment[7:0]驱动数码管不同的笔画段,从低至高分别对应数码管的 a ~ g 笔画段及小数点 dp。本实验中小数点 dp 的对应位 Segment[7]均取 1。7 段数码管结构图如图 1.4 所示。数字 0 ~ 9 与 Segment[7:0]的对应关系见表 1.1。

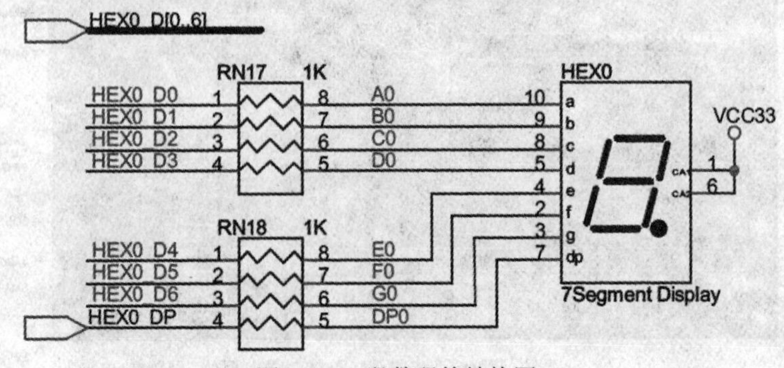

图 1.4　7 段数码管结构图

表 1.1　7 段数码管显示译码表

数字	Segment[7:0]
0	11000000
1	11111001
2	10100100
3	10110000
4	10011001
5	10010010
6	10000011
7	11111000
8	10000000
9	10011000

DE2-70 开发板上 FPGA 芯片引脚与外设连接关系见表 1.2。

表 1.2　DE2-70 开发板上 FPGA 芯片引脚与外设连接关系

引脚名	引脚号	注释	引脚名	引脚号	注释
iCLK_28	PIN_E16	28 MHz 时钟源	oLEDG[0]	PIN_W27	绿色 LED
iCLK_50	PIN_AD15	50 MHz 时钟源	oLEDG[1]	PIN_W25	
iEXT_CLOCK	PIN_R29	外部时钟源	oLEDG[2]	PIN_W23	
iSW[0]	PIN_AA23	拨码开关——向上为高电平，向下为低电平	oLEDG[3]	PIN_Y27	
iSW[1]	PIN_AB26		oLEDG[4]	PIN_Y24	
iSW[2]	PIN_AB25		oLEDG[5]	PIN_Y23	
iSW[3]	PIN_AC27		oLEDG[6]	PIN_AA27	
iSW[4]	PIN_AC26		oLEDG[7]	PIN_AA24	
iSW[5]	PIN_AC24		oLEDG[8]	PIN_AC14	
iSW[6]	PIN_AC23		oLEDR[0]	PIN_AJ6	红色 LED
iSW[7]	PIN_AD25		oLEDR[1]	PIN_AK5	
iSW[8]	PIN_AD24		oLEDR[2]	PIN_AJ5	
iSW[9]	PIN_AE27		oLEDR[3]	PIN_AJ4	
iSW[10]	PIN_W5		oLEDR[4]	PIN_AK3	
iSW[11]	PIN_V10		oLEDR[5]	PIN_AH4	
iSW[12]	PIN_U9		oLEDR[6]	PIN_AJ3	

续表 1.2

引脚名	引脚号	注释	引脚名	引脚号	注释
iSW[13]	PIN_T9		oLEDR[7]	PIN_AJ2	
iSW[14]	PIN_L5		oLEDR[8]	PIN_AH3	
iSW[15]	PIN_L4		oLEDR[9]	PIN_AD14	
iSW[16]	PIN_L7		oLEDR[10]	PIN_AC13	
iSW[17]	PIN_L8		oLEDR[11]	PIN_AB13	
iKEY[0]	PIN_T29	弹跳开关,可作为手动时钟	oLEDR[12]	PIN_AC12	
iKEY[1]	PIN_T28		oLEDR[13]	PIN_AB12	
iKEY[2]	PIN_U30		oLEDR[14]	PIN_AC11	
iKEY[3]	PIN_U29		oLEDR[15]	PIN_AD9	
oHEX0_D[0]	PIN_AE8	七段数码管 0	oLEDR[16]	PIN_AD8	
oHEX0_D[1]	PIN_AF9		oLEDR[17]	PIN_AJ7	
oHEX0_D[2]	PIN_AH9		oHEX6_D[0]	PIN_H6	七段数码管 6
oHEX0_D[3]	PIN_AD10		oHEX6_D[1]	PIN_H4	
oHEX0_D[4]	PIN_AF10		oHEX6_D[2]	PIN_H7	
oHEX0_D[5]	PIN_AD11		oHEX6_D[3]	PIN_H8	
oHEX0_D[6]	PIN_AD12		oHEX6_D[4]	PIN_G4	
oHEX0_DP	PIN_AF12		oHEX6_D[5]	PIN_F4	
oHEX1_D[0]	PIN_AG13	七段数码管 1	oHEX6_D[6]	PIN_E4	
oHEX1_D[1]	PIN_AE16		oHEX6_DP	PIN_K2	
oHEX1_D[2]	PIN_AF16		oHEX7_D[0]	PIN_K3	七段数码管 7
oHEX1_D[3]	PIN_AG16		oHEX7_D[1]	PIN_J1	
oHEX1_D[4]	PIN_AE17		oHEX7_D[2]	PIN_J2	
oHEX1_D[5]	PIN_AF17		oHEX7_D[3]	PIN_H1	
oHEX1_D[6]	PIN_AD17		oHEX7_D[4]	PIN_H2	
oHEX1_DP	PIN_AC17		oHEX7_D[5]	PIN_H3	
oHEX2_D[0]	PIN_AE7	七段数码管 2	oHEX7_D[6]	PIN_G1	
oHEX2_D[1]	PIN_AF7		oHEX7_DP	PIN_G2	
oHEX2_D[2]	PIN_AH5				
oHEX2_D[3]	PIN_AG4				
oHEX2_D[4]	PIN_AB18				
oHEX2_D[5]	PIN_AB19				

续表 1.2

引脚名	引脚号	注释	引脚名	引脚号	注释
oHEX2_D[6]	PIN_AE19		oHEX4_D[0]	PIN_P1	七段数码管 4
oHEX2_DP	PIN_AC19		oHEX4_D[1]	PIN_P2	
oHEX3_D[0]	PIN_P6	七段数码管 3	oHEX4_D[2]	PIN_P3	
oHEX3_D[1]	PIN_P4		oHEX4_D[3]	PIN_N2	
oHEX3_D[2]	PIN_N10		oHEX4_D[4]	PIN_N3	
oHEX3_D[3]	PIN_N7		oHEX4_D[5]	PIN_M1	
oHEX3_D[4]	PIN_M8		oHEX4_D[6]	PIN_M2	
oHEX3_D[5]	PIN_M7		oHEX4_DP	PIN_L6	
oHEX3_D[6]	PIN_M6		oHEX5_D[0]	PIN_M3	七段数码管 5
oHEX3_DP	PIN_M4		oHEX5_D[1]	PIN_L1	
			oHEX5_D[2]	PIN_L2	
			oHEX5_D[3]	PIN_L3	
			oHEX5_D[4]	PIN_K1	
			oHEX5_D[5]	PIN_K4	
			oHEX5_D[6]	PIN_K5	
			oHEX5_DP	PIN_K6	

1.3　开发板的使用

(1)连线:连接适配器,打开板上电源开关。

(2)连 USB 线,下载程序。

如图 1.5 所示,所需板上资源有:

12V DC Power Supply Connector:接电源适配器,12 V 直流。

Power ON/OFF Switch:电源开关。

Altera USB Blaster Controller Chipset:Altera 公司的 USB-Blaster 芯片,通过此芯片接 FPGA 的 JTAG 接口,可通过 JTAG 方式向 FPGA 下载程序(JTAG 模式,掉电丢失)。此芯片也同片外的 EEPROM 芯片 EPCS16 相接,可把程序下载到片外存储器上(AS 模式,掉电不丢失)。

Altera EPCS16 Configuration Device:EEPROM 芯片,专用于存放电路图信息。在 AS 模式下(Quartus II 中选择),电路图将下载到此芯片中,以后每次上电 FPGA 芯片会自动读取该芯片内容并自动完成配置过程。

RUN/PROG Switch for JTAG/AS Modes:下载程序模式选择,上(RUN)为 JTAG 模式,下(PROG)为 AS 模式。注意和集成开发环境 Quartus II 中的选择一致。

集成开发环境中,点击下载按钮,将出现编程(Programmer)对话框,选择模式:JTAG 模

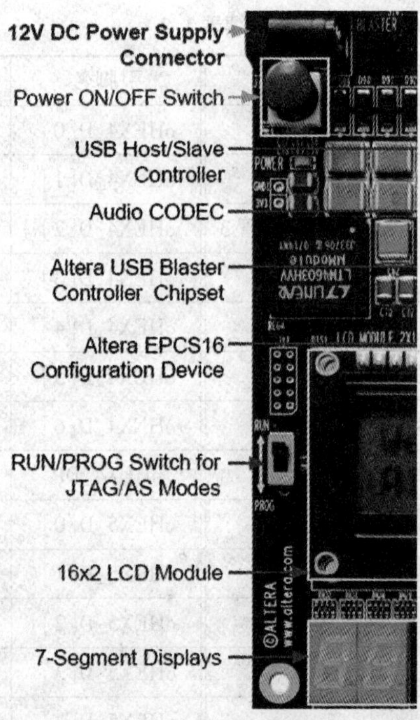

图 1.5　所需板上资源

式下使用. sof 文件，Active Serial Programming(AS)模式下使用. pof 文件，编译时会自动同时生成这两个文件，如图 1.6 所示。

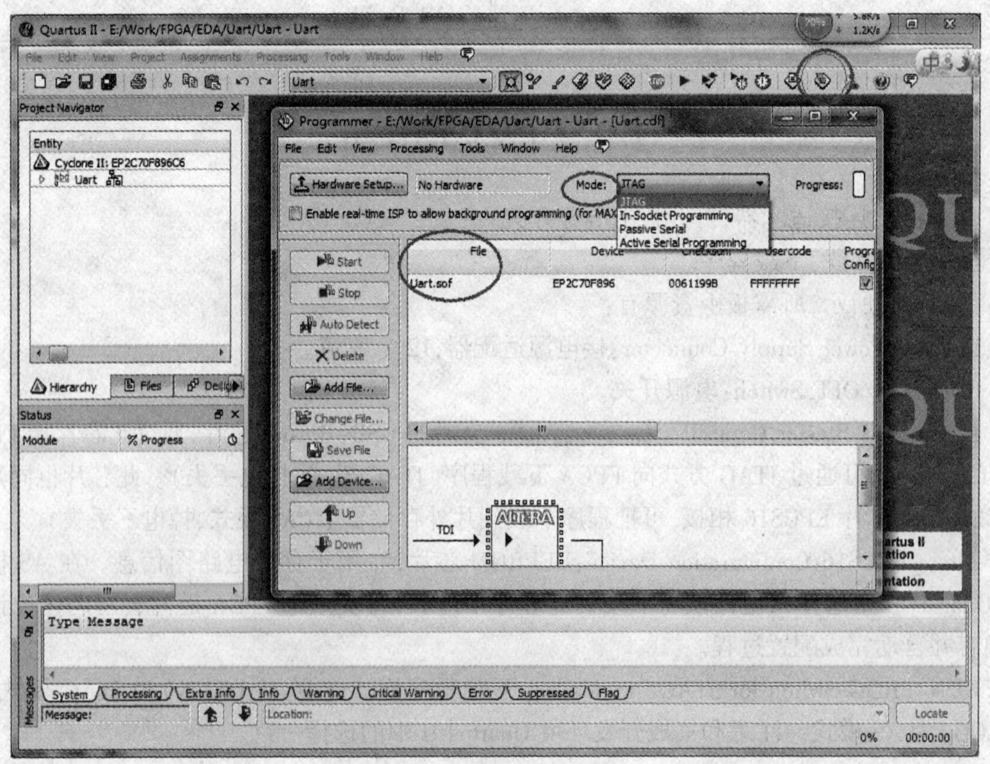

图 1.6　程序下载界面

PC 机通过 USB 线和开发板相连，注意接到板子的 USB Blaster 接口（最左上角），通过左侧拨码开关可选择 RUN（JTAG）/PROG（AS）不同程序下载模式，如图 1.7 所示。JTAG 方式掉电信息丢失，后者则下载到片外 EEPROM 芯片 EPCS16 上（可存 16 kb 数据）。

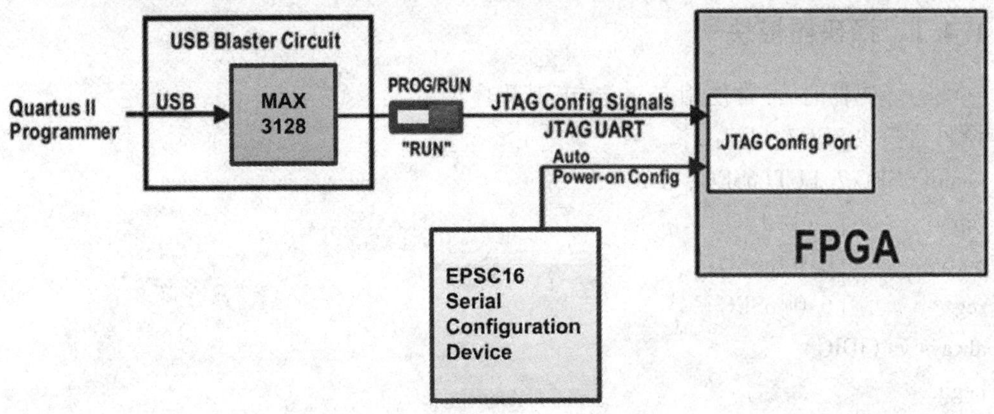

图 1.7　JTAG 配置结构图

注意：如果自己设计板子，不用设计 USB Blaster 电路，因为可以买到编程器（其原理与图 1.7 中 USB Blaster Circuit 相同），此时连线如图 1.8 所示，即 PC 机可通过编程器与 FPGA 的 JTAG 接口相连（JTAG 模式），也可通过编程器与 EPCS 16 芯片相连（AS 模式）。

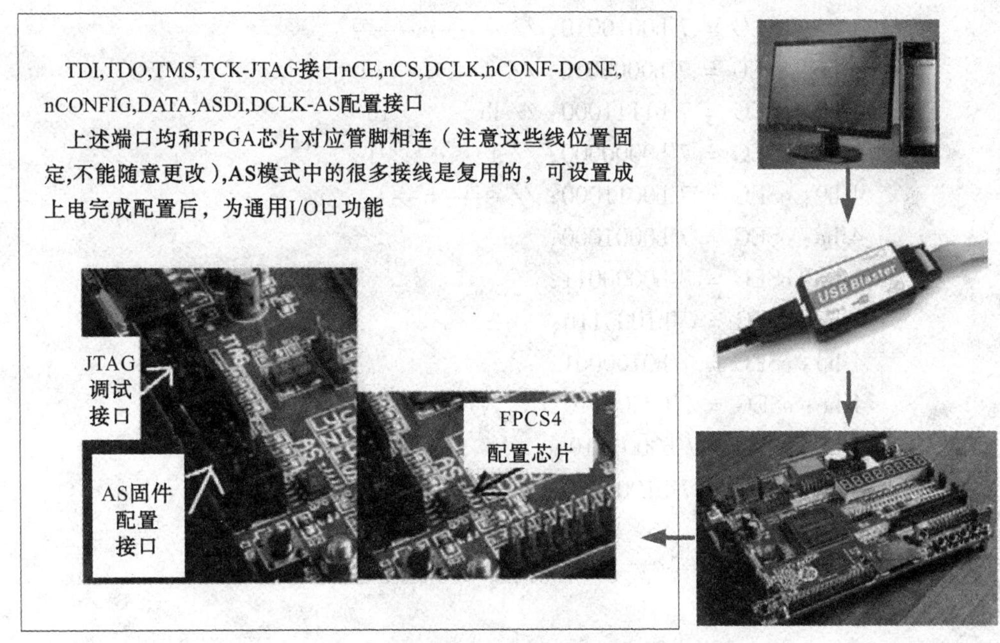

图 1.8　硬件连接示意图

1.4 计数译码显示程序设计

1.4.1 译码器模块

在编写译码器时,经常使用 case 语句,其程序如下:

译码器模块 SEG7_LUT:

```
module SEG 7_LUT( oSEG, iDIG) ;
input         [3:0]iDIG;
output        [6:0]oSEG;
reg           [6:0]oSEG;
always @ ( iDIG)
begin
          case( iDIG)
          4'h1: oSEG = 7'b1111001;// ----t----
          4'h2: oSEG = 7'b0100100; // |         |
          4'h3: oSEG = 7'b0110000; // lt        rt
          4'h4: oSEG = 7'b0011001; // |         |
          4'h5: oSEG = 7'b0010010; // ----m----
          4'h6: oSEG = 7'b0000010; // |         |
          4'h7: oSEG = 7'b1111000; // lb        rb
          4'h8: oSEG = 7'b0000000; // |         |
          4'h9: oSEG = 7'b0011000; // ----b----
          4'ha: oSEG = 7'b0001000;
          4'hb: oSEG = 7'b0000011;
          4'hc: oSEG = 7'b1000110;
          4'hd: oSEG = 7'b0100001;
          4'he: oSEG = 7'b0000110;
          4'hf: oSEG = 7'b0001110;
          4'h0: oSEG = 7'b1000000;
          endcase
end
endmodule
```

1.4.2 分频器模块

DE2-70 开发板可提供 50 MHz 时钟信号,为了获取本实验所需的 1 Hz 信号,需要对时钟信号分频。所谓"分频",就是把输入信号的频率变为成倍数低于输入频率的输出信号。图 1.9所示为二分频波形图,每检测一个时钟上升沿分频器输出电平翻转一次,从而实现二分频。

二分频分频器模块 clk_divide:

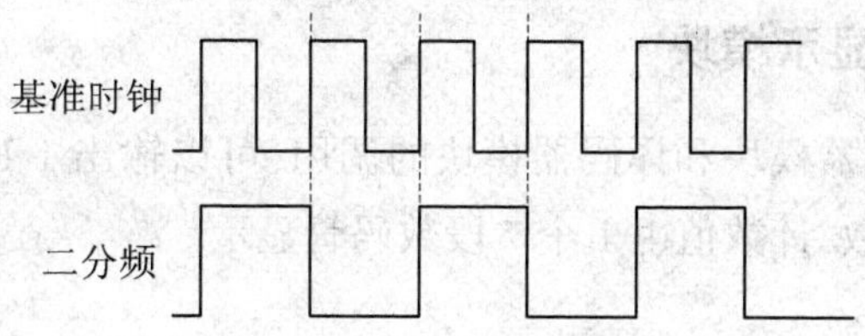

图 1.9　二分频波形图

```
module clk_divide(clk, clk_1);

      input clk;
      output clk_1;
      reg clk_1;
always@ (posedge clk)
      clk_1<= ~clk_1;

endmodule
```

本实验使用计数器实现分频器功能,其原理是:采用计数器计数,计数 25 000 000 次让时钟信号翻转一次,这样时钟信号频率就是 1 Hz,且占空比为 50%,用时钟信号直接驱动 LED,LED 就会按 1 Hz 频率闪烁。

本实验所使用分频器模块 fdiv:

```
module fdiv(iCLK_50, oLEDR);
input iCLK_50;
output oLEDR;
reg clk_1Hz;
reg [31:0] count; //保证能存下计数 25 000 000,可以大,不能小

always@ (posedge iCLK_50)
begin
      if(count < 25000000)
         count <= count + 1;
      else
      begin                              //计数到 25 000 000
            count <= 1;
            clk_1Hz <=  ~clk_1Hz;
      end
end

assign oLEDR = clk_1Hz;
endmodule
```

1.4.3 顶层计数显示模块

顶层模块实现对分频器模块和译码器模块的调用,可以输出 1 Hz 信号驱动 LED 闪烁并对闪烁次数 0 ~9 循环计数,计数值由 1 个 7 段数码管显示。

顶层模块 DisCnt:

```
module DisCnt(iCLK_50, oHEX0_D);
input iCLK_50;
output [6:0] oHEX0_D;
wire clk_1Hz;
reg [3:0] cnt;
always@ (posedge clk_1Hz)
begin
    if(cnt < 9)
        cnt <= cnt + 1;
    else
        cnt <= 0;
end
fdiv fd0(iCLK_50, clk_1Hz);      //调用底层分频器模块,注意信号顺序必须和 fdiv 模块
                                   定义一致
                                 //module fdiv(iCLK_50, oLEDR);
SEG7_LUT hex0(.oSEG(oHEX0_D), .iDIG(cnt));      //调用显示译码模块
endmodule
```

程序说明:

实例的调用:顶层模块 DisCnt 调用了底层模块 fdiv 和 SEG7_LUT 的实例 fd0 和 hex0。调用模块的过程称为实例化,调用完之后,这些电路中的模块单元称为实例(Instance)。每个实例有其自身的名称、变量、参数及接口。

实例的调用格式 1:

<模块名> <实例名> <端口列表>;

fdiv fd0(iCLK_50, clk_1Hz)表明调用了一个 fdiv 的底层模块实例,实例名为"fd0",对应接口有 iCLK_50 和 clk_1Hz。一条语句可以多次调用某个模块的实例。采用这种实例化方式,应注意保持端口列表里端口的顺序和模块申明时端口的顺序一致。

实例的调用格式 2:

<模块名> <实例名> <. 模块端口 1(实例端口 1), . 模块端口 2(实例端口 2)>;

实例的调用格式 2 是通过实例端口和模块端口直接映射的方式进行引用的,例如:

```
SEG7_LUT hex0(.oSEG(oHEX0_D), .iDIG(cnt[0])),
    hex1(.oSEG(oHEX1_D), .iDIG(cnt[1])),
```

```
hex2(.oSEG(oHEX2_D),.iDIG(cnt[2])),
hex3(.oSEG(oHEX3_D),.iDIG(cnt[3]));
```

这种实例引用格式,端口出现次序可以不用考虑实例申明时的次序,避免出错。而且采用这种方式时,如果有的端口并没有和外部连接,则可以直接省略该端口。

注意模块的定义与实例的关系:Verilog 中不允许嵌套定义模块,即一对 module 和 endmodule 之间只能定义一个模块。但一个模块内可以通过实例的方式多次调用其他模块。

实例化后顶层模块总体结构如图 1.10 所示。

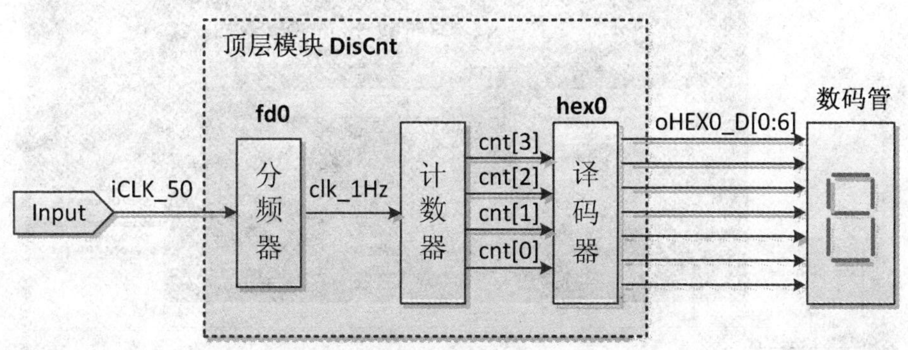

图 1.10　实例化后顶层模块总体结构

1.5　实验步骤

1.5.1　分频器基本实验

(1)从开始菜单中找到 Altera 目录,选择 Quartus II 集成开发软件,如图 1.11 所示。

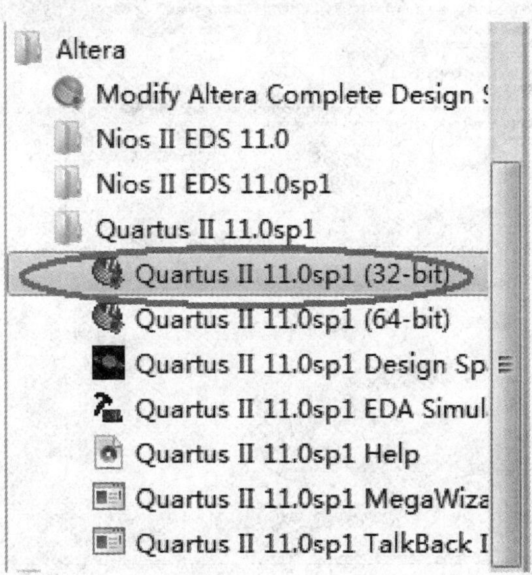

图 1.11　选择 Quartus II 集成开发软件

(2)在弹出的对话框中选择新建工程,将开启新建工程向导,如图 1.12 所示。

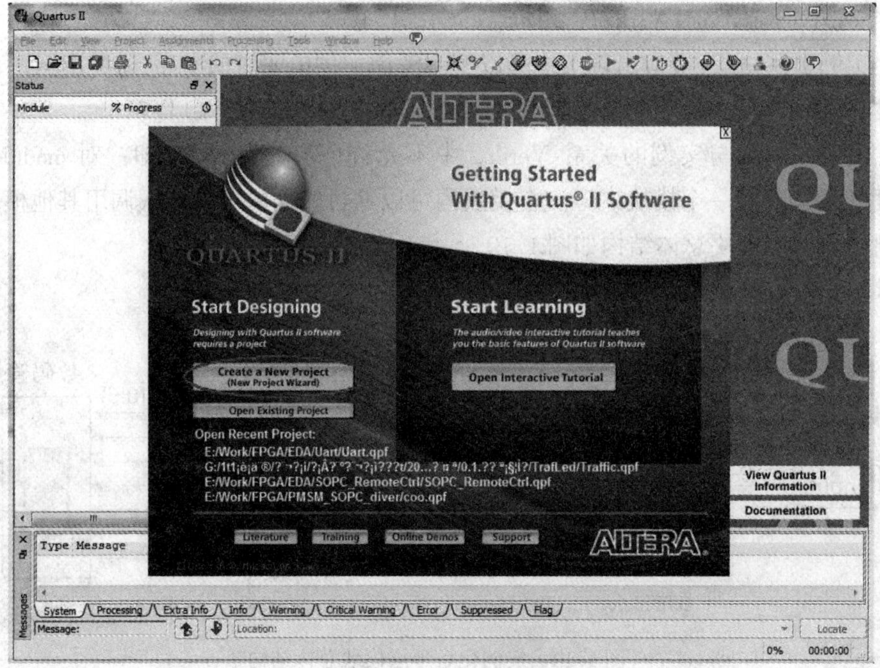

图 1.12　开启新建工程向导

(3)新建工程向导中,首先为 Introduction,提示后有 5 步,分别为:工程名和目录选择,顶层模块命名,添加工程文件和库,目标器件选择和 EDA 辅助设计工具选择,如图 1.13 所示。点击“Next”按钮。

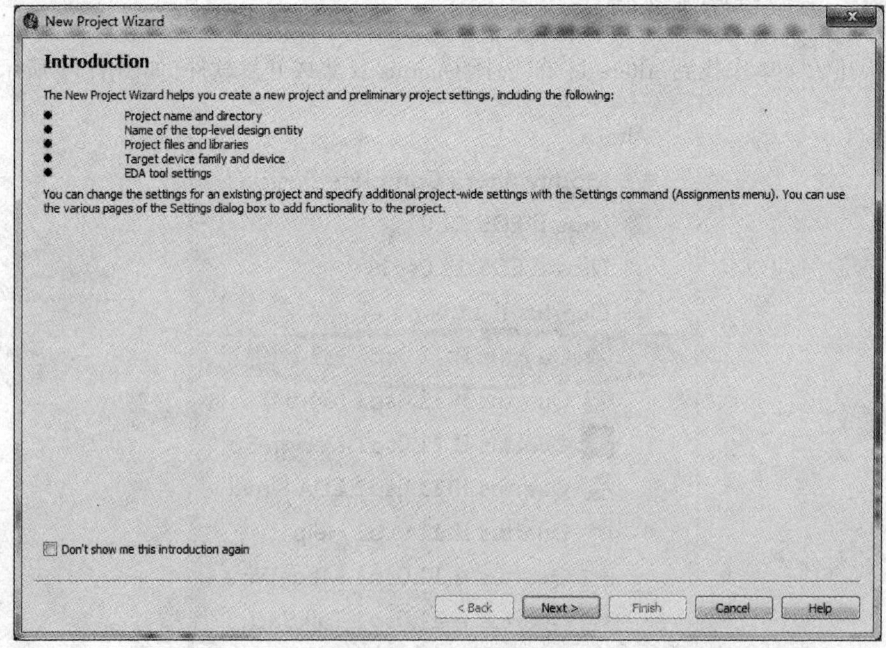

图 1.13　Introduction 界面

(4)选择工程目录,设置工程名和顶层模块名。不能出现中文字符,工程名和顶层模块名可以不同。一个工程中必有且仅有一个顶层模块,其命名规则应与 verilog 标识符命名规则相同,如图 1.14 所示。不能以数字开头。完成设置后点击“Next”按钮。

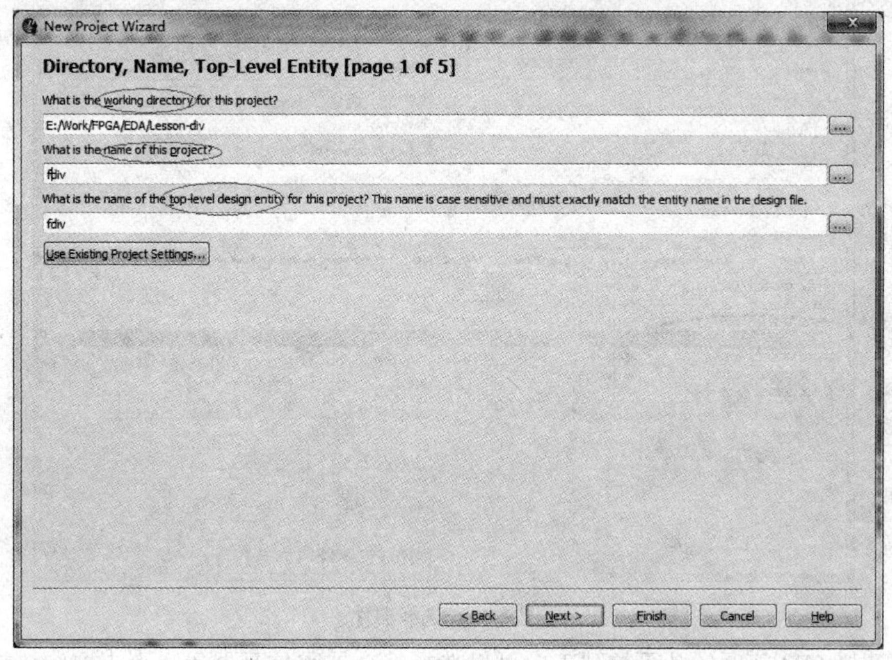

图 1.14　选择工程目录,设置工程名和顶层模块名

(5)如果有已经定义好的模块,可在这个步骤中把定义文件添加进来,如图 1.15 所示。点击“Next”按钮。

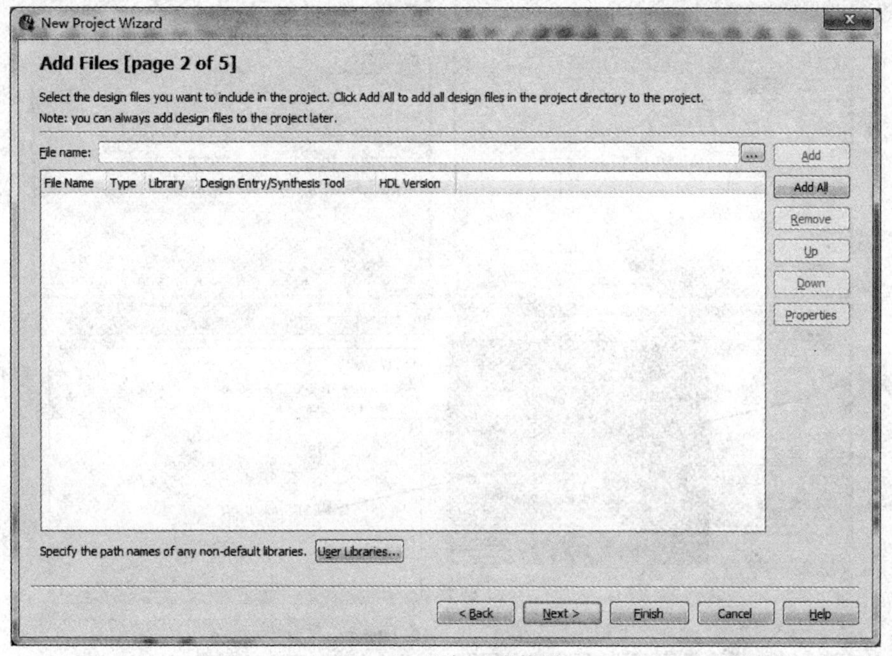

图 1.15　添加已有模块

(6)选择器件。同开发板上芯片一致:EP2C70F896C6,如图 1.16 所示。点击“Next”按钮。

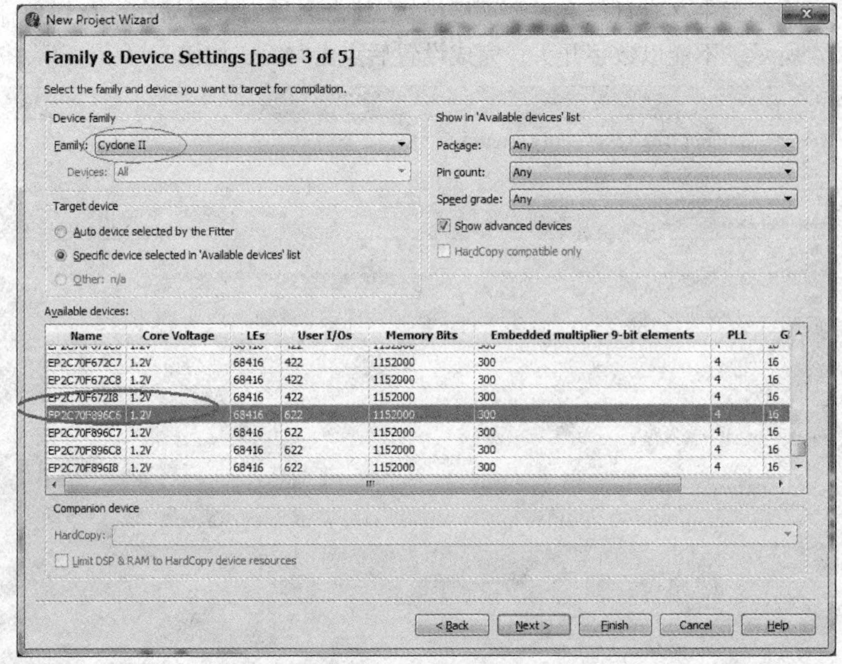

图 1.16 选择器件

(7)选择 EDA 工具。从下拉列表中可以选择综合器和仿真器等。点击“Next”按钮。最后一步中给出了 Summary,总结了之前向导中设置的各种信息。点击“Finish”按钮完成新建项目配置,得到空白工程信息如图 1.17 所示。

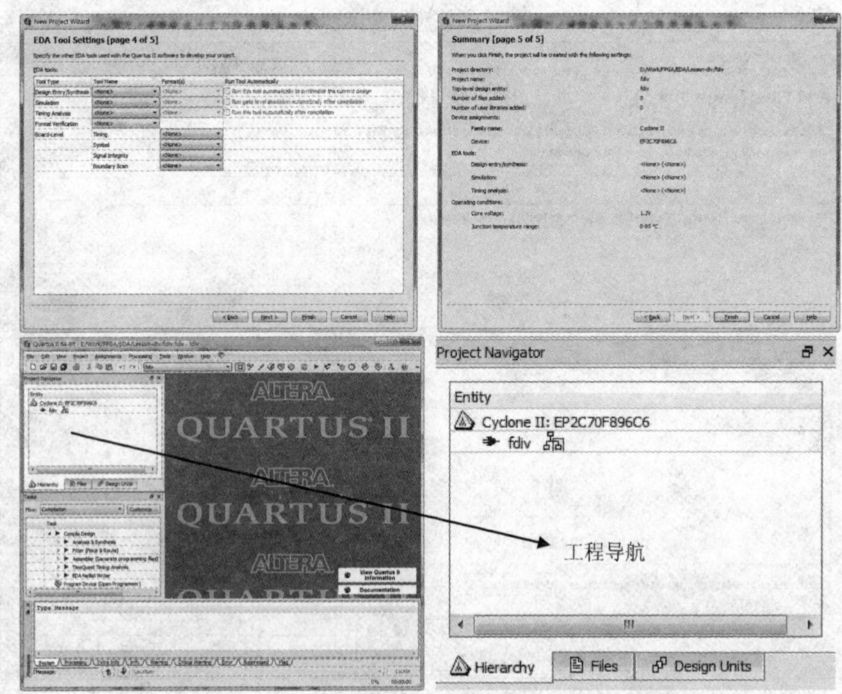

图 1.17 新建工程信息

(8)从 File 菜单中选择"New..."，并在弹出的"New"对话框中选择新建 Verilog 文件 Verilog HDL，如图 1.18 所示。

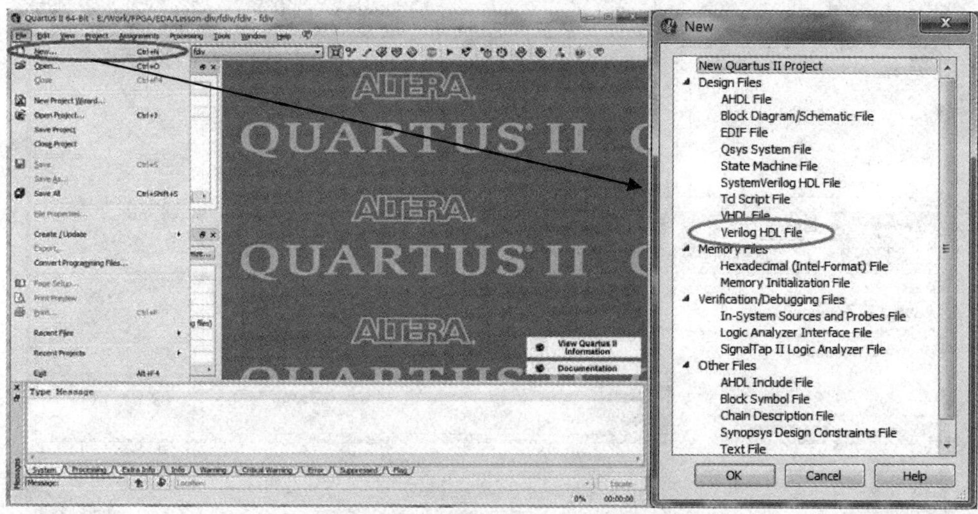

图 1.18　新建 Verilog HDL 文件

(9)编写分频器模块程序 fdiv，并保存文件，如图 1.19 所示。

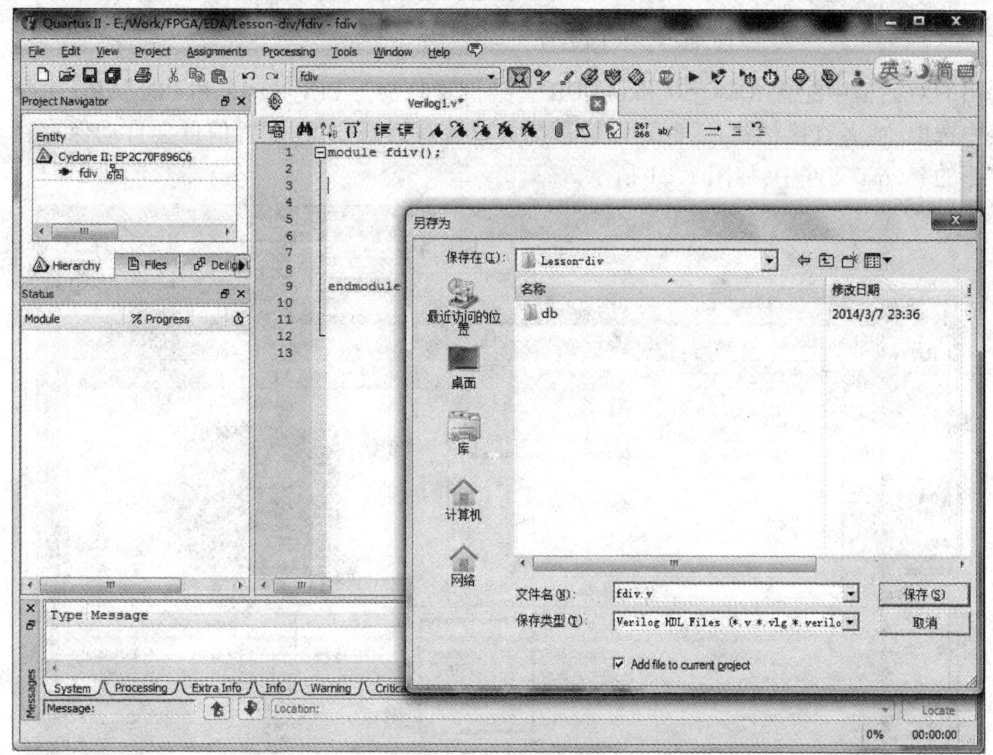

图 1.19　保存模块程序

(10)分析和综合。点击 Start Analysis & Synthesis 按钮，开始分析和综合，如果程序编写有问题，会显示在下方的 Type Message 框中，如图 1.20 所示。

(11)配置管脚。如果上一步综合没有问题，接下来配置管脚。点击 Pin Planner 按钮，

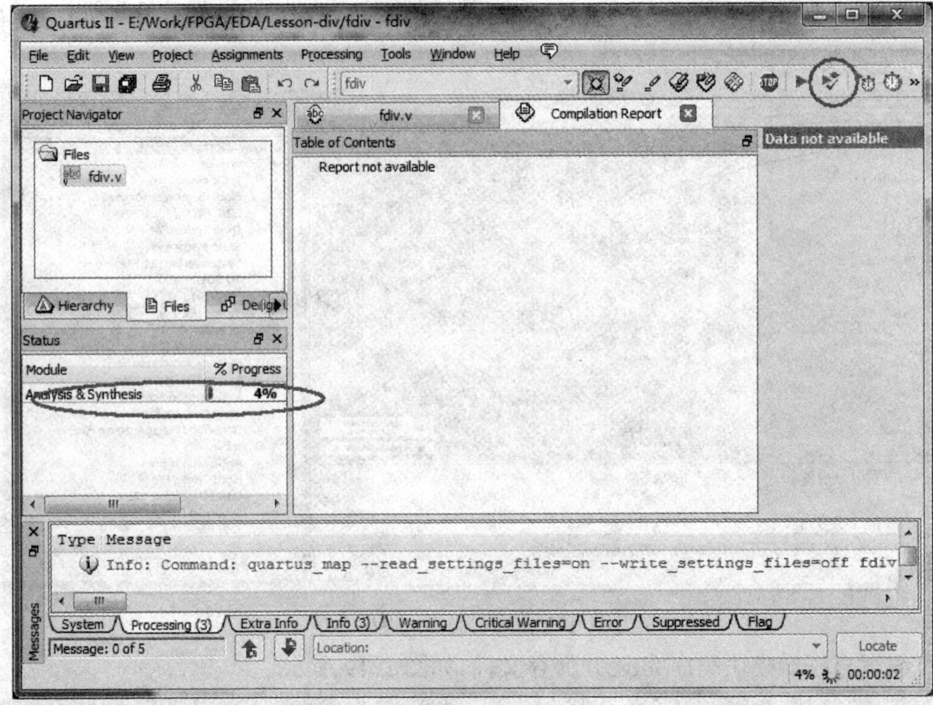

图 1.20　分析与综合

在弹出的对话框中配置 iCLK_50 和 oLEDR 管脚位置分别为 PIN_AD15 和 PIN_AJ6(可从下拉列表中选取,或者直接粘贴)。配置完后直接关掉此对话框即可,配置信息会自动保存在工程目录下的 *.qsf 文件中,如图 1.21 所示。

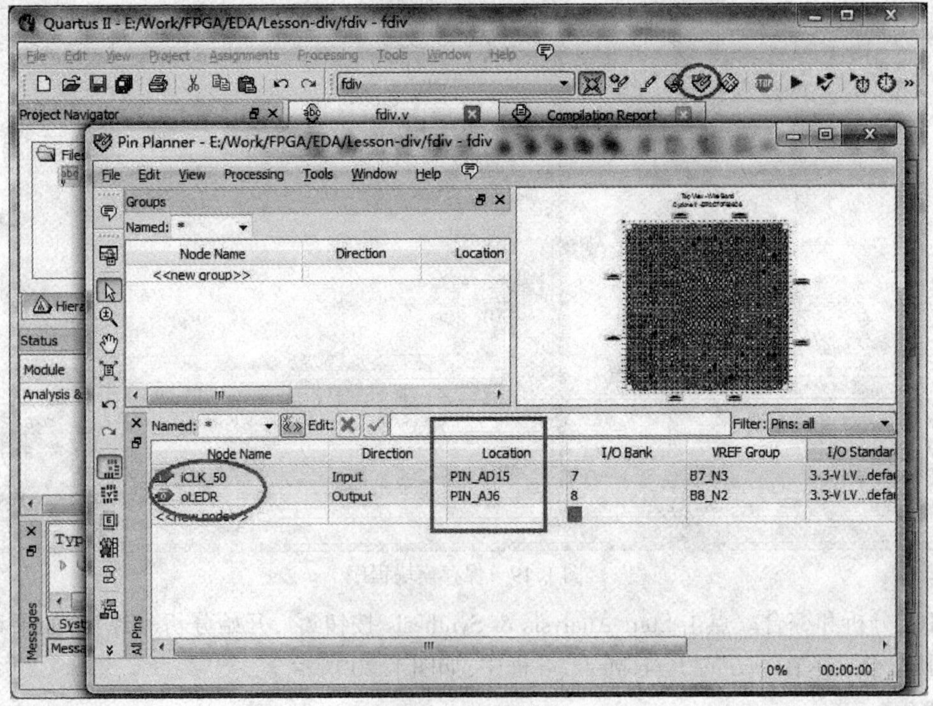

图 1.21　配置管脚

(12) 点击 Start Compilation 按钮 ▶。开始分析综合、适配、生成文件等步骤，如图 1.22 所示。

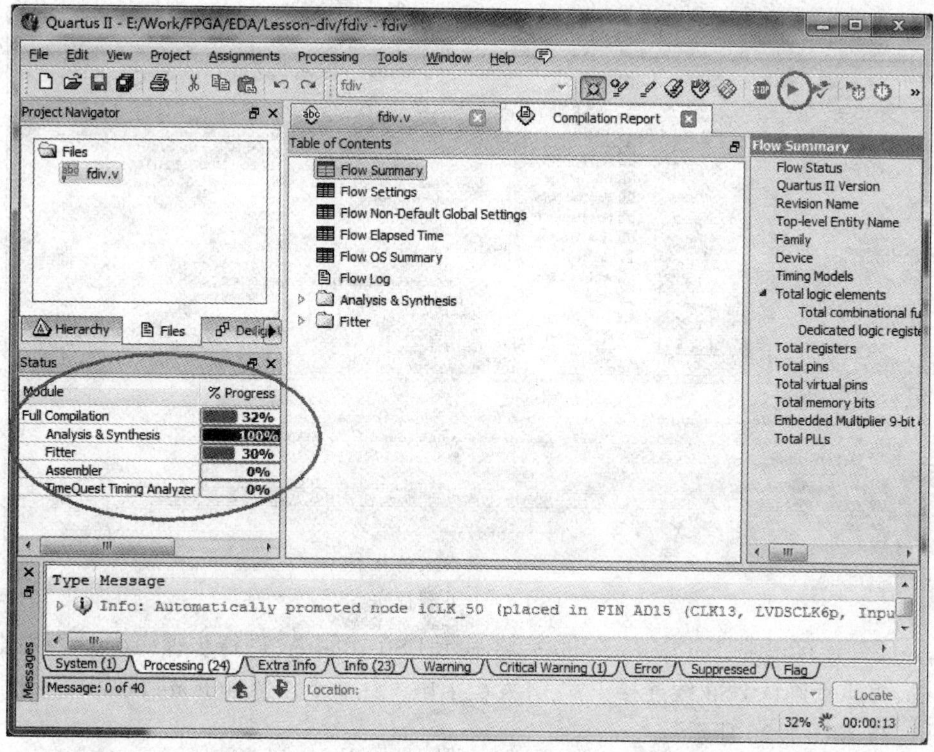

图 1.22　程序编译

如果一切正常，进度完成均为 100%，可以看到生成的 .sof(JTAG 下载到 FPGA 芯片)和 .pof(AS 下载到片外 EEPROM)文件，以及占用的芯片资源情况，如图 1.23 所示。

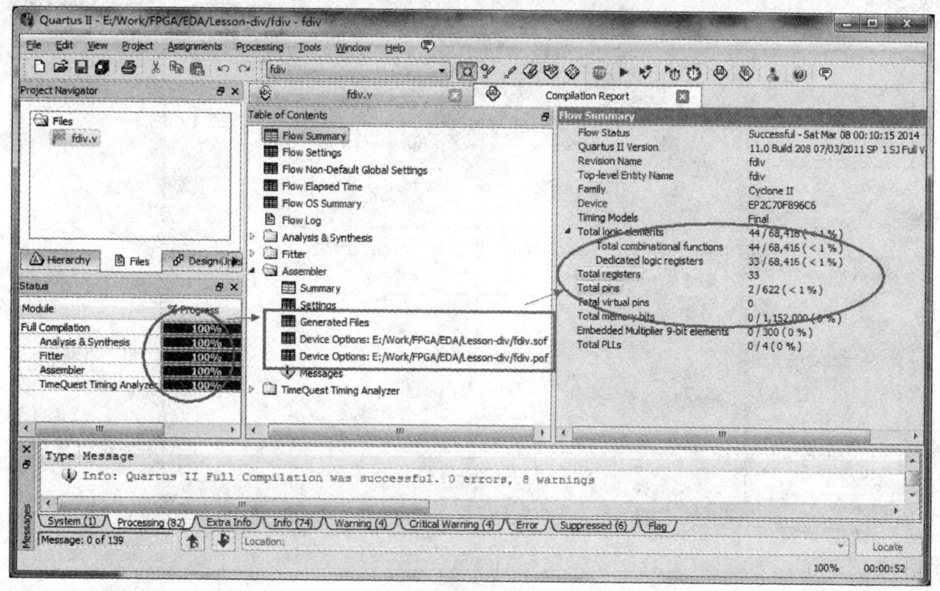

图 1.23　编译成功后的界面

(13)下载程序(图 1.24)。通过 USB 线连接计算机与开发板(注意连接到最左上角的 USB-Blaster 端口)。点击下载程序 Programmer 按钮。

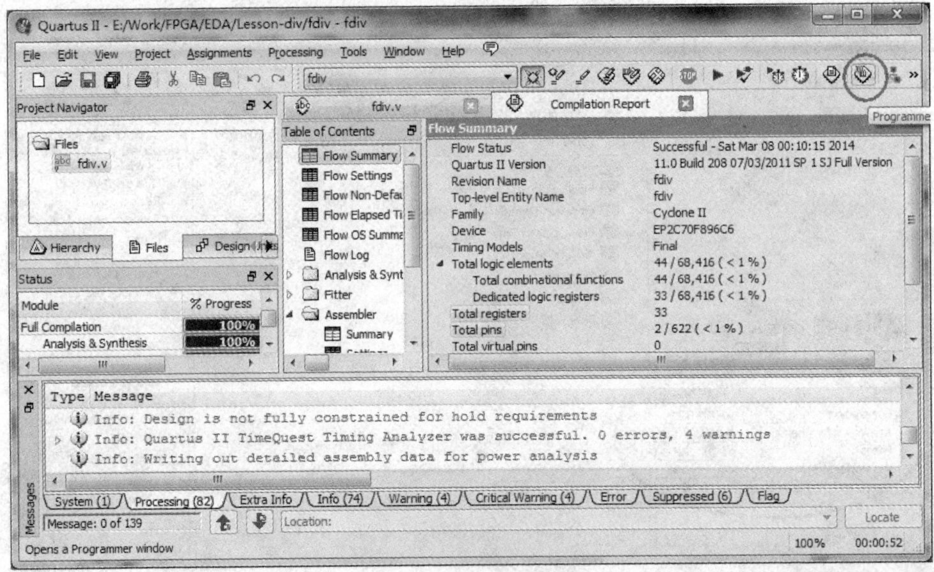

图 1.24　下载程序

如果硬件连接正常,Hardware Setup 后将显示 USB-Blaster,进行步骤(14)。否则出现 No Hardware,可重新确认 USB 线连接正常,开发板上电。然后点击“Hardware Setup”按钮刷新,操作如图 1.25 和图 1.26 所示。

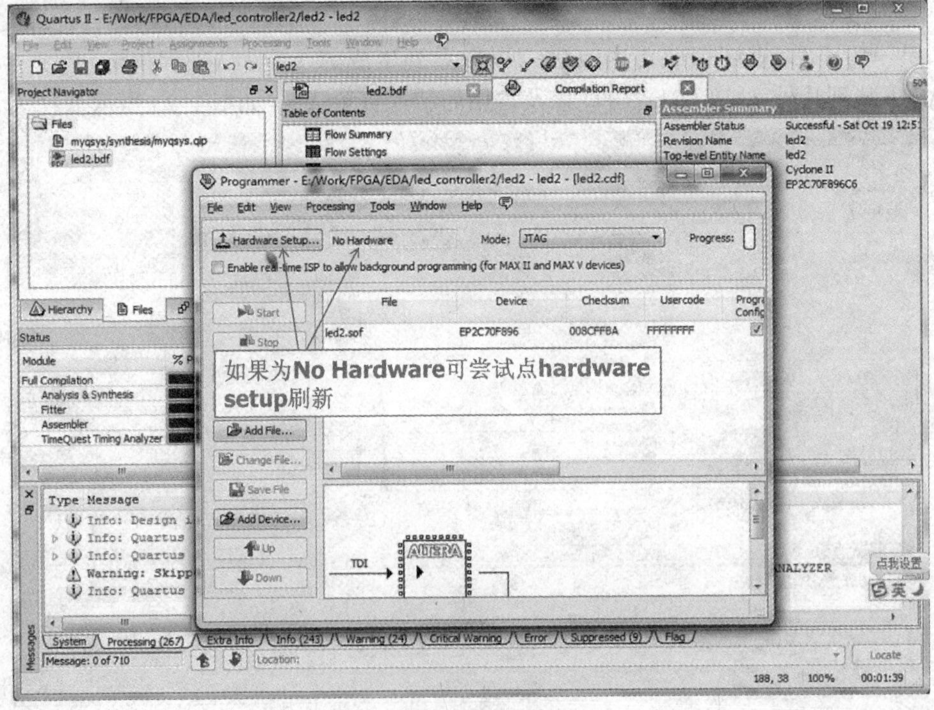

图 1.25　检查硬件设置

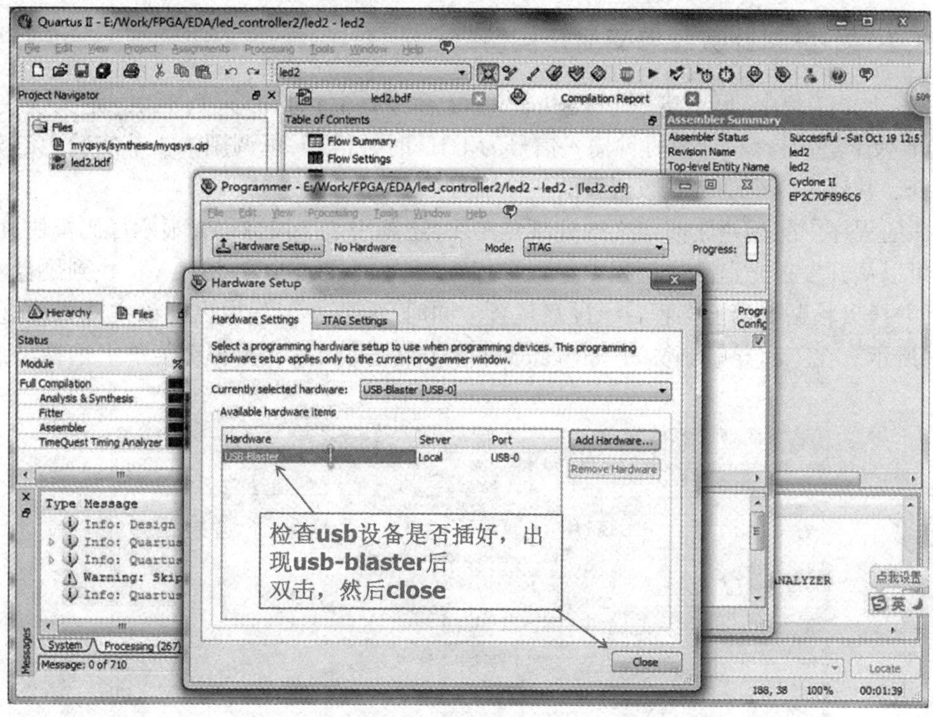

图 1.26　选择硬件

(14)如果连接正常,选择 JTAG 模式,点击“Start”按钮下载程序。如图 1.27 所示,下载完立刻可以看到红灯 LED R0 闪烁。

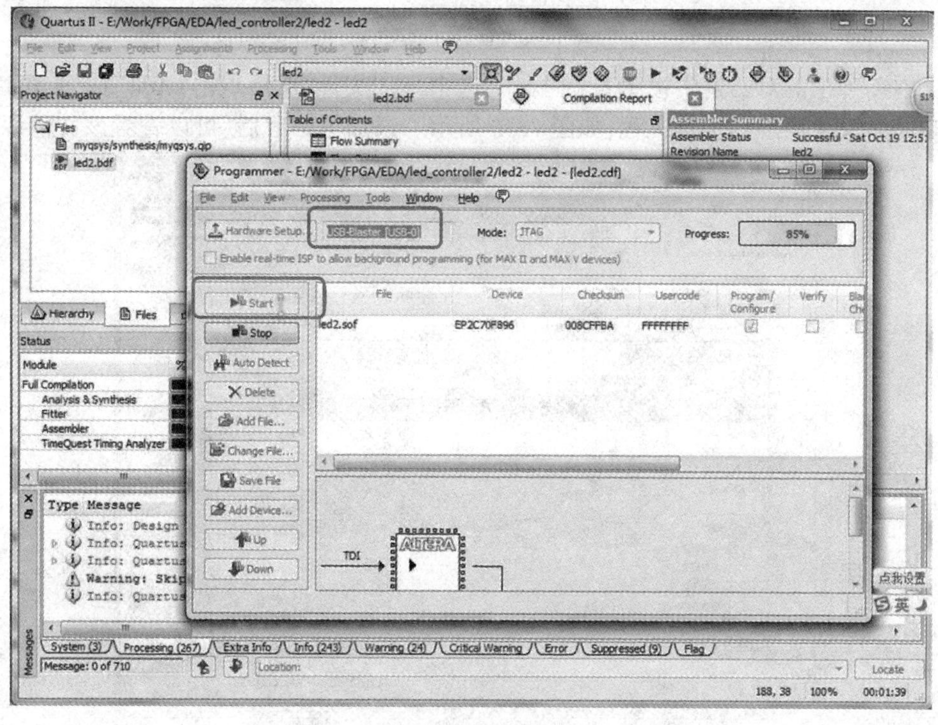

图 1.27　程序下载

1.5.2 十进制计数器编码显示实验

(1)在上个工程中,再新建一个 Verilog 文件(参考 1.5.1 小节步骤(8))。定义模块 DisCnt,其功能为十进制计数,计数时钟输入信号为 1 Hz 时钟信号,可调用 1.4 节实验中的分频器模块得到。其输出为驱动 7 段数码管的 7 个信号。

上面的程序中除调用之前定义的分频器模块,还调用了 7 段数码管显示译码模块,该模块的定义可以从开发板光盘附带例程中找到"/DE2_70_Default/SEG7_LUT. v",找到硬盘上该文件位置,并拷贝粘贴到当前工程目录硬盘位置。同时,需要在工程中也把该文件添加进来,如图 1.28 所示。在工程导航 Project Navigator 标签中点击"Files",在右键菜单中选择添加工程文件。

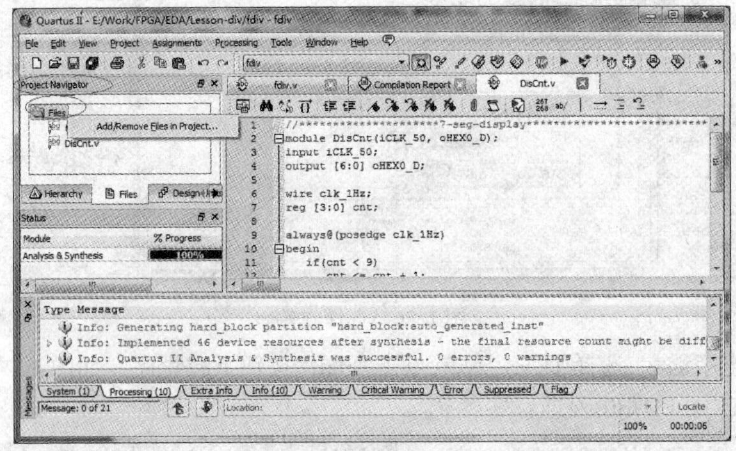

图 1.28 添加工程文件

(2)在新弹出的对话框中按图 1.29 操作,选中添加文件,然后点击"Add"按钮,可以看到 SEG7_LUT. v 文件已经添加进工程,如图 1.30 所示。添加进工程后,可以查看该文件源代码,

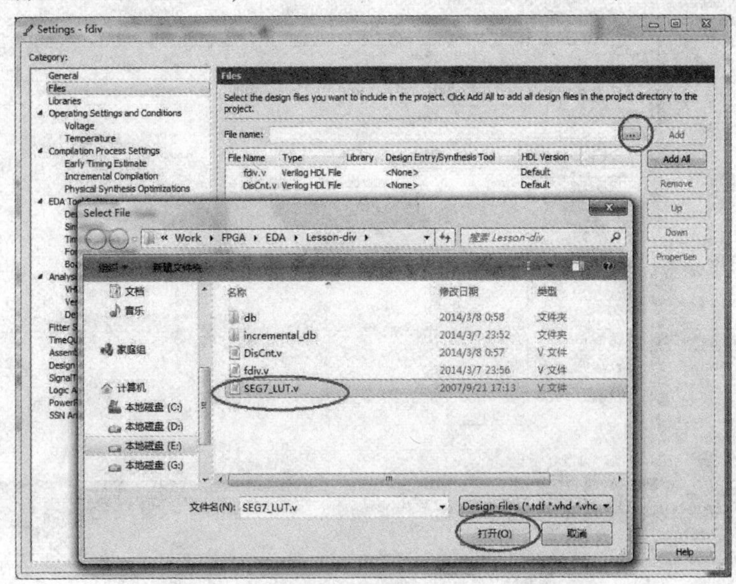

图 1.29 选择工程文件

理解模块功能。点击“Start Analysis & Synthesis”按钮，重新分析和综合，如图1.31所示。

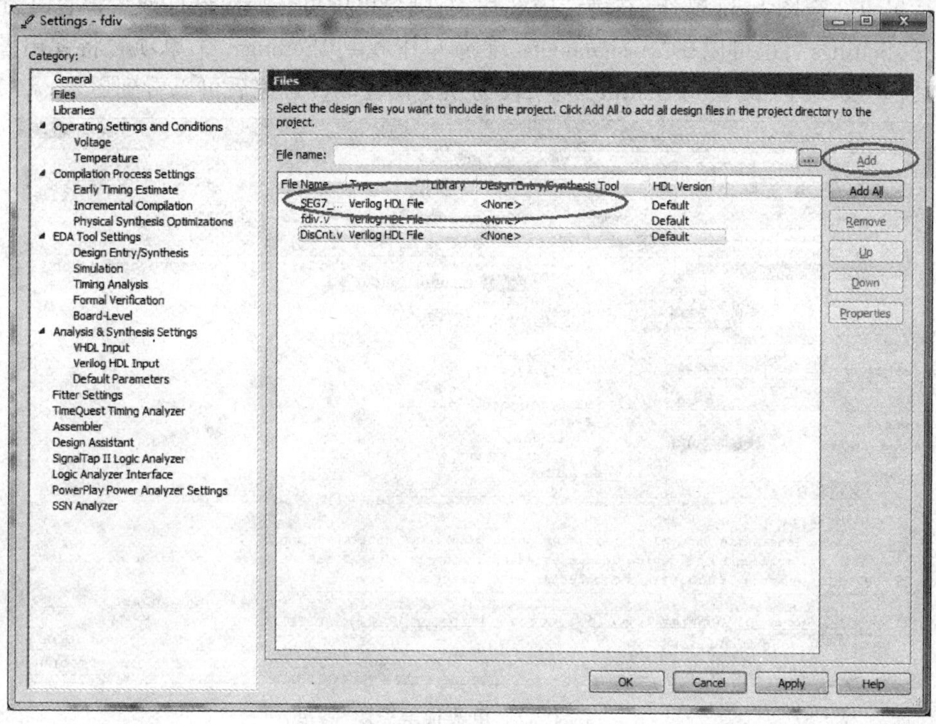

图1.30　已添加的工程文件

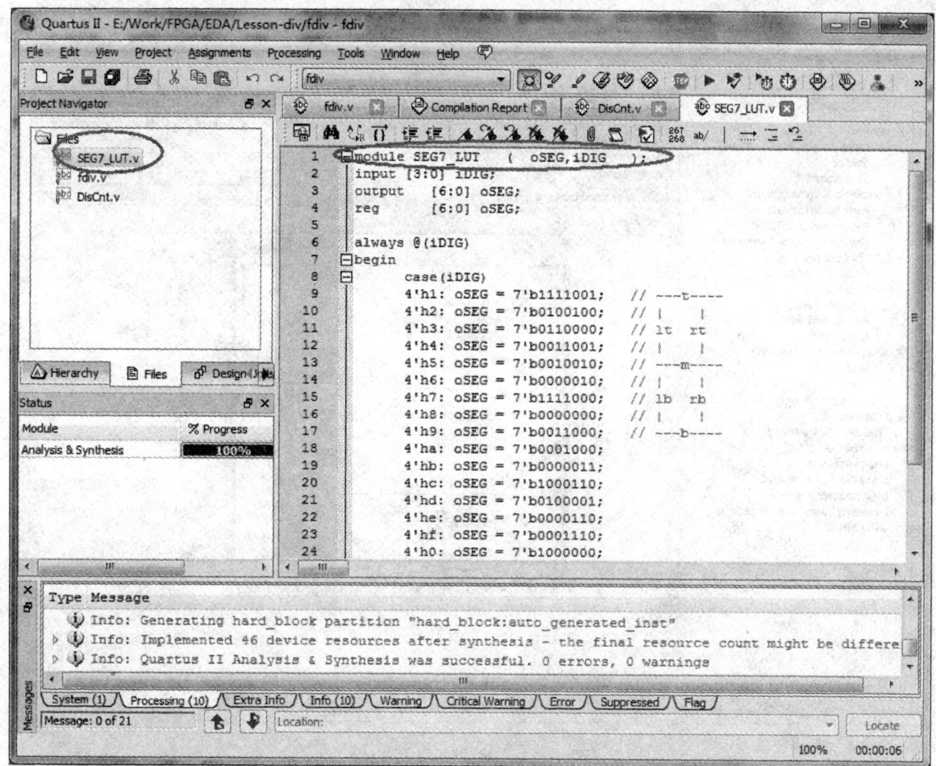

图1.31　文件源代码

(3)更改顶层模块。此时的顶层文件其实是 DisCnt 模块,但工程中顶层模块设定为 fdiv,必须进行更改。按图 1.32 操作,右键选中芯片,右键菜单中可选择对器件或者设置进行更改,这里选择"Settings",也可以在"Assignments"主菜单中找到"Settings"菜单项。将弹出图 1.33 所示对话框,按该图最终找到 DisCnt 模块,设为顶层模块。设置完后可以看到更新。

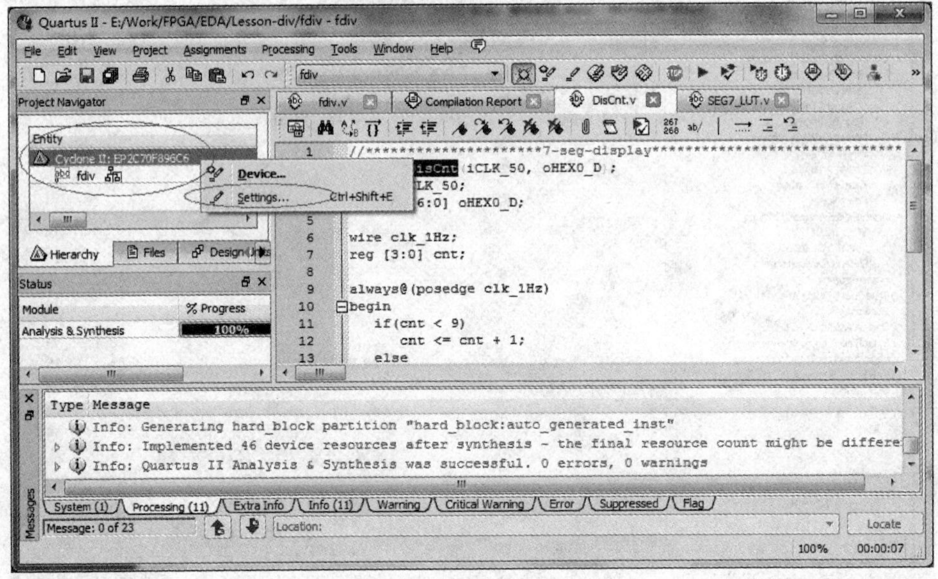

图 1.32　更改顶层模块

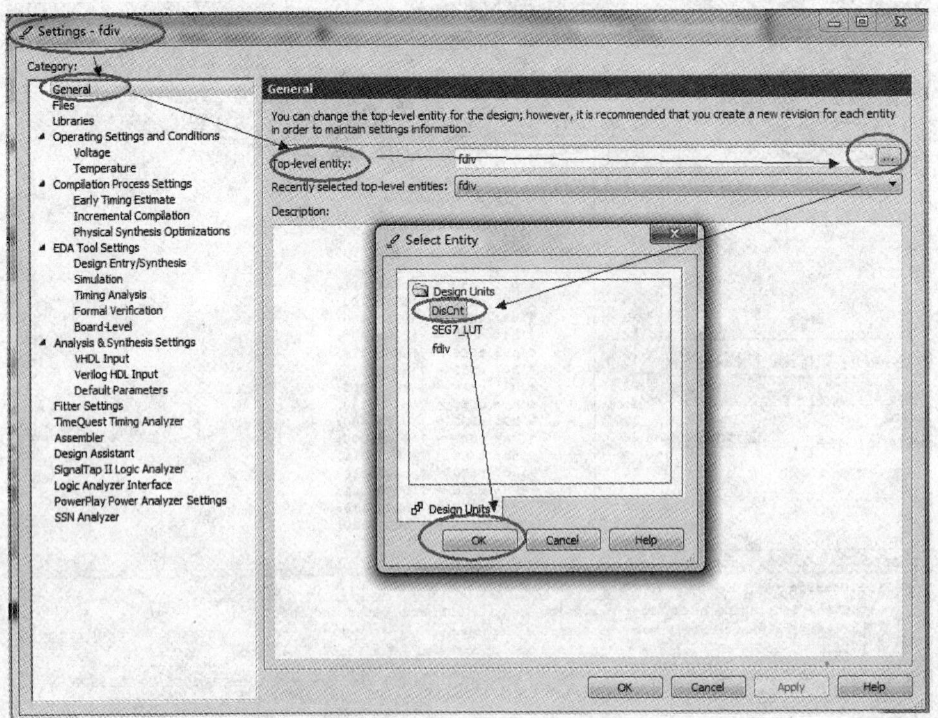

图 1.33　选择顶层模块

(4)分析与综合。参考 1.5.1 小节中的步骤(10)。只有综合后,配置管脚对话框中才会更新管脚名称,如图 1.34 所示。

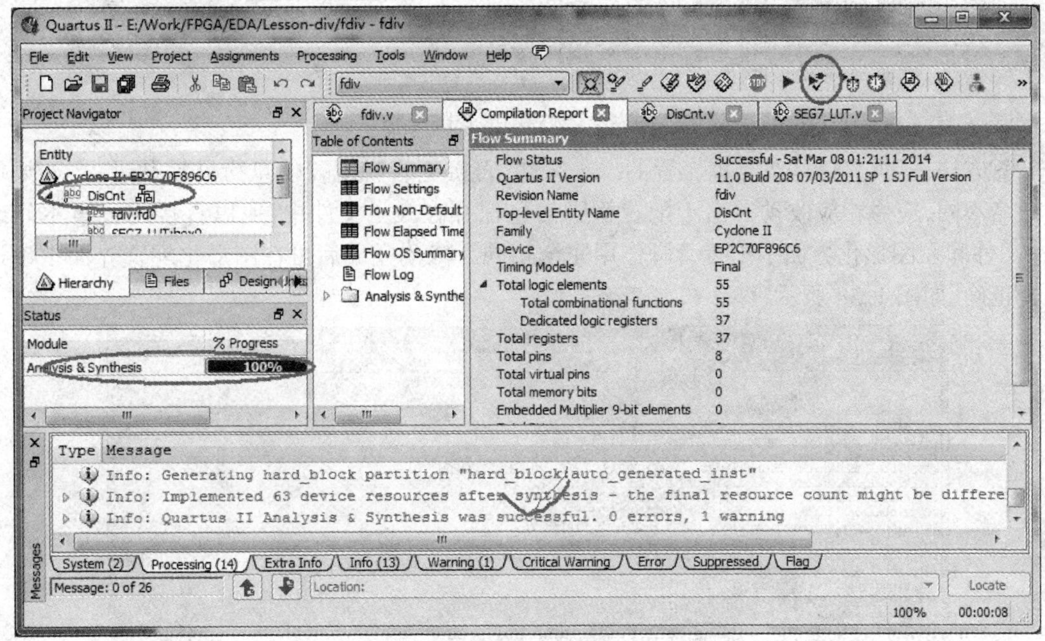

图 1.34　分析与综合

(5)配置管脚。有 3 种找到管脚的方法。

①方法一:从用户手册上(DE2_70_USER_manual_v108.pdf 文件)可以找到,如图 1.35 所示。

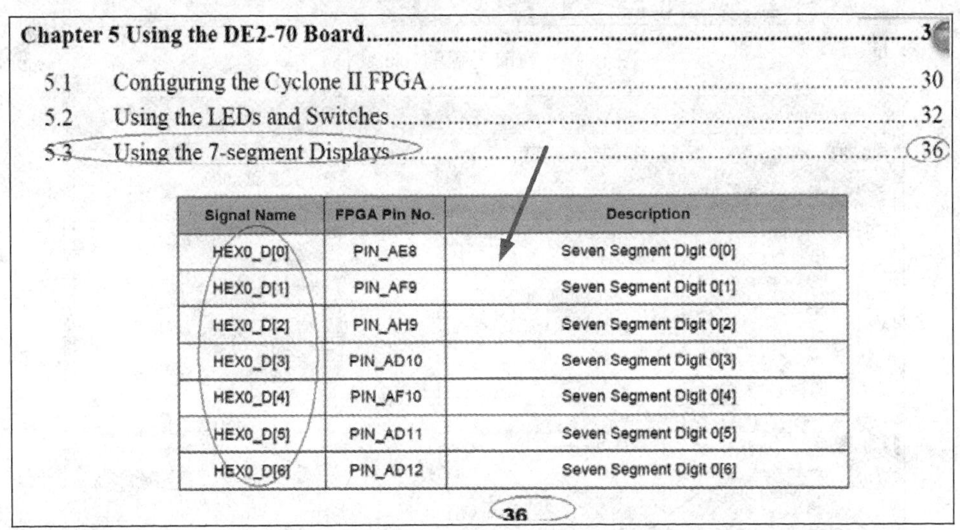

Chapter 5 Using the DE2-70 Board 3

5.1 Configuring the Cyclone II FPGA 30

5.2 Using the LEDs and Switches 32

5.3 Using the 7-segment Displays 36

Signal Name	FPGA Pin No.	Description
HEX0_D[0]	PIN_AE8	Seven Segment Digit 0[0]
HEX0_D[1]	PIN_AF9	Seven Segment Digit 0[1]
HEX0_D[2]	PIN_AH9	Seven Segment Digit 0[2]
HEX0_D[3]	PIN_AD10	Seven Segment Digit 0[3]
HEX0_D[4]	PIN_AF10	Seven Segment Digit 0[4]
HEX0_D[5]	PIN_AD11	Seven Segment Digit 0[5]
HEX0_D[6]	PIN_AD12	Seven Segment Digit 0[6]

36

图 1.35　管脚配置表

②方法二:用记事本打开例程"DE2_70_Default/DE2_70_Default.qsf",搜 hex(图 1.36)(常用外设都可以根据开发板上的编号搜到),可以找到管脚位置。不难理解其含义,如 HEX0_D[0]为 PIN_AE8,如图 1.37 所示。可以直接拷贝 PIN_AE8 粘贴到配置管脚时的位置下拉列表中。

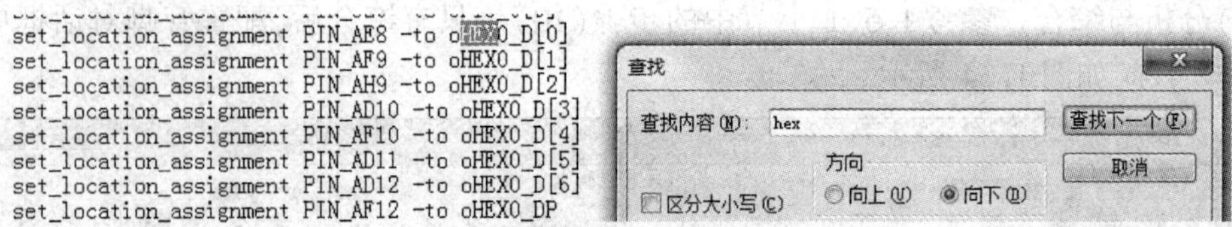

图 1.36　例程中的管脚配置

③方法三：可直接修改当前工程的.qsf文件，直接把管脚配置信息拷贝粘贴过去，如果信号命名不同，应做相应改动。由于配置管脚信息保存在.qsf文件中，所以直接用记事本修改.qsf文件和在图形化界面中配置管脚作用完全相同。修改完成后可在图形化配置界面中确认是否正确，如图1.38所示。

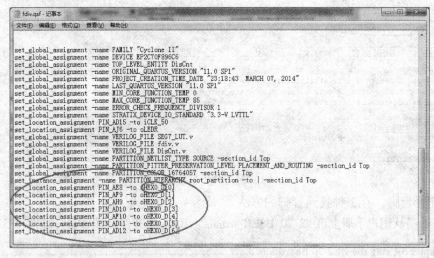

```
fdiv.qsf - 记事本
文件(F) 编辑(E) 格式(O) 查看(V) 帮助(H)

set_global_assignment -name FAMILY "Cyclone II"
set_global_assignment -name DEVICE EP2C70F896C6
set_global_assignment -name TOP_LEVEL_ENTITY DisCnt
set_global_assignment -name ORIGINAL_QUARTUS_VERSION "11.0 SP1"
set_global_assignment -name PROJECT_CREATION_TIME_DATE "23:18:43  MARCH 07, 2014"
set_global_assignment -name LAST_QUARTUS_VERSION "11.0 SP1"
set_global_assignment -name MIN_CORE_JUNCTION_TEMP 0
set_global_assignment -name MAX_CORE_JUNCTION_TEMP 85
set_global_assignment -name ERROR_CHECK_FREQUENCY_DIVISOR 1
set_global_assignment -name STRATIX_DEVICE_IO_STANDARD "3.3-V LVTTL"
set_location_assignment PIN_AD15 -to iCLK_50
set_location_assignment PIN_AJ6 -to oLEDR
set_global_assignment -name VERILOG_FILE SEG7_LUT.v
set_global_assignment -name VERILOG_FILE fdiv.v
set_global_assignment -name VERILOG_FILE DisCnt.v
set_global_assignment -name PARTITION_NETLIST_TYPE SOURCE -section_id Top
set_global_assignment -name PARTITION_FITTER_PRESERVATION_LEVEL PLACEMENT_AND_ROUTING -section_id Top
set_global_assignment -name PARTITION_COLOR 16764057 -section_id Top
set_instance_assignment -name PARTITION_HIERARCHY root_partition -to | -section_id Top
set_location_assignment PIN_AE8 -to oHEX0_D[0]
set_location_assignment PIN_AF9 -to oHEX0_D[1]
set_location_assignment PIN_AH9 -to oHEX0_D[2]
set_location_assignment PIN_AD10 -to oHEX0_D[3]
set_location_assignment PIN_AF10 -to oHEX0_D[4]
set_location_assignment PIN_AD11 -to oHEX0_D[5]
set_location_assignment PIN_AD12 -to oHEX0_D[6]
```

图 1.37　当前工程的.qsf文件

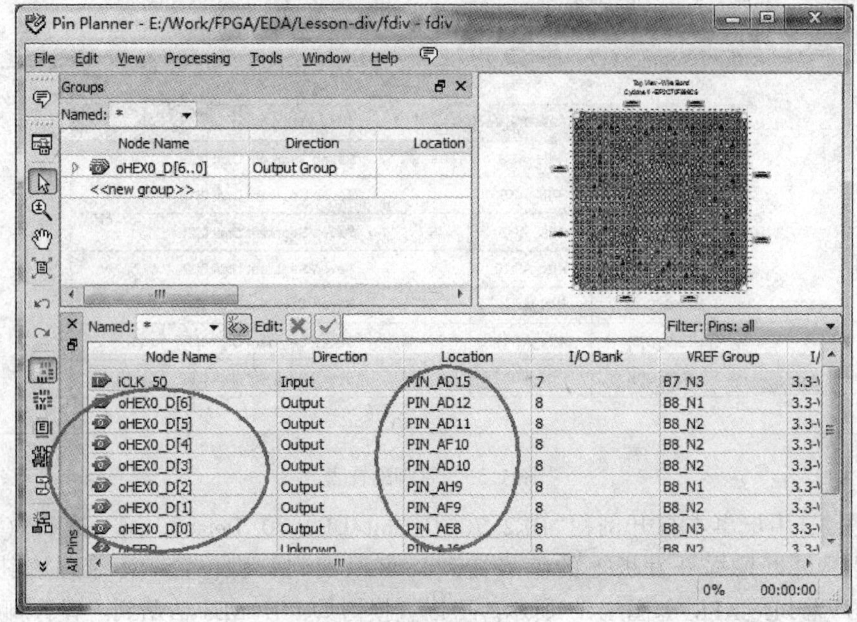

图 1.38　管脚配置界面

(6)完全编译,下载,参考 1.5.1 小节中的步骤(12)~(14)。

1.6　扩展实验设计

1. 功能要求

1~100 可逆计数器显示:通过按键控制加计数还是减计数,计数为 0~99。

2. 功能分析

计数器输出采用 8 位二进制数,分为高四位和低四位,采用条件语句嵌套完成加减计数控制。

第2章 Modelsim 仿真实验及嵌入式逻辑分析仪

2.1 实验要求

(1)学习仿真程序 Testbench 的编写方法。

(2)掌握仿真软件 Modelsim 的使用。

(3)学会仿真工具与集成开发环境中逻辑分析仪的使用。

(4)对第1章中的计数及显示程序进行仿真。

(5)学习嵌入式逻辑分析仪的使用。

(6)扩展要求:设计三角波信号发生器(0~255),熟悉仿真、状态机、嵌入式逻辑分析仪的使用。

2.2 仿真程序 Testbench 的编写方法

因为 Quartus 9.0 后版本没有波形仿真功能,所以为了通过软件验证逻辑功能,需要编写仿真程序 Testbench,并通过仿真软件 Modelsim 进行仿真。

2.2.1 Testbench 程序架构

编写仿真程序 Testbench 的主要目的是为了对使用硬件描述语言(HDL)设计的电路进行仿真验证,测试设计电路的功能、某些性能是否与预期的目标相符。这里把使用硬件描述语言(HDL)设计的电路模块称为被测模块。仿真程序 Testbench 具体功能如下:

(1)产生模拟激励(波形);

(2)将产生的激励加入被测试模块,并观察其输出响应;

(3)将输出响应与期望进行比较,从而判断设计的正确性。

Testbench 由模块定义语句、信号或变量定义声明、产生激励波形、实例化待测试模块、监控和比较输出响应等几部分组成。Testbench 结构如下:

```
module test_bench
    信号或变量定义声明
  initial,always 产生激励波形
    实例化待测试模块
    监控和比较输出响应
endmodule
```

2.2.2　Testbench 例程

编写第 1 章中十进制计数器显示实验的 Testbench。十进制计数器显示实验要求是 1 s 计数 1 次,从 0 计到 9,不断重复,用 1 个 7 段数码管显示当前计数值。

一般把需要仿真的模块定义为待测模块,本例中十进制计数器显示模块即为待测模块。程序如下:

待测模块:十进制计数器显示

```
module DisCnt(iCLK_50, oHEX0_D);
input iCLK_50;
output [6:0] oHEX0_D;
wire clk_1Hz;
reg [3:0] cnt;
always@ (posedge clk_1Hz)
begin
  if(cnt <9)
        cnt <=cnt +1;
  else
      cnt <=0;
end
fdiv  fd0(iCLK_50, clk_1Hz);          //分频器模块
SEG7_LUT hex0(.oSEG(oHEX0_D), .iDIG(cnt));  //显示译码模块
endmodule
```

测试模块和待测模块的关系如图 2.1 所示,测试模块产生待测模块的激励信号时钟 clk 和复位 rst 信号输入待测模块作为激励信号,待测模块的输出信号输入测试模块进行测试。这里需要说明的是上面的测试模块没有复位 rst 信号,需要修改测试模块,否则在仿真时将由于初始状态不定无法观察输出结果。

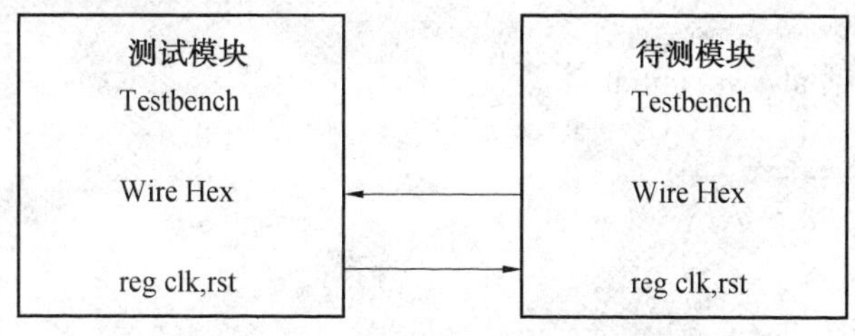

图 2.1　测试模块与待测模块的关系

相应的测试模块 Testbench 程序如下:

```
//测试模块 Testbench:
'timescale 1ns / 1ns  //定义仿真时间 - 单位/精度
module test;
  parameter DELAY=200;
   reg clk, rst;
```

```
initial //生成 rst 信号,低电平有效,保持 DELAY 个时间单位
begin
  rst=0;
  #DELAY rst=1;
end

initial //生成 50 MHz 时钟信号
begin
  clk = 0;
  forever #10 clk = ! clk;
end

//module DisCnt(iCLK_50, oHEX0_D);
wire [6:0] Hex;
DisCnt U0(clk, Hex,rst);//调用要测试的模块
endmodule
```

测试模块语法说明:

Verilog HDL 本身具有支持仿真的语句。

(1)Verilog HDL 仿真编译指令。

以"'"开头的指令,功能是编译指定某种操作。语句格式为:

'timescale [时间的基准单位]/[模拟时间的精度]

其中"时间的基准单位"为仿真时间或延迟的基准单位,"模拟时间的精度"为该模块仿真时间的精确程度,例如 'timescale 10ns / 1ns。

仿真时间或延迟的基准单位为 10 ns,精度为 1 ns。如果该语句缺省,默认为

'timescale 1ns / 1ns

(2)结构声明语句。

结构声明语句包括 always,initial 等。

initial 格式:

```
initial
  begin
    语句 1;
    语句 2;
  end
```

与 always 类似,不过在程序中它只执行 1 次就结束了。initial 块语句主要用于仿真时建立测试模块和变量初始化。

```
initial
  begin
    rst =0;
```

```
        #200 rst=1;
      end
```

程序说明：

产生复位信号 rst，初态为 0，延迟 200 个时间单位后变为 1。

(3)循环语句。

for 语句格式如下：

```
for (i=0;i<100;i=i+1)
   begin
      语句
   end
```

功能与 Verilog 语言一样，步长为 1，循环 100 次。

(4)forever 语句格式。

```
forever
   begin
      语句
   end
```

无穷循环语句，永不结束。常用来仿真时产生周期信号作为激励信号。

(5)产生时钟的几种方式。

①使用 initial 语句。

```
initial
   begin
      clk = 0;
      forever #10 clk = ! clk;
   end
```

注意：一定要给时钟赋初始值，因为信号的缺省值为 z，如果不赋初始值，则反相后还是 z，时钟就一直处于高阻 z 状态。

②使用 always 方式。

```
initial
   CLK = 0;
   always
   #10 CLK = ~CLK;
```

③使用 repeat 产生确定数目的时钟脉冲。

```
initial
   begin
      CLK = 0;
      repeat(6)
      #10 CLK = ~CLK;
   end
```

该例使用 repeat 产生 3 个时钟脉冲，波形如图 2.2 所示。

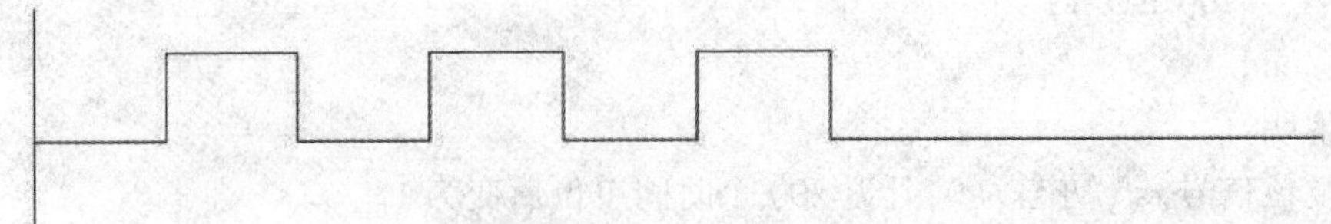

图 2.2　使用 repeat 产生的时钟波形

2.3　Verilog HDL 的仿真方法

使用仿真软件 Modelsim 的步骤为：建立工程→建立仿真文件→添加被测文件→开始仿真。

注意：在被测模块中如果对寄存器变量不赋初始值，则其值为“X”，仿真时输出一直为 X。因此，需要增加复位 rst 信号对被测模块中寄存器类型变量 clk_1Hz，cnt 等赋初值。

```
//修改后的被测模块----分频器子模块：
module fdiv(iCLK_50, oLEDR,rst);
input iCLK_50, rst;
output oLEDR;
  reg clk_1Hz;
  reg [31:0] count; //存下计数 25 000 000,可以大,不能小

always@(posedge iCLK_50 or negedge rst)
begin
if (! rst)
    begin
        count<=0;
        clk_1Hz<=0;
    end
else
    if(count <25 000 000)
        count <= count + 1;
    else
    begin     //计数到 25 000 000
        count <= 0;
        clk_1Hz <= ~clk_1Hz;
    end
end

assign oLEDR = clk_1Hz;
endmodule
```

```
//修改后的被测模块---顶层模块:
module DisCnt(iCLK_50, oHEX0_D,rst);
input iCLK_50,rst;
output  [6:0]  oHEX0_D;
wire  clk_1Hz;
reg [3:0]  cnt;
always@ (posedge clk_1Hz or negedge rst)
begin
if (! rst)
    begin
        cnt<=0;
end
else
    if(cnt<9)
        cnt <=cnt+1;
    else
    cnt <=0;
end

fdiv  fd0(iCLK_50, clk_1Hz,rst); //分频器模块
SEG7_LUT hex0(.oSEG(oHEX0_D), .iDIG(cnt));//显示译码模块
endmodule
//修改后的测试模块
timescale 1ns / 1ns      //定义仿真时间 - 单位/精度
module test;
parameter DELAY=200;
reg clk, rst;

initial //生成 rst 信号,低电平有效,保持 DELAY 个时间单位
    begin
        rst=0;
        #DELAY rst=1;
    end
        initial //生成 50 MHz 时钟信号
    begin
        clk = 0;
        forever #10 clk = ! clk;
    end
```

```
    //module DisCnt(iCLK_50, oHEX0_D);
    wire [6:0] Hex;
    DisCnt U0(clk, Hex,rst);//调用要测试的模块
endmodule
```

使用 Modelsim 验证计数器程序的步骤如下：

(1)从开始菜单中打开 Modelsim,如图 2.3 所示。注意:不要从桌面打开。"桌面"目录由于存在中文字符,软件使用会出问题。

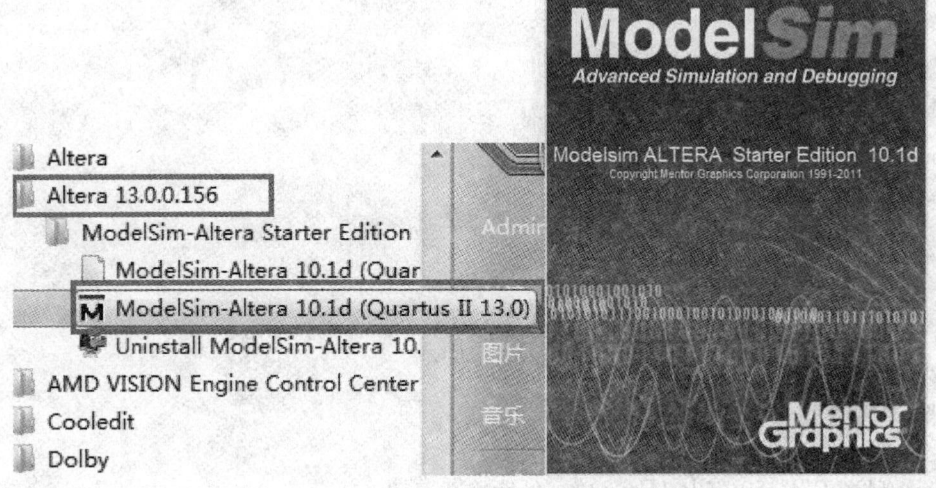

图 2.3　Modelsim 的启动界面

(2)从文件菜单中新建工程,如图 2.4 所示。并在接下来的对话框中设置工程名称和工程路径,如图 2.5 所示。其他参数缺省即可,设置完点击"OK"按钮。

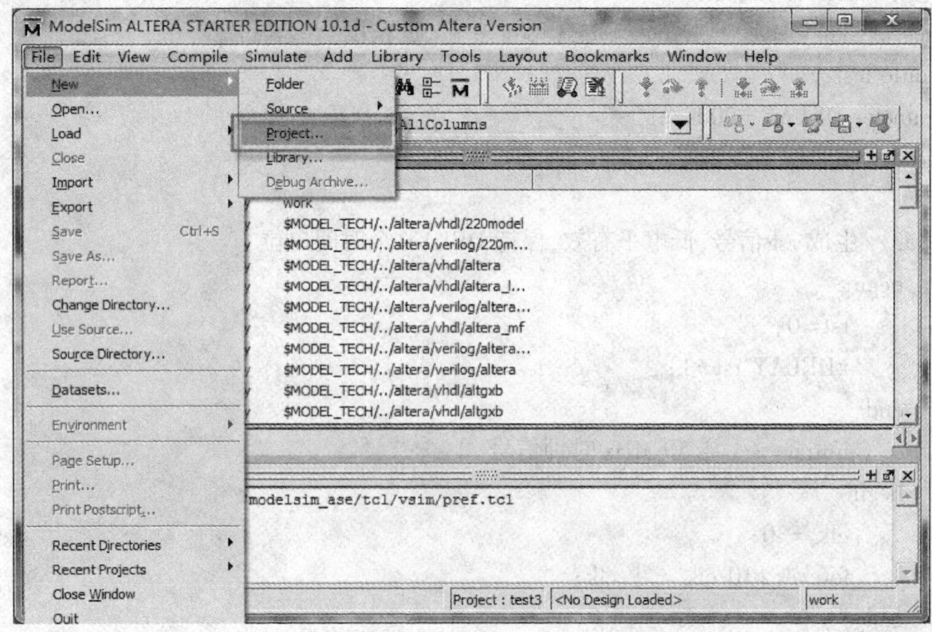

图 2.4　新建工程

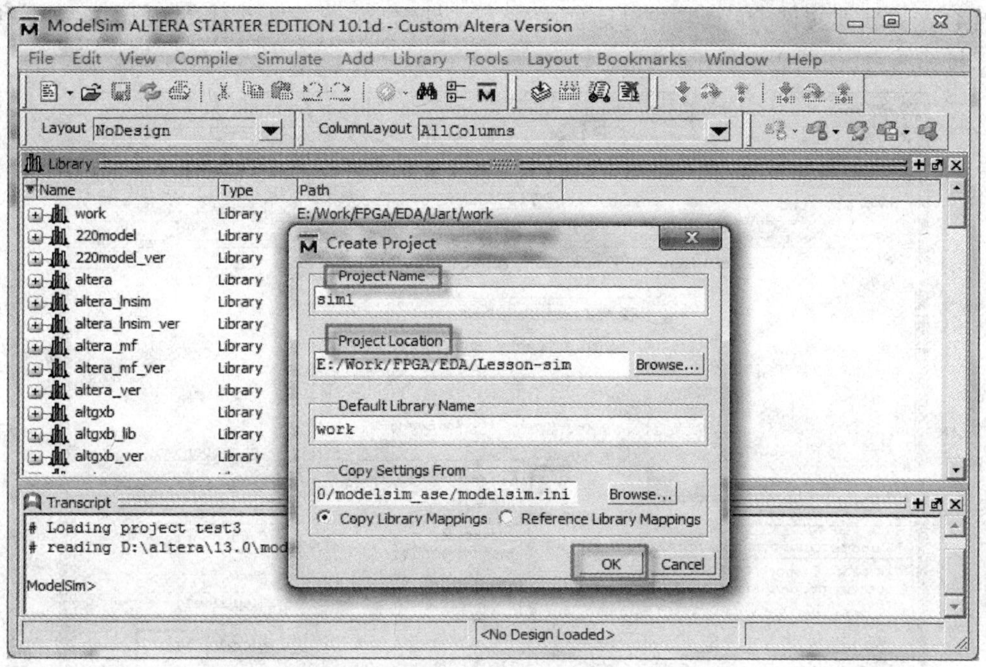

图 2.5　设置工程名及存储路径

(3)现在已经新建了空白工程,接着会弹出对话框,提示可以新建源文件 Create New File,添加已存文件 Add Existing File,或新建目录等。如果已经有一些文件则可以直接添加,如果没有可以选择新建文件。也可以关掉此对话框,在文件菜单中新建源文件,如图 2.6 所示。

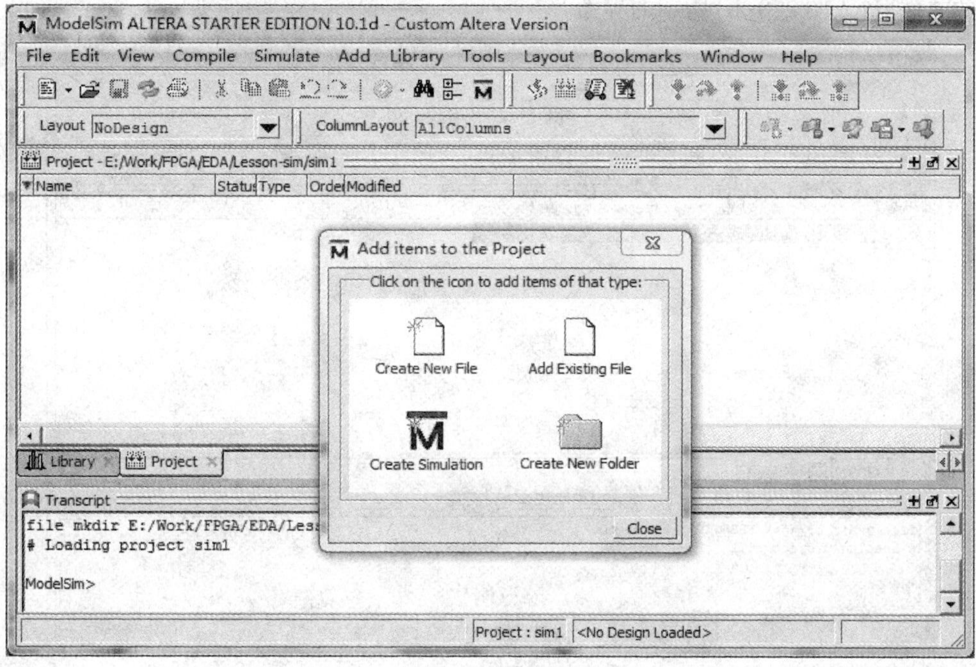

图 2.6　新建工程文件类型

(4)选择新建文件,在弹出的对话框中输入文件名,注意选择文件类型为 Verilog。点击“OK”按钮结束,如图 2.7 所示。

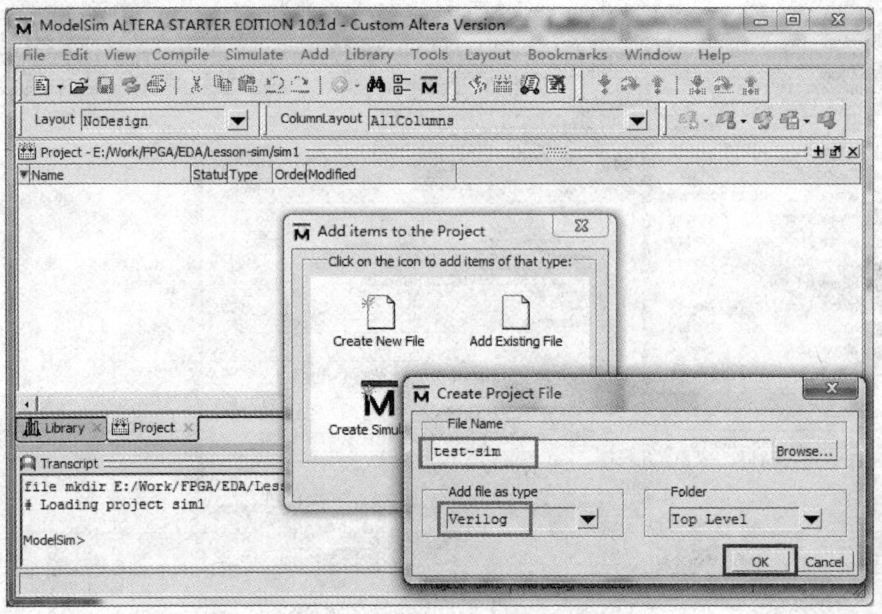

图 2.7　新建 Verilog 类型文件

(5)可以看到工程中已经加入了新建文件(图 2.8(a))。双击该文件,可能有 3 种情况:

①如图 2.8(b)所示,进入文本编辑界面,然后进入步骤(6)。

②弹出系统的文本编辑器。如图 2.8(c)所示,可以在文本编辑器中输入程序,由于该软件编写程序不能以彩色显示特殊字符,所以不推荐。也可以从文件菜单中选择“open”打开已建好的文件,进入图 2.8(b)所示的界面。

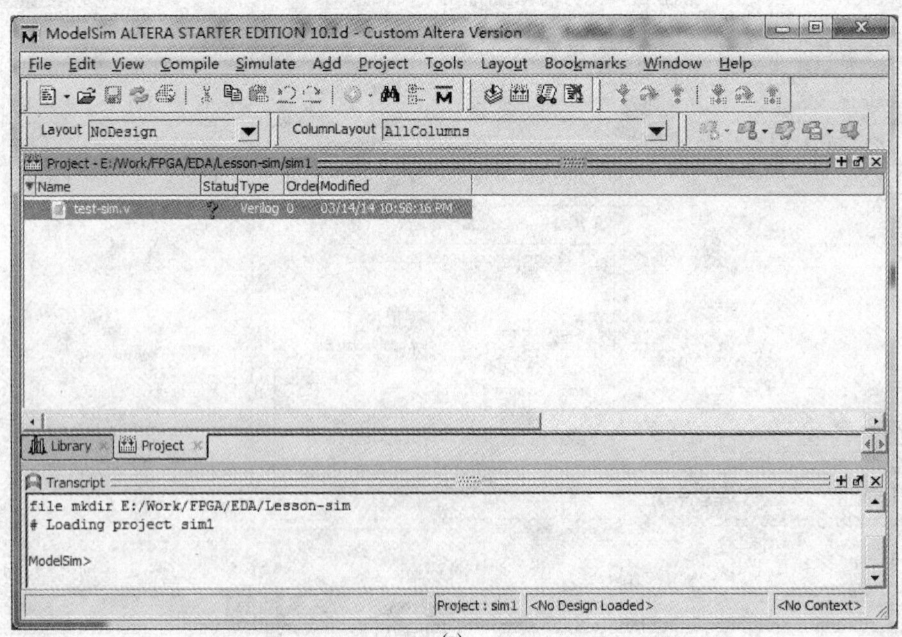

(a)

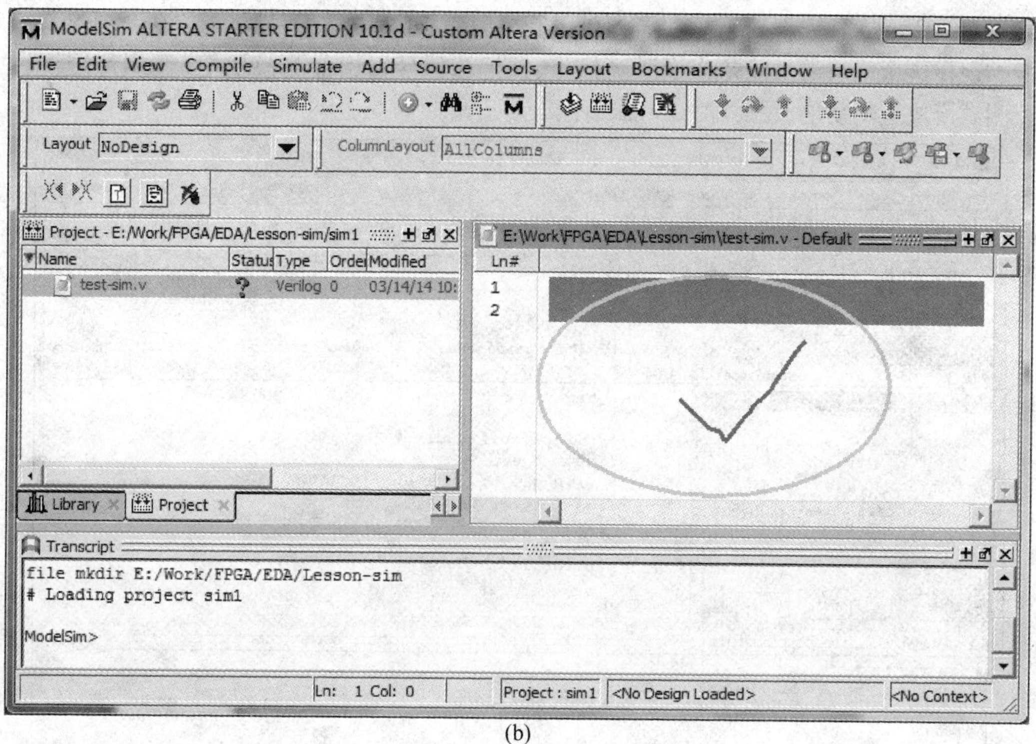

(b)

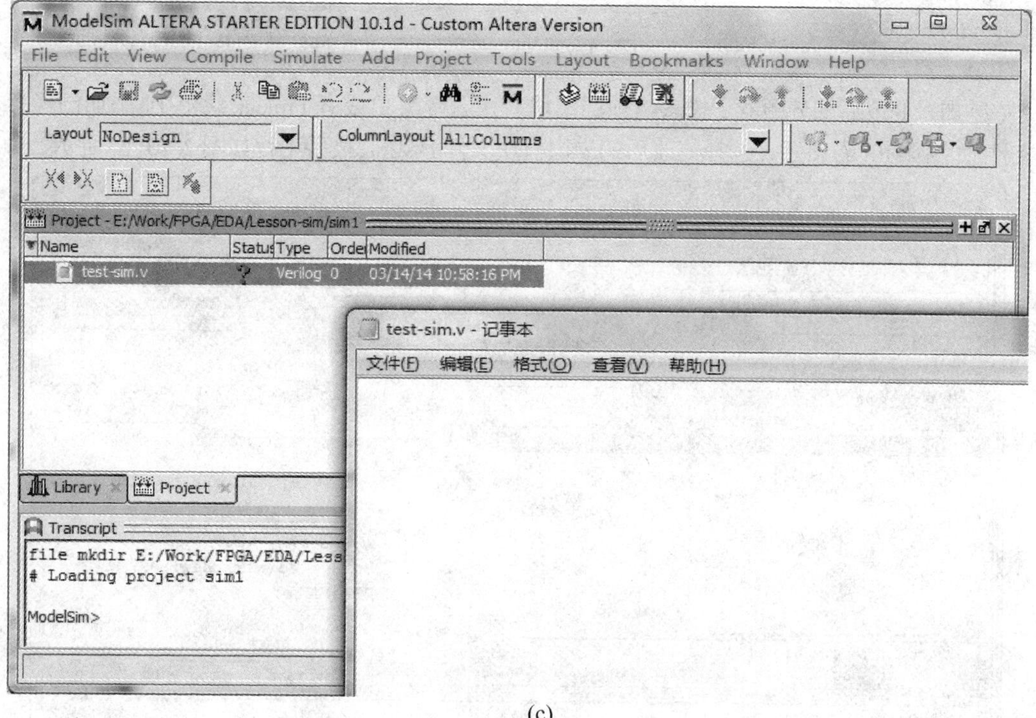

(c)

图 2.8　双击新建文件后可能出现的 3 种情况

③最糟糕的情况是，某些机器会不断打开 Modelsim，此时用快捷键 Alt+F4，迅速关闭所有 Modelsim 程序，然后用方法②，即在“file”菜单选择“open”的方式打开文件。

(6)在编辑界面中输入测试模块源代码,仍然是 Verilog 语法,所以本质上仍然是定义模块功能。现在这个模块的功能是产生激励信号,并把该信号输入待测模块中(调用待测模块),验证测试模块逻辑功能,程序输入界面如图 2.9 所示。

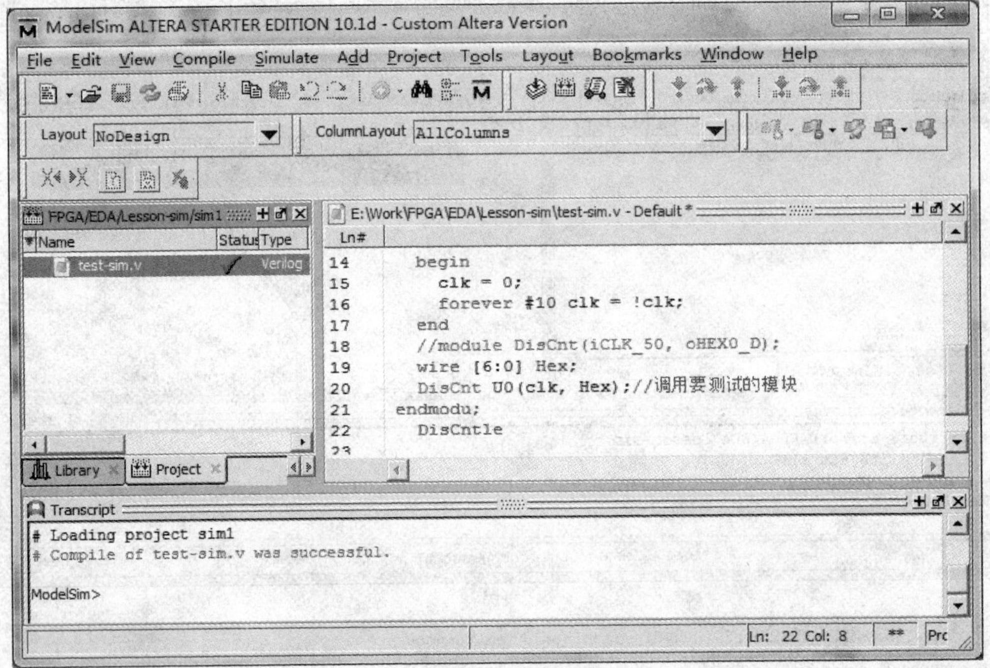

图 2.9　模块源代码编辑界面

(7)加入修改后的分频器子模块与顶层模块。在右键菜单或者 Project 菜单中,添加已经存在的文件,如图 2.10(a)所示。选择修改后的顶层模块文件 DisCnt,最后工程如图 2.10(b)所示。

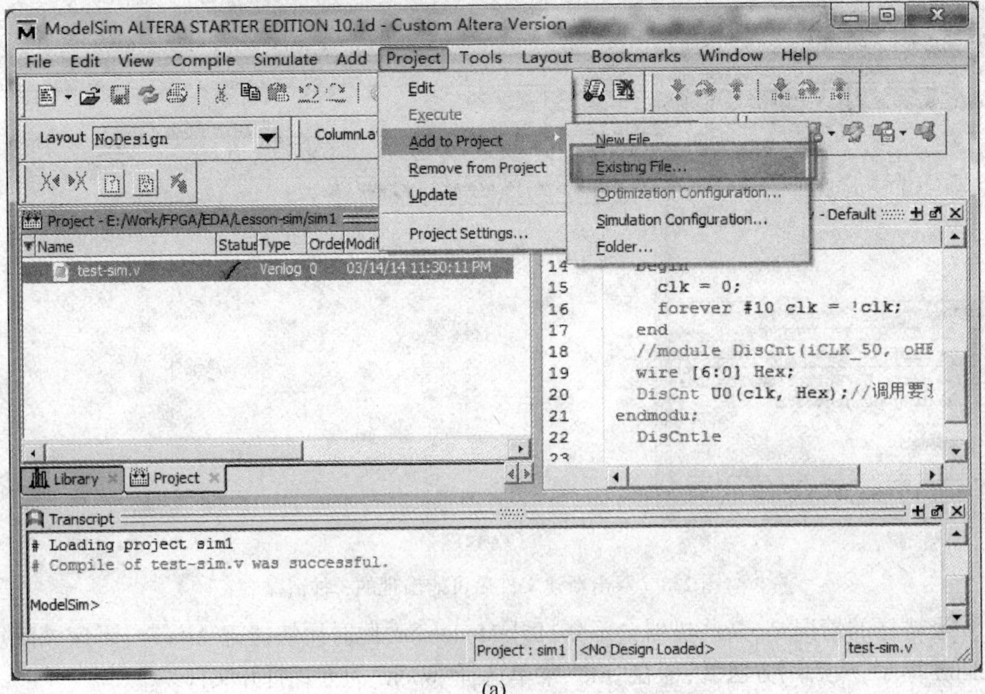

(a)

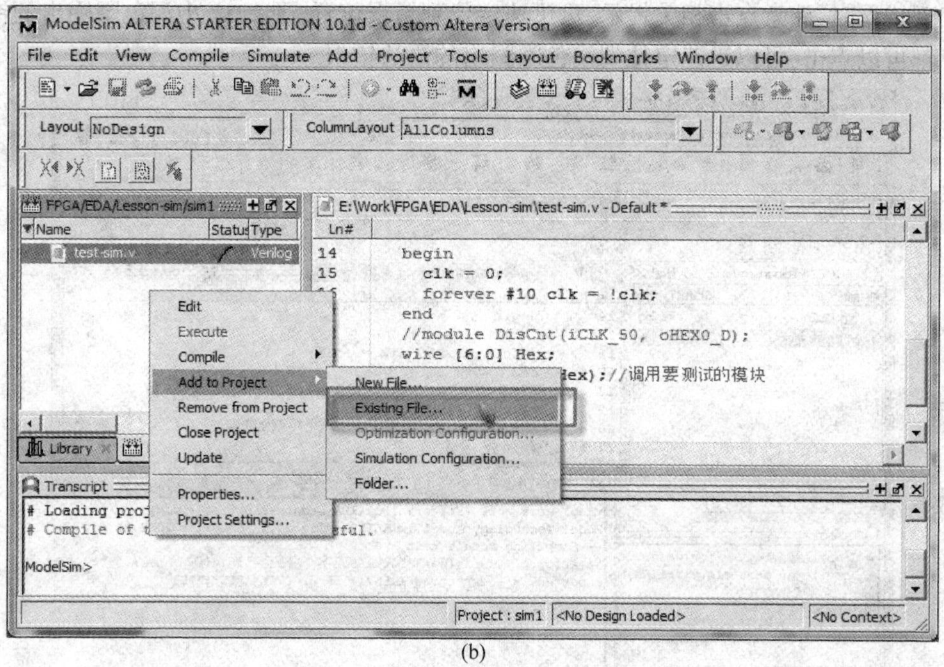

(b)

图 2.10　添加已存在的文件

(8)如图 2.11 所示,已经加入了文件 DisCnt.v,双击该文件可以在编辑界面看到该文件。在左侧工程栏中,可以看到当前工程文件及其状态。问号表示文件修改后未编译。代表文件编译完成。点击上方工具栏中的编译图标,编译所有工程文件。如果一切正常,所有文件状态为,否则根据最下方的提示修改程序。

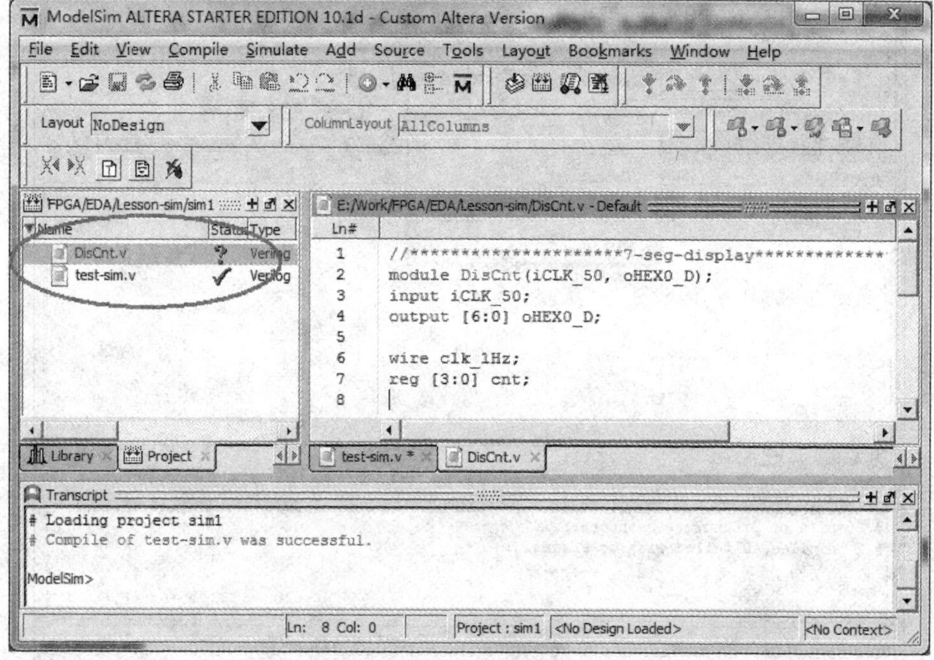

图 2.11　添加后的文件

出现错误时,注意点击相关提示,可迅速定位到错误位置,图2.12中深色圈圈出的错误提示信息都可以点击,可以迅速定位到浅色圈圈出的语法错误。

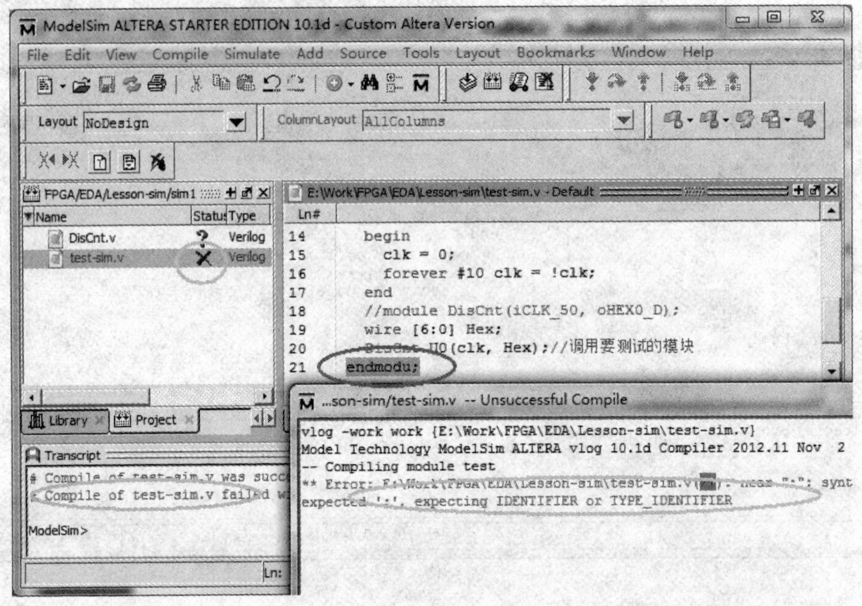

图2.12　代码错误提示

(9)编译成功后选择“Simulate”中的开始仿真选项,然后在弹出的对话框中选择刚才定义过的顶层模块 test。点击“OK”按钮,即可启动仿真。如果出现错误,注意看错误信息,例如图2.13中提示没有找到模块 SEG7_LUT。

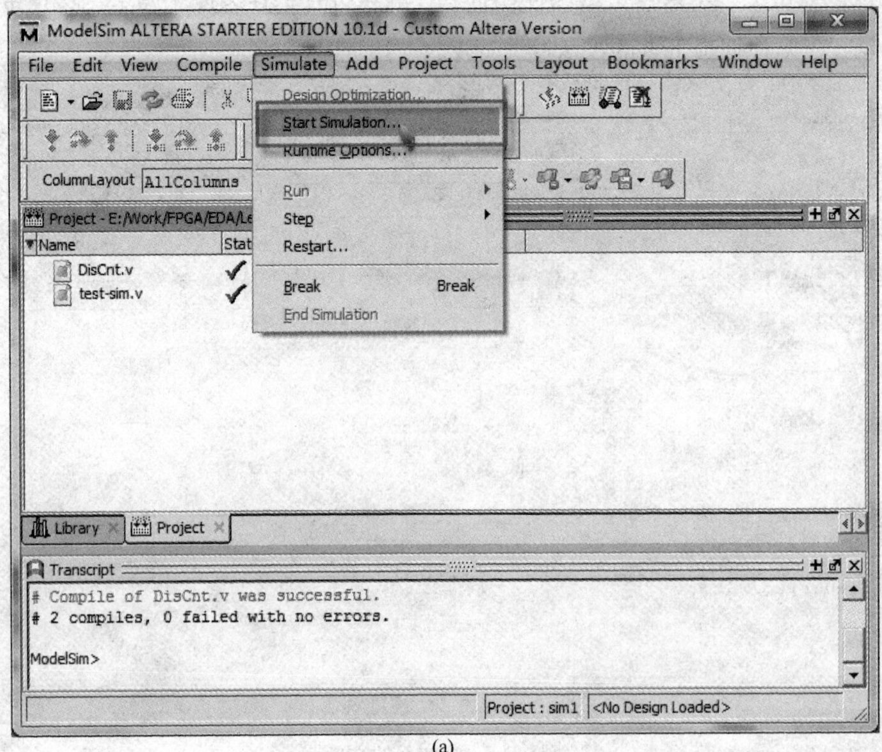

(a)

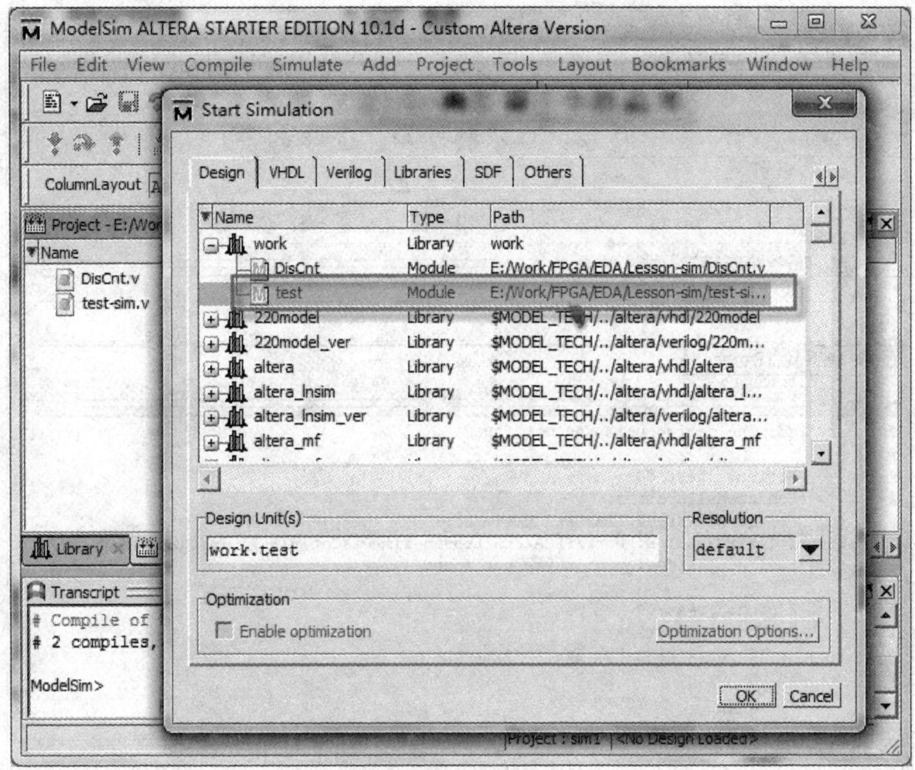

(b)

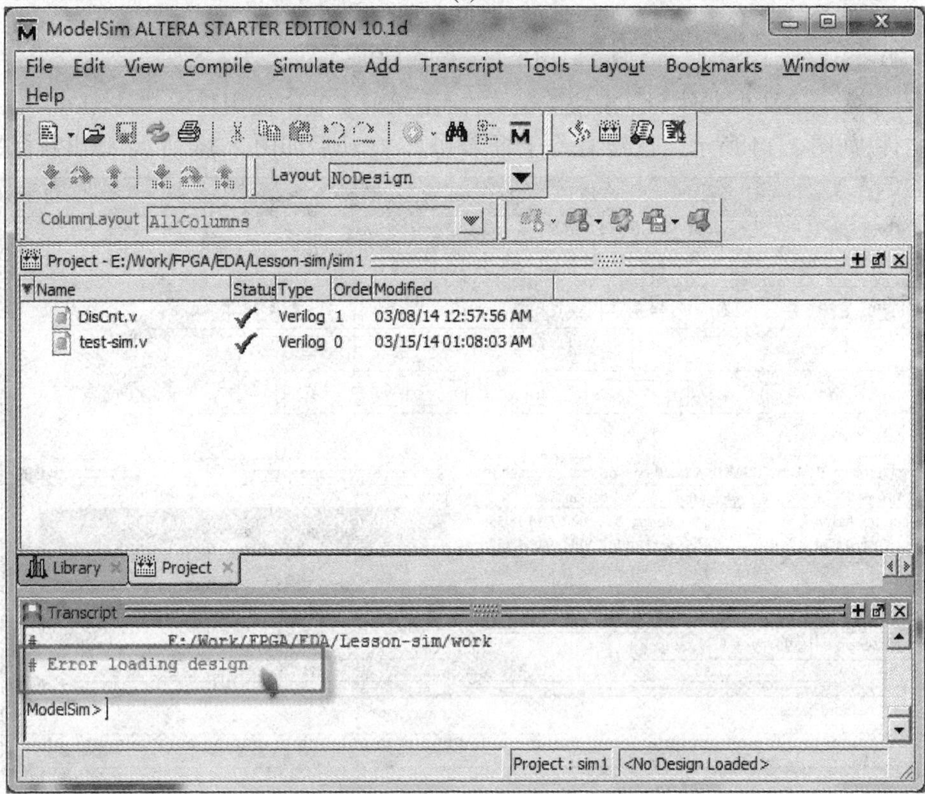

(c)

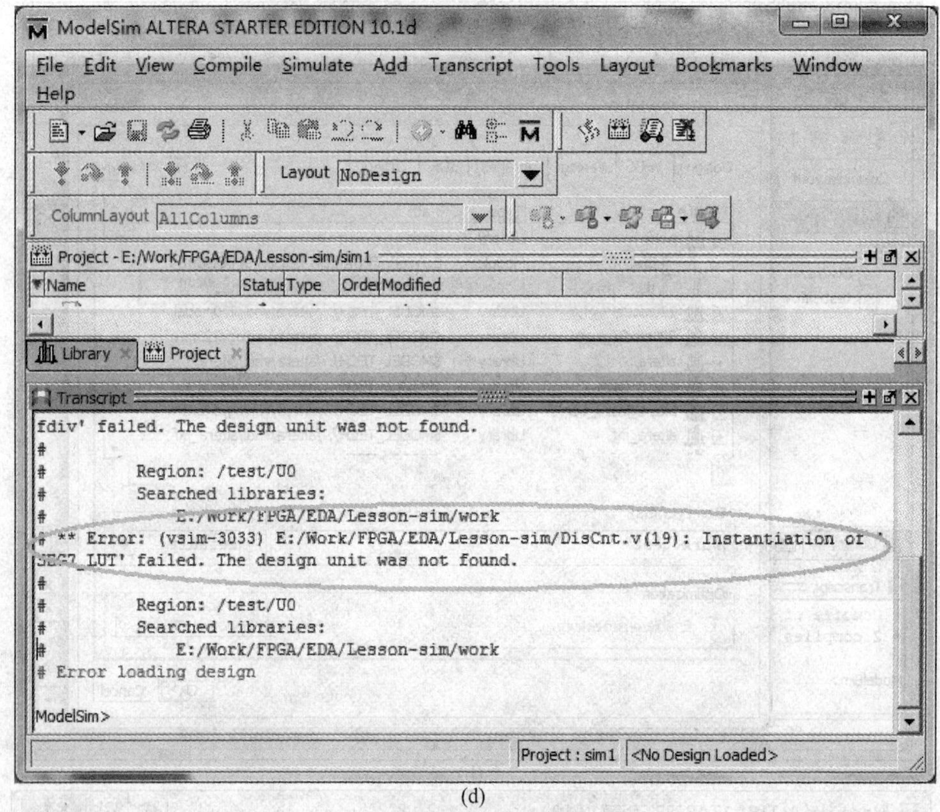

(d)

图 2.13 程序仿真

(10)事实上还缺少文件 fdiv 模块定义文件,添加 1.4 节中使用过的文件 SEG7_LUT.v 和 fdiv.v 文件,如图 2.14 所示。重新编译,再重新仿真,成功后如图 2.14 所示,弹出新标签 sim。

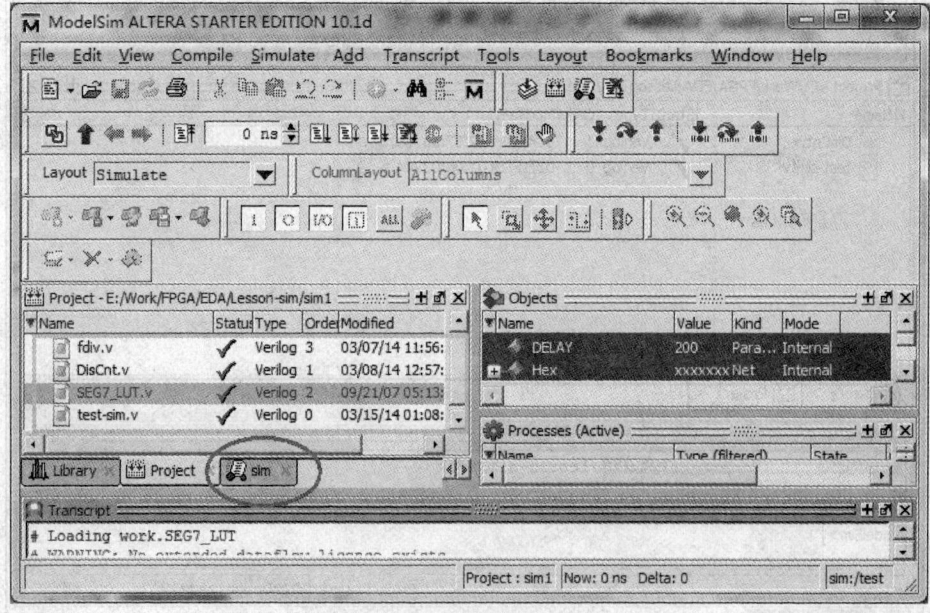

图 2.14 仿真成功

(11)点击 sim 标签,在实例(Instance)列表中可以看到模块名、实例名、模块关系(加号之下可以展开底层模块)。点中模块,可以在右边 Objects 栏看到该模块内部的所有信号。选择要观察的测试模块,如 U0,然后在右键菜单中加入波形窗口。也可选中 Objects 中该模块内的信号(shift,ctrl 等多选),同样右键菜单加入波形窗口。

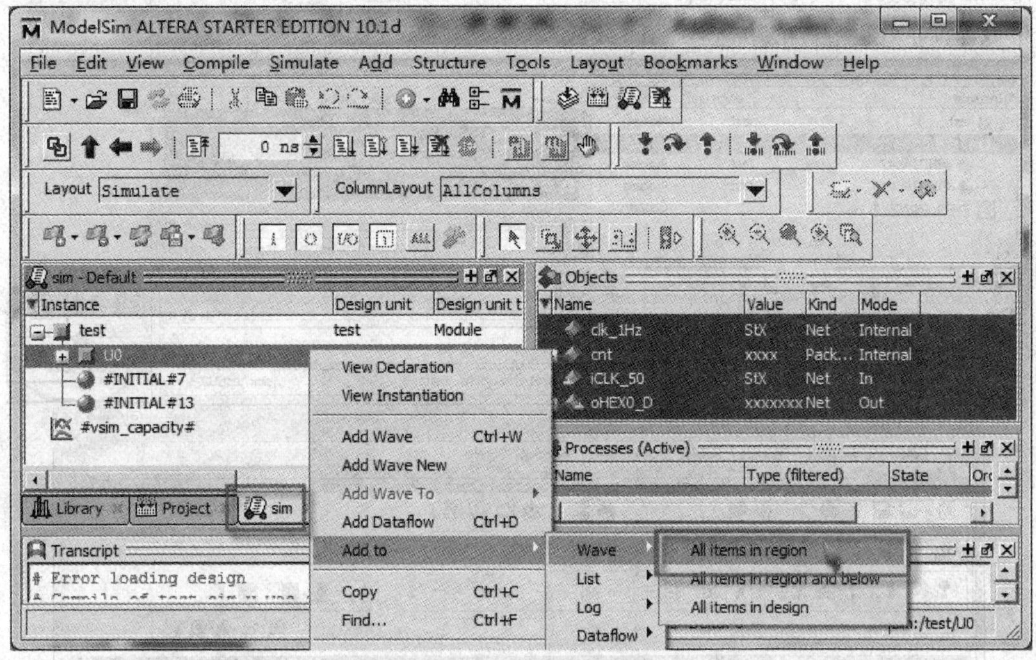

图 2.15　选择要观察的测试模块

(12)弹出新窗口"Wave"。可以看到要观察的信号已经列出来了,如图 2.16 所示。例如"/test/U0/CLK_50"表示 test 模块(顶层模块)下 U0 模块下的 CLK_50 信号。现在仿真环境建立起来了,仿真还没开始运行。点击主窗口或"wave"窗口中工具栏 Run-All 图标开始运行仿真,如图 2.17 所示。

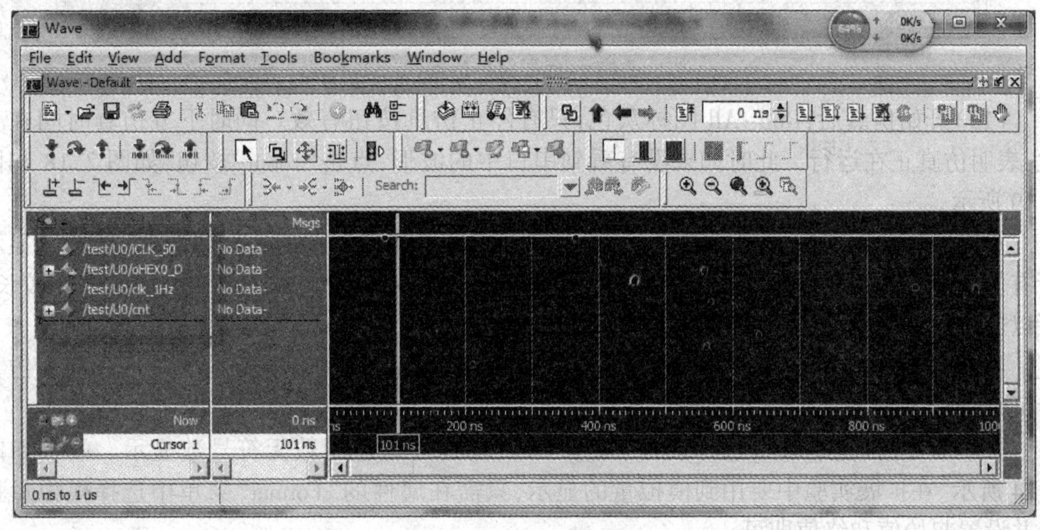

图 2.16　要观察的信号

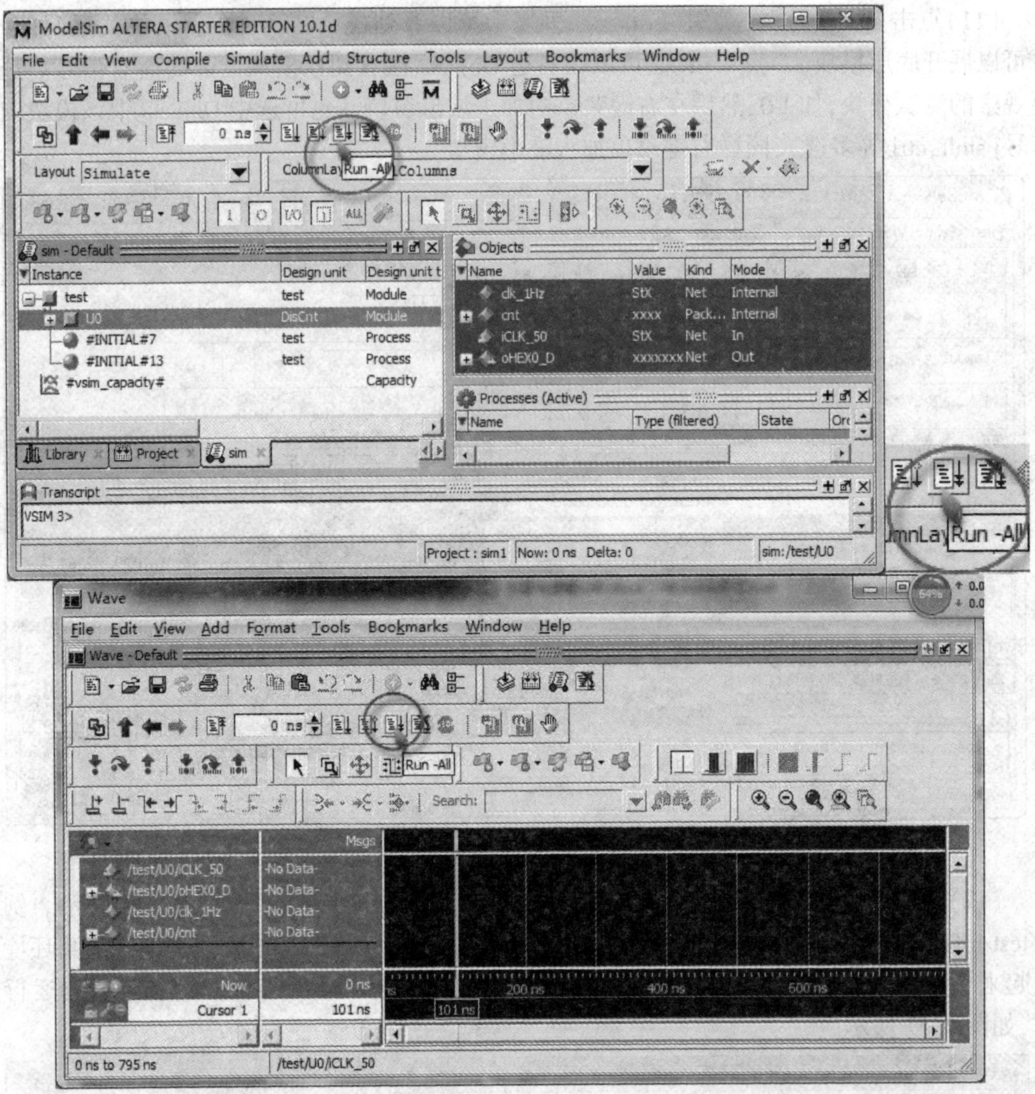

图 2.17　运行仿真

(13)开始仿真后,Run-All 图标灰色,只有停止仿真按钮有效。同时下方仿真时间在变化,表明仿真正在运行。此时如果没有看到串口中的波形,点击“zoom”按钮,如图 2.18 和图 2.19 所示。

点击停止仿真图标,并观察波形。其中“Room Full”和“Room Cursor”很有效,能分别显示所有仿真时间内的波形并展开当前鼠标位置波形。由于 1 Hz 才会加 1 个数,仿真时间较长。所以这里把程序做适当修改,如图 2.20 所示,减去 3 个 0,则变成 1 ms 时钟了。

再次编译,并选择 Restart 仿真(图 2.21),可以快速重启仿真而不必重复之前操作。仿真后可以看到如图 2.22 所示的波形。

点中信号,右键菜单中选择属性(图 2.23),设置为十进制数无符号数显示。效果如图 2.24 所示。在扩展实验中要用到模拟量的显示,只需在属性的“Format”菜单中选择模拟量显示并设置起始值和终值即可。

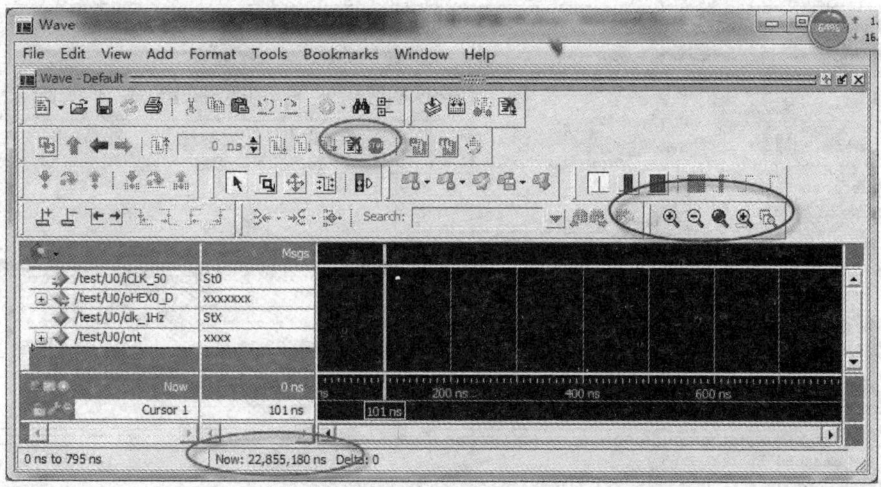

图 2.18　停止仿真

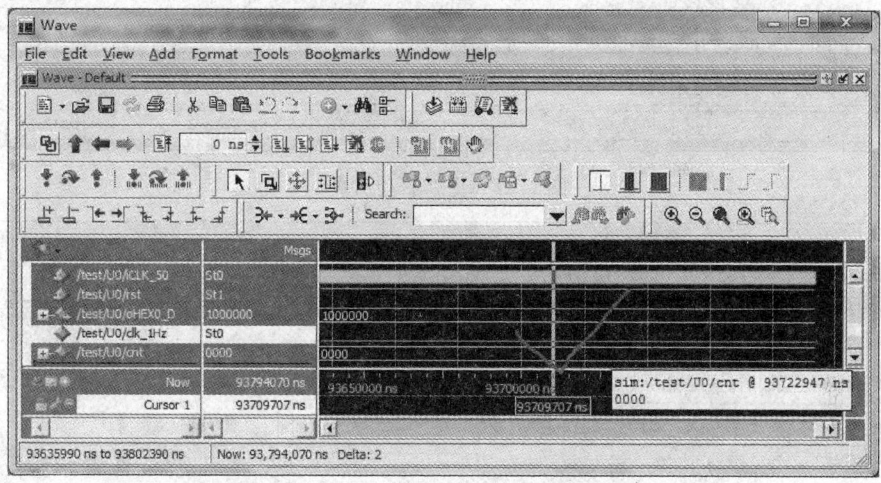

图 2.19　查看仿真波形

```
//******************************* 分频器例程 ***
module fdiv(iCLK_50, oLEDR, rst);
input iCLK_50,rst;
output oLEDR;

reg clk_1Hz;
reg [31:0] count; // 保证能存下计数 25,000,000

always@(posedge iCLK_50 or negedge rst)
begin
  if(!rst)
    begin
      count <= 0;
      clk_1Hz  <= 0;
    end
  else
  begin
    if(count < 25000)
      count <= count + 1;
    else
    begin     // 计数到 25,000
      count <= 1;
      clk_1Hz <= ~clk_1Hz;
    end
```

图 2.20　修改仿真程序

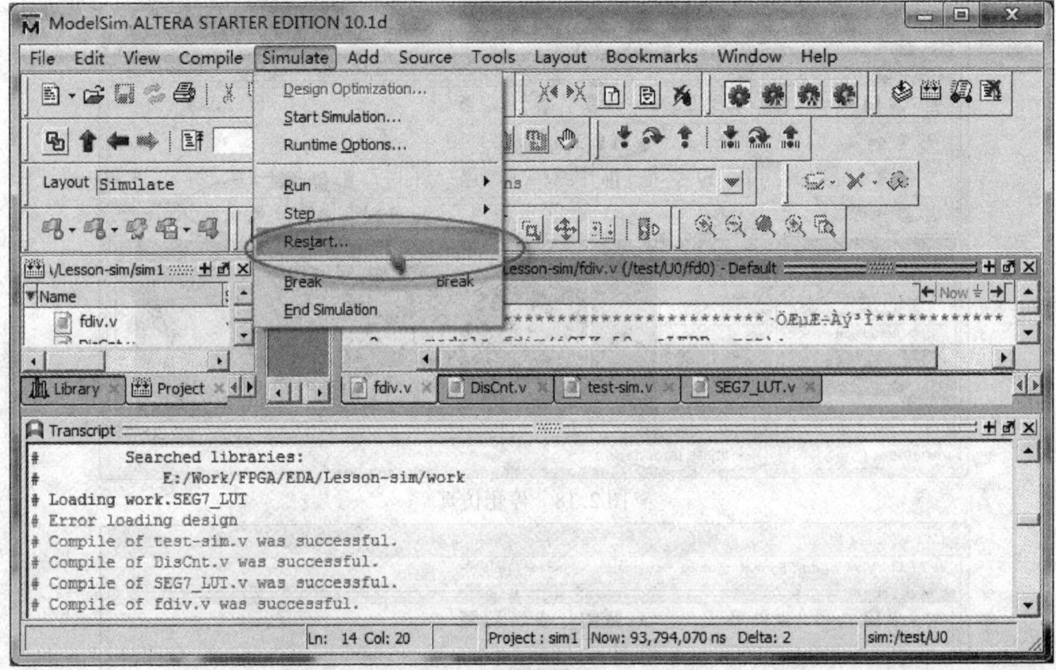

图 2.21　重新启动仿真

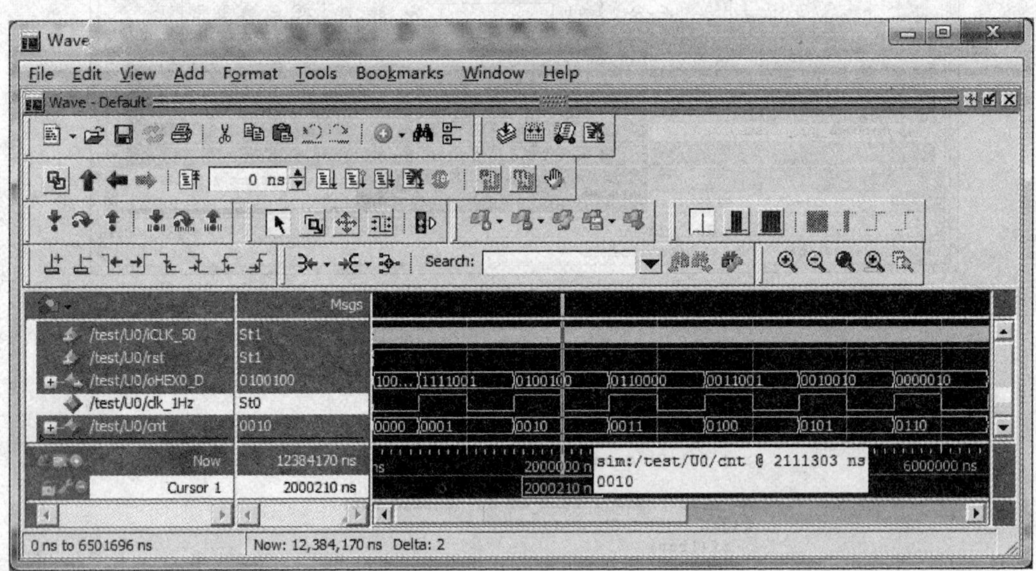

图 2.22　重新仿真后的波形

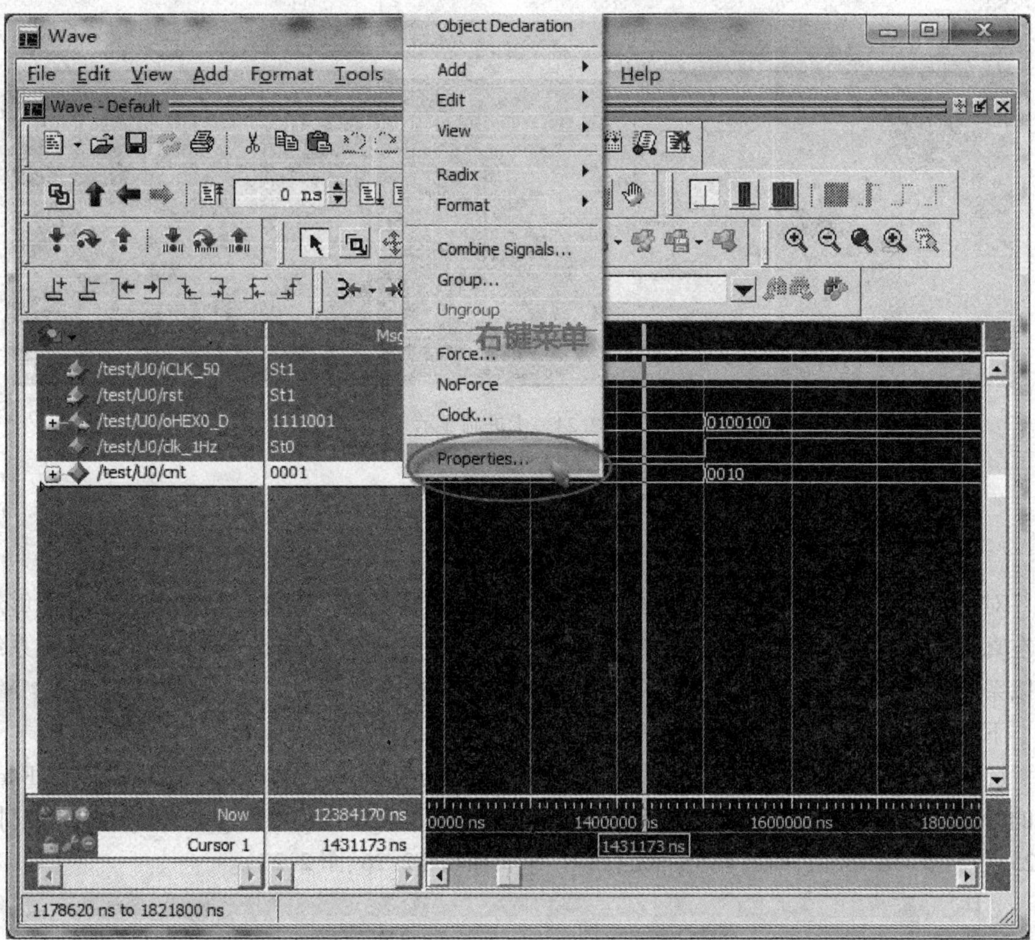

(a)

(b)

图 2.23　设置十进制无符号数显示

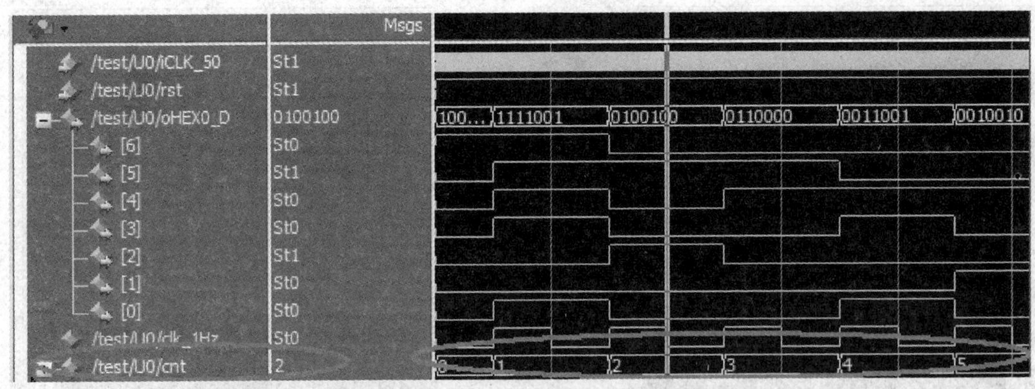

图 2.24　十进制显示

2.4　嵌入式逻辑分析仪

对于希望看到自己的设计能够运行良好的工程师而言，基本的测试基准是其设计能够运行在真实的系统速率条件下。SignalTap II 嵌入式逻辑分析仪为设计人员提供了器件在系统内以系统速率运行时获取内部节点或 I/O 引脚状态的能力。

下面就用嵌入式逻辑分析仪观测上述例程的波形。

(1) 打开第 1 章中的数码管显示计数 0 到 9 循环的工程，在 Quartus II 中选择菜单“File”中的“New”项，在“New”窗口中选择“Other Files”中的“SignalTap II Logic Analyzer File”（图 2.25），点击“OK”按钮，即出现“SignalTap II”编辑窗（图 2.26、图 2.27）。

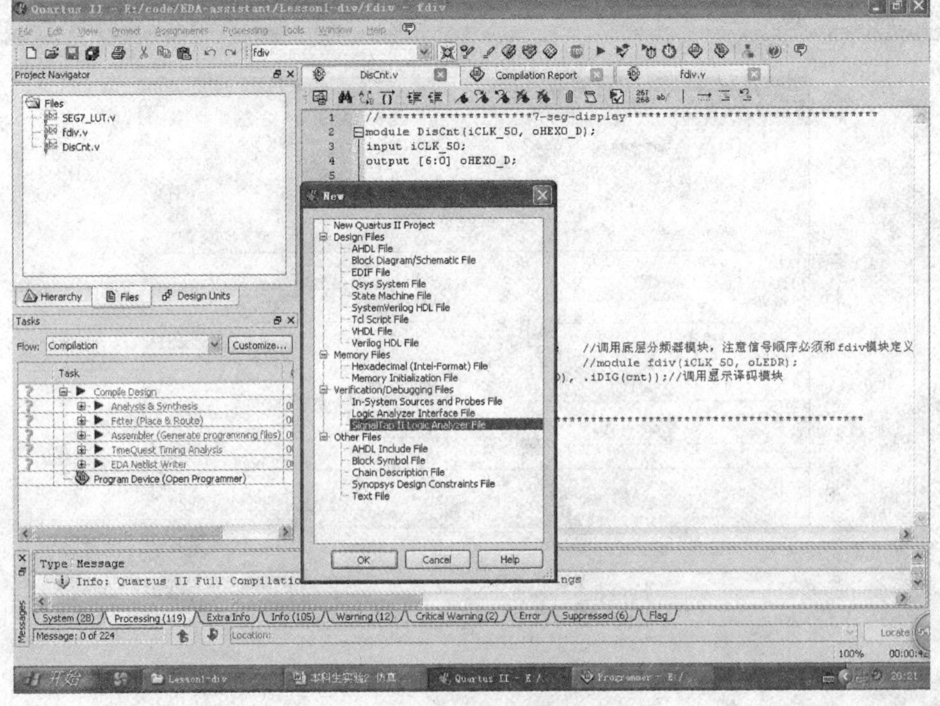

图 2.25　新建逻辑分析仪文件

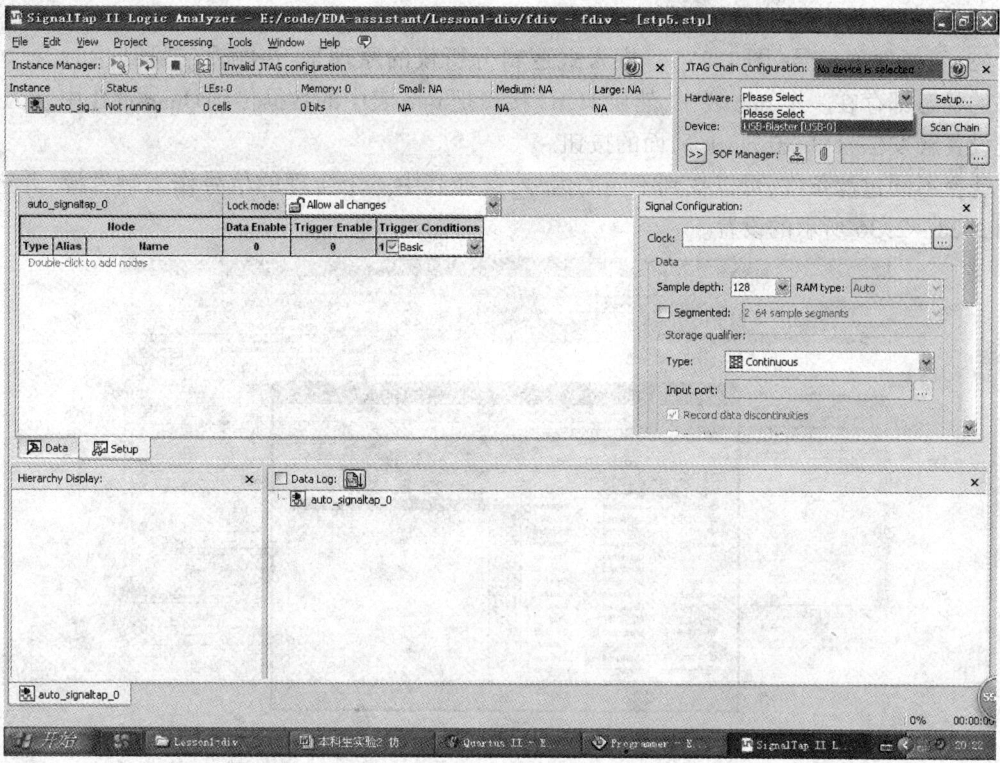

图 2.26　选择硬件

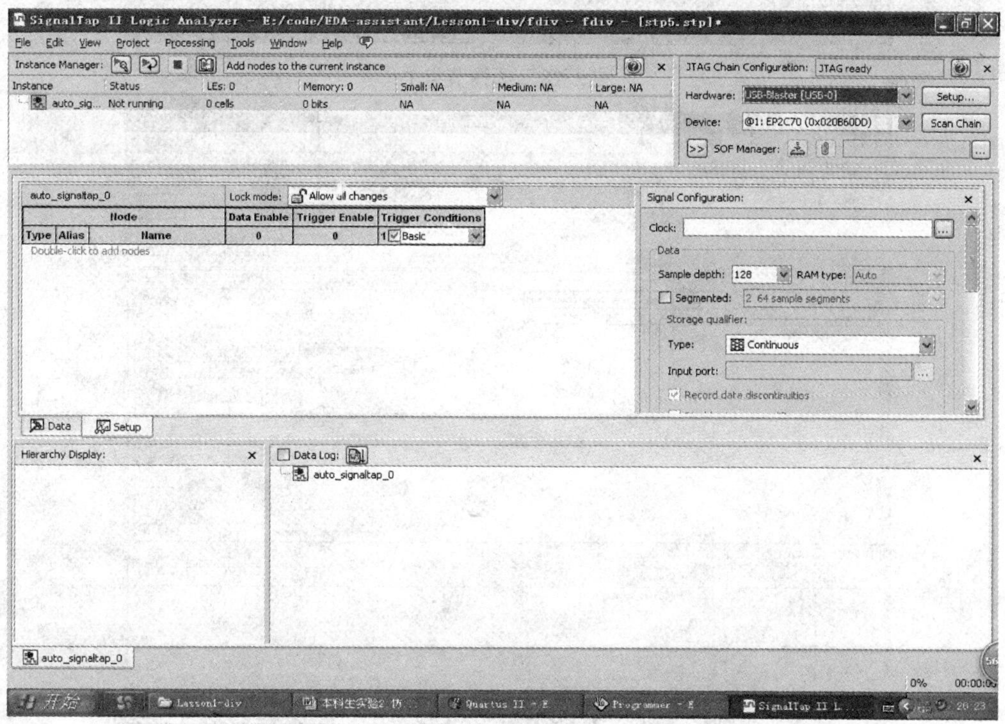

图 2.27　设置触发信号 1

(2)选择硬件 USB-Blaster(图 2.26)。

(3)设置触发信号(图 2.27)。嵌入式逻辑分析仪的原理是:在触发信号到达时,把电路内部的状态都存在一个 ram 表中,然后 JTAG 接口把 ram 表中的数据传到 Quartus II 中。因此,首先设置触发信号,单击 clock 后面的按钮。

选择不同过滤条件,可以找到不同的信号,选择其中一个合理的信号作为触发源,并进行如图 2.28 ~ 2.36 所示的设置。

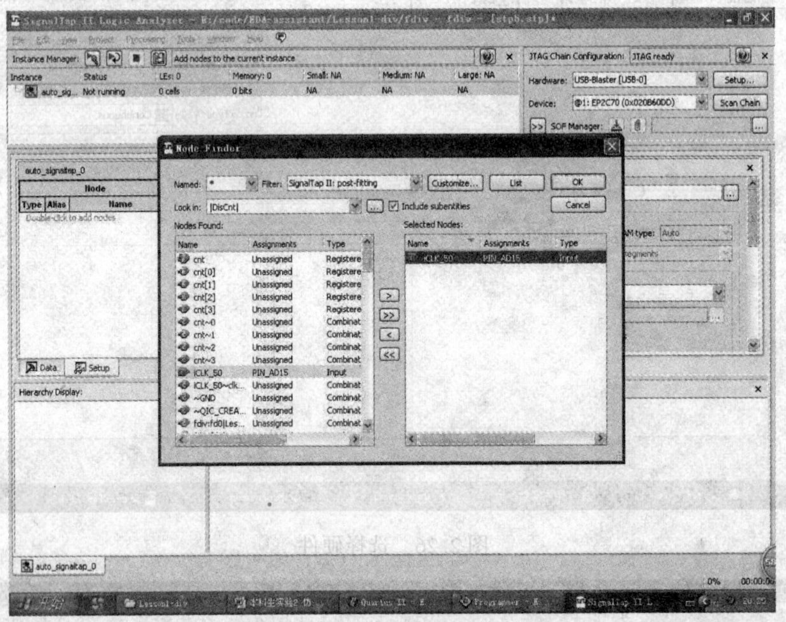

图 2.28　选择节点 1

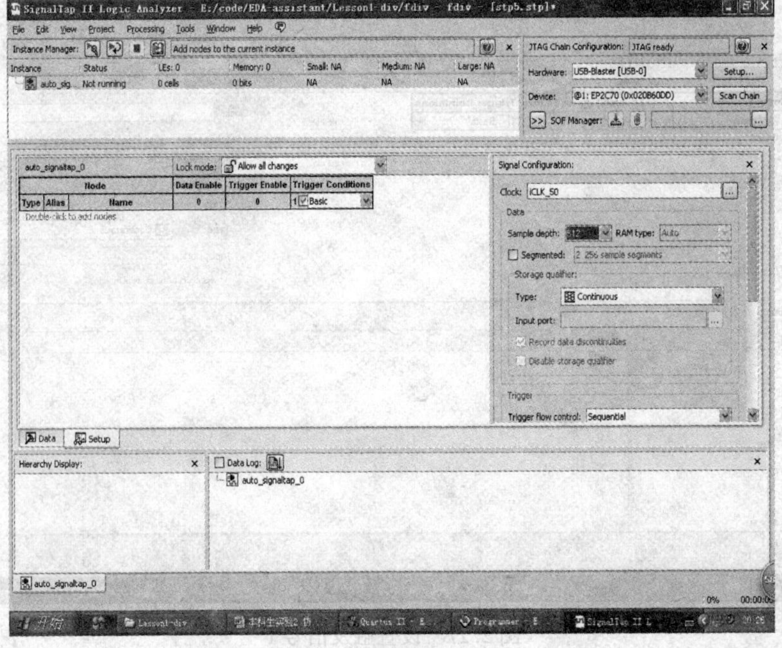

图 2.29　设置触发信号 2

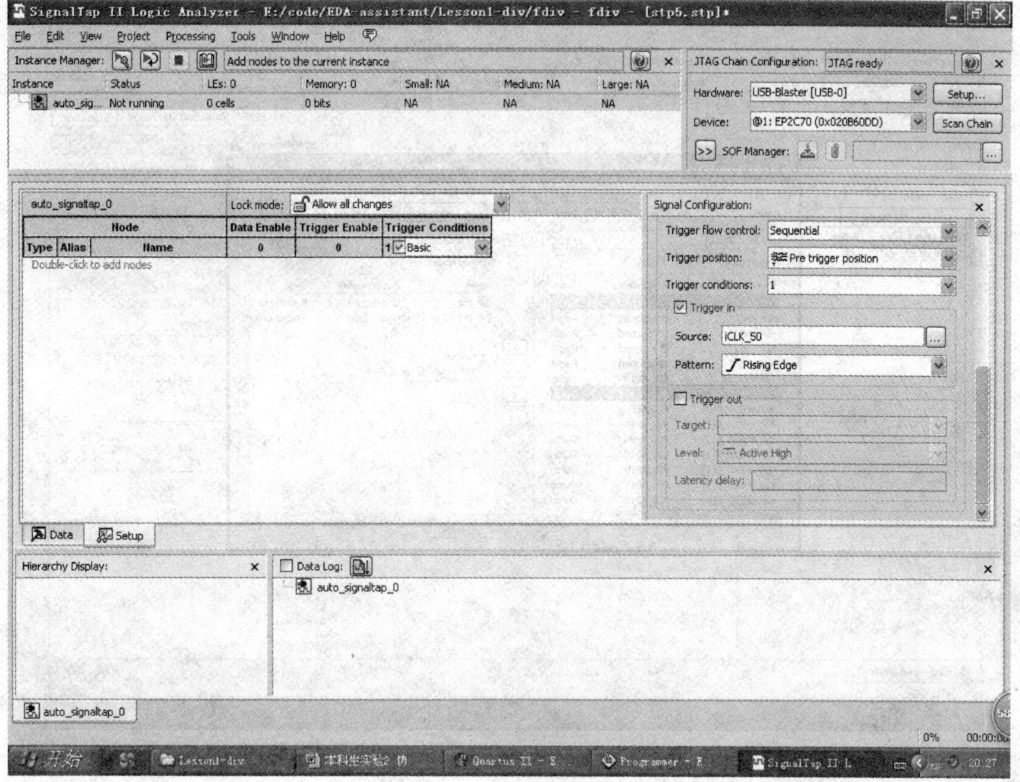

图 2.30　设置触发信号 3

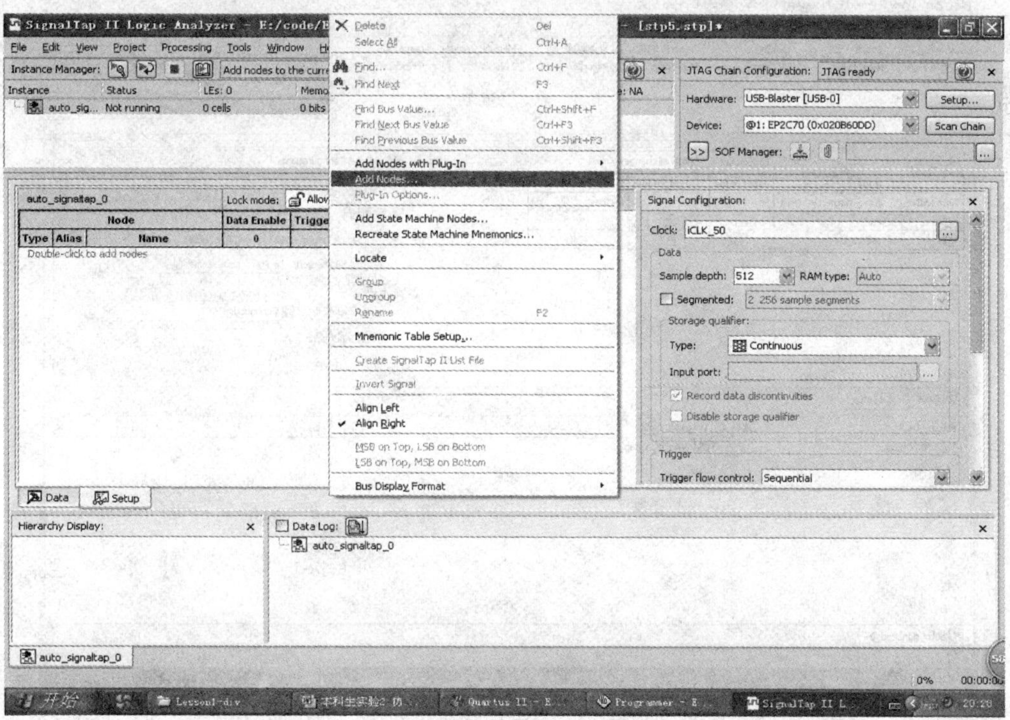

图 2.31　添加节点

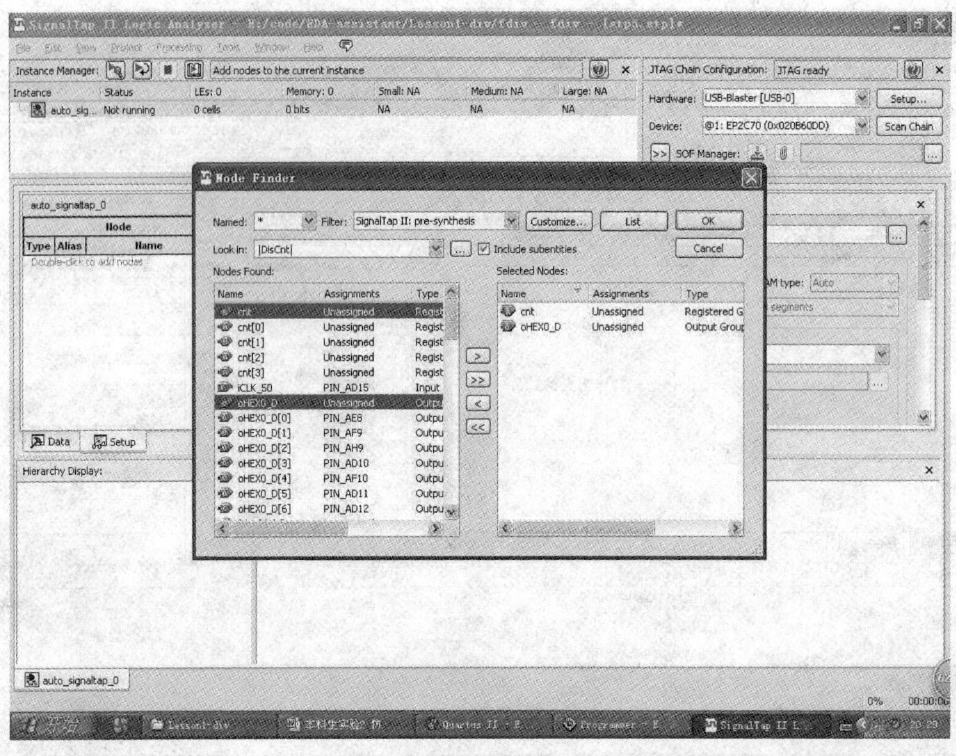

图 2.32 选择节点 2

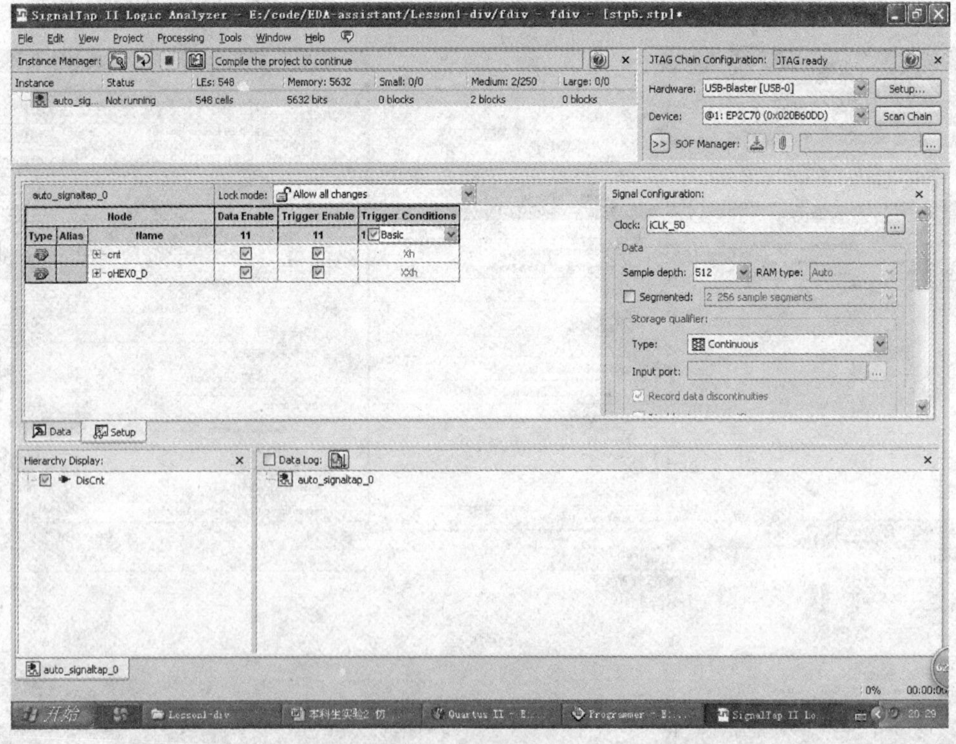

图 2.33 添加后的节点

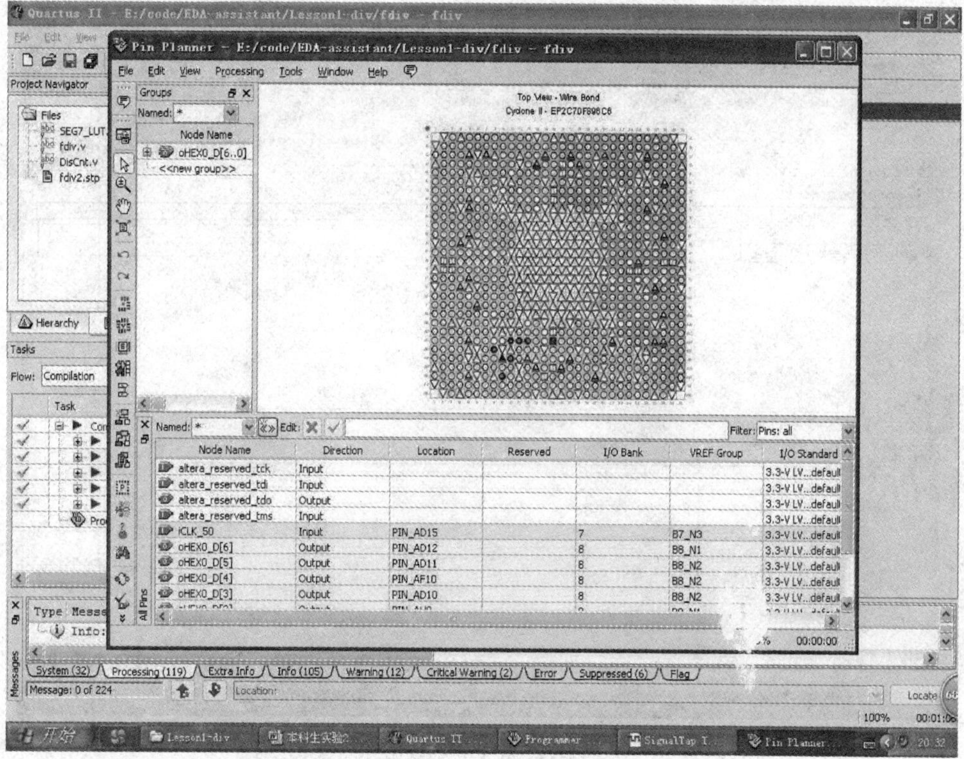

图 2.34　配置管脚

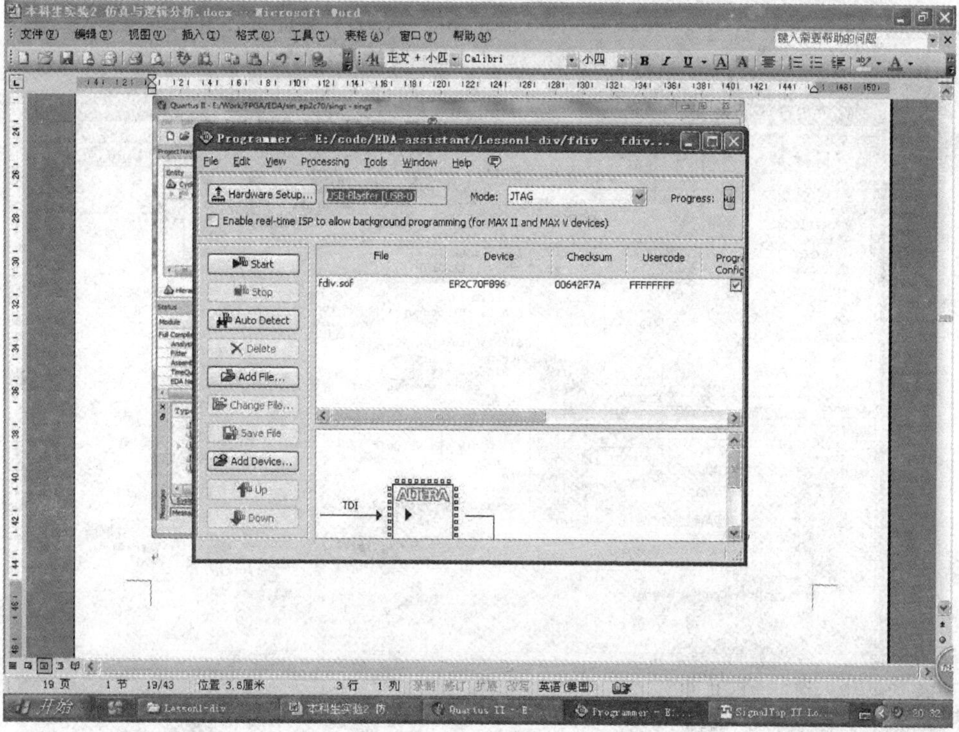

图 2.35　程序下载

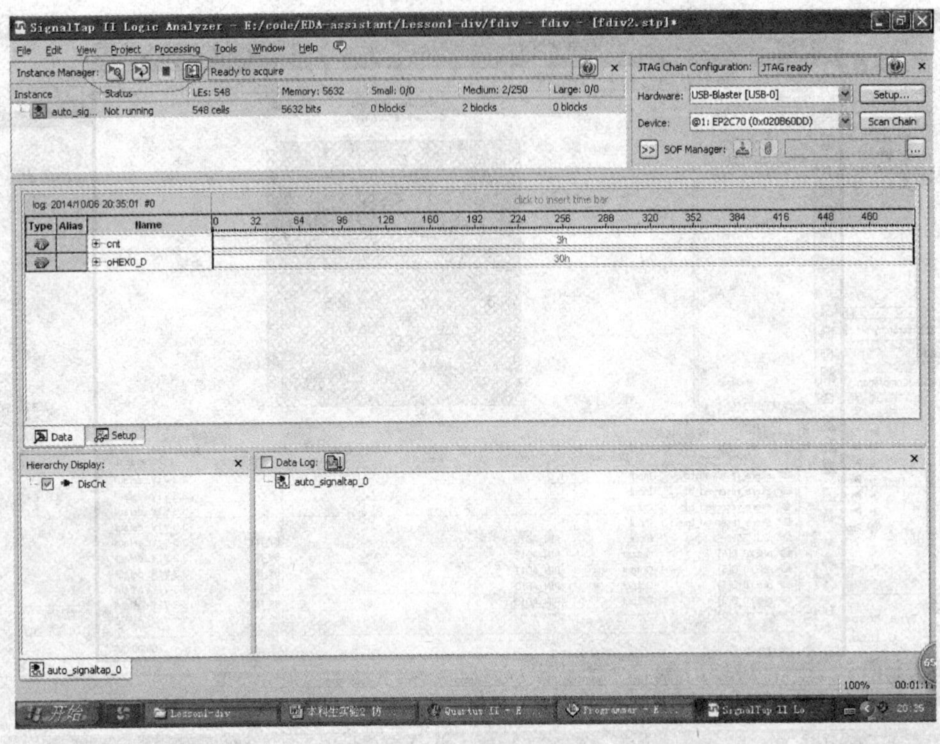

图 2.36　节点数据

可以看出因采样时间限制只能看到计数器的一个状态，因此要将计数器的频率提高，并重新编译下载，如图 2.37 所示。可以看到如图 2.38 所示的计数器状态变化。

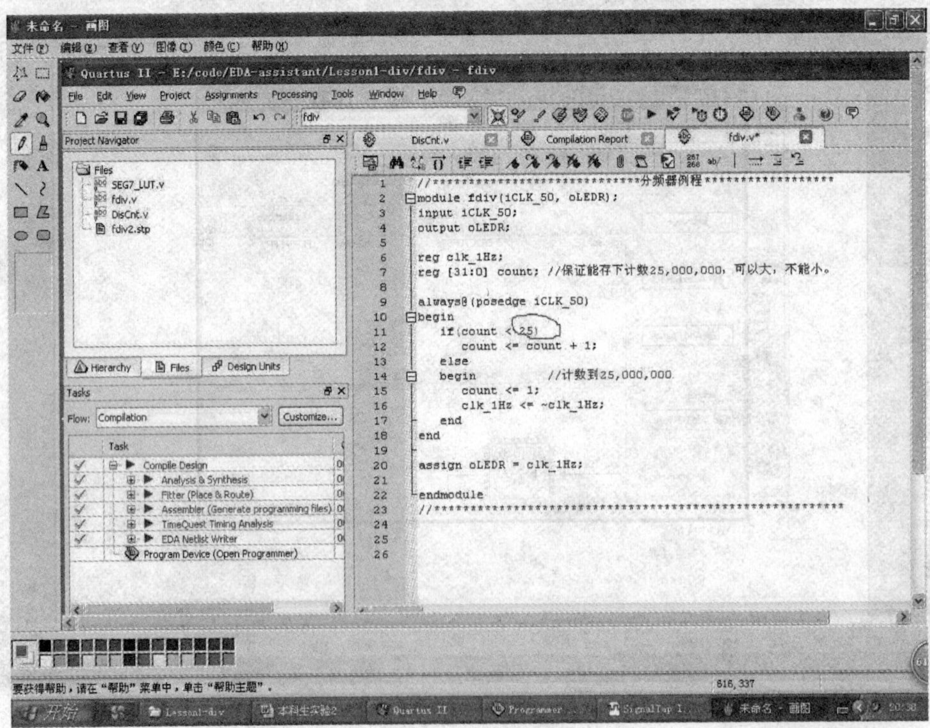

图 2.37　调高计数器频率

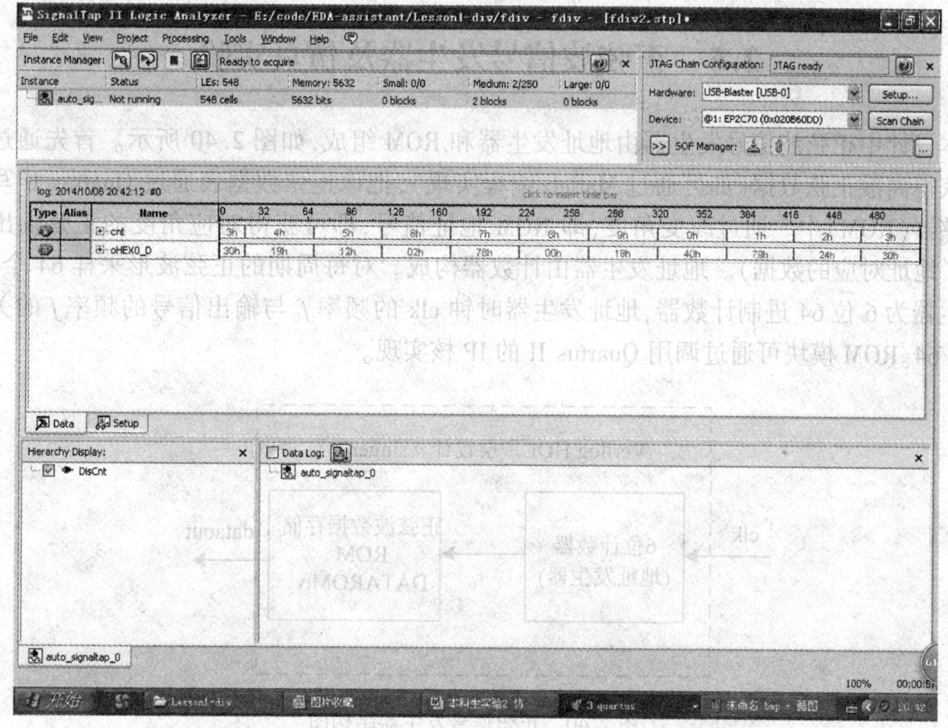

图 2.38　调整后的节点数据

在扩展实验中要用到模拟量的显示，这时需要将采集的信号设置为模拟量显示，如图 2.39 所示。

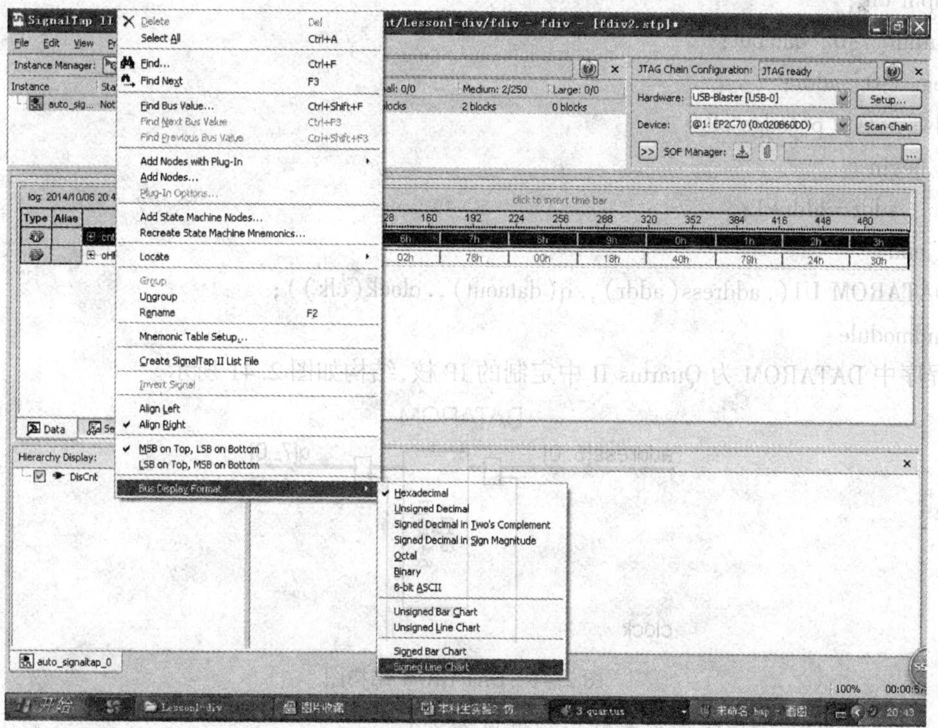

图 2.39　设置模拟量显示

2.5 正弦波信号发生器及仿真实验

本设计中正弦波信号发生器由地址发生器和 ROM 组成,如图 2.40 所示。首先通过其他方式获得离散正弦数据(如可通过 Matlab 编程实现);把该正弦数据表通过 Quartus II 写入只读存储器(ROM)中。通过改变角度,即 ROM 地址信号,即可获得对应角度的正弦输出数据(ROM 地址对应的数据)。地址发生器由计数器构成。对每周期的正弦波形采样 64 个点,地址发生器为 6 位 64 进制计数器,地址发生器时钟 clk 的频率 f_0 与输出信号的频率 f 的关系是 $f = f_0/64$。ROM 模块可通过调用 Quartus II 的 IP 核实现。

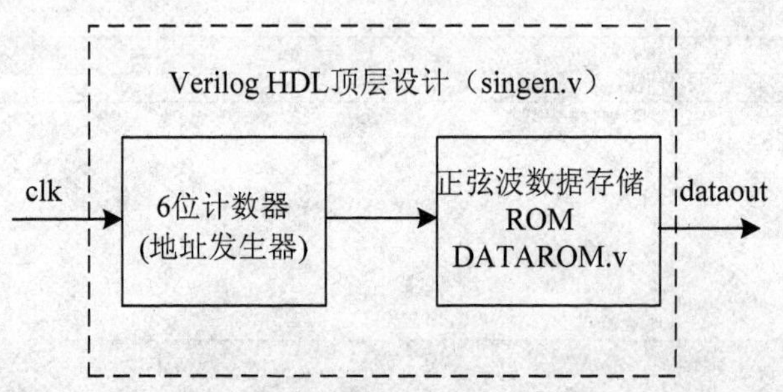

图 2.40　正弦信号发生器结构图

```
//正弦波信号发生器顶层模块
module singt(clk, dataout);
input clk;
output[7:0] dataout;
reg[5:0] addr;
always @ (posedge clk)
   begin
      addr=addr+1;
   end
DATAROM U1(.address(addr),.q(dataout),.clock(clk));
endmodule
```

程序中 DATAROM 为 Quartus II 中定制的 IP 核,结构如图 2.41 所示。

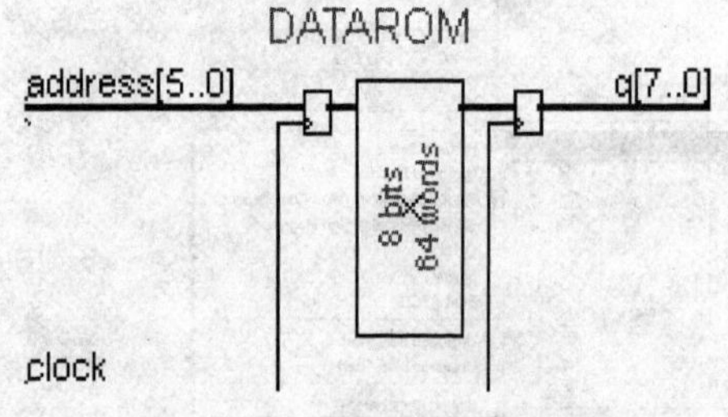

图 2.41　DATAROM 结构图

一个周期的 64 个正弦波形采样点数据见表 2.1。

表 2.1　正弦波形数据采样点

255	254	252	249	245	239	233	225
217	207	197	186	174	162	150	137
124	112	99	87	75	64	53	43
34	26	19	13	8	4	1	0
0	1	4	8	13	19	26	34
43	53	64	75	87	99	112	124
137	150	162	174	186	197	207	217
225	233	239	245	249	252	254	255

具体实现步骤如下：

(1)新建工程。步骤如 1.5 节的步骤(1)~(8),如图 2.42、图 2.43 所示。

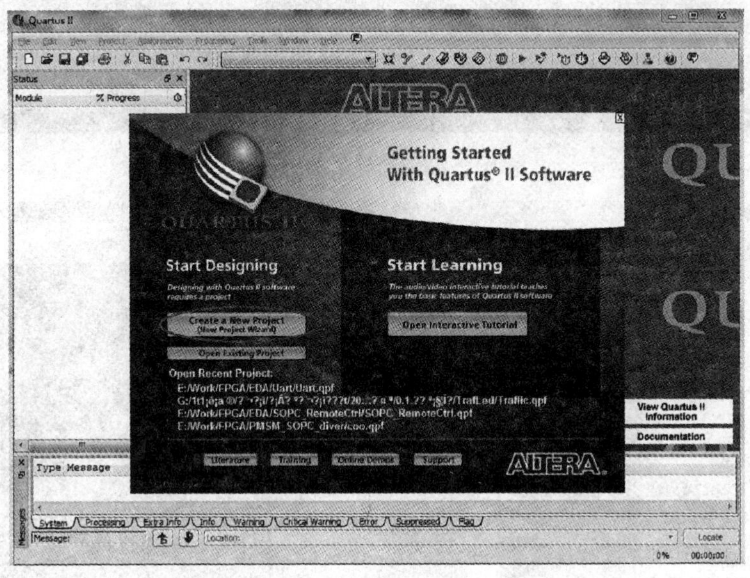

图 2.42　新建工程

(2)建立顶层模块,点击"New"按钮,选择文件类型为"Verilog HDL File",如图 2.44 所示。

(3)输入源代码(图 2.45),生成地址发生器并实例化 ROM 模块。注意,代码中顶层模块名和要建立工程时所输入的一致,建立工程时所输入的顶层模块名默认和工程名一致,所以这里代码中顶层模块名应和工程名一致,本例中均称为"singen"。

(4)文件存盘,选择 File→Save,找到工程所在文件夹 E:\singen,文件名默认和顶层模块名一致,即 singen.v,点击保存,如图 2.46 所示。

(5)利用 IP 核定制 ROM 模块,首先需要建立 ROM 的初始化数据文件,即 ROM 中存储的数据,点击 File→New,选择文件类型为 Memory Initialization File,如图 2.47 所示。

(6)输入位宽和 ROM 容量,由于最大值是 255,这里选择 8 位位宽,一个正弦周期选取 64 个点进行离散化,所以选择 ROM 容量为 64 个字节,如图 2.48 所示。

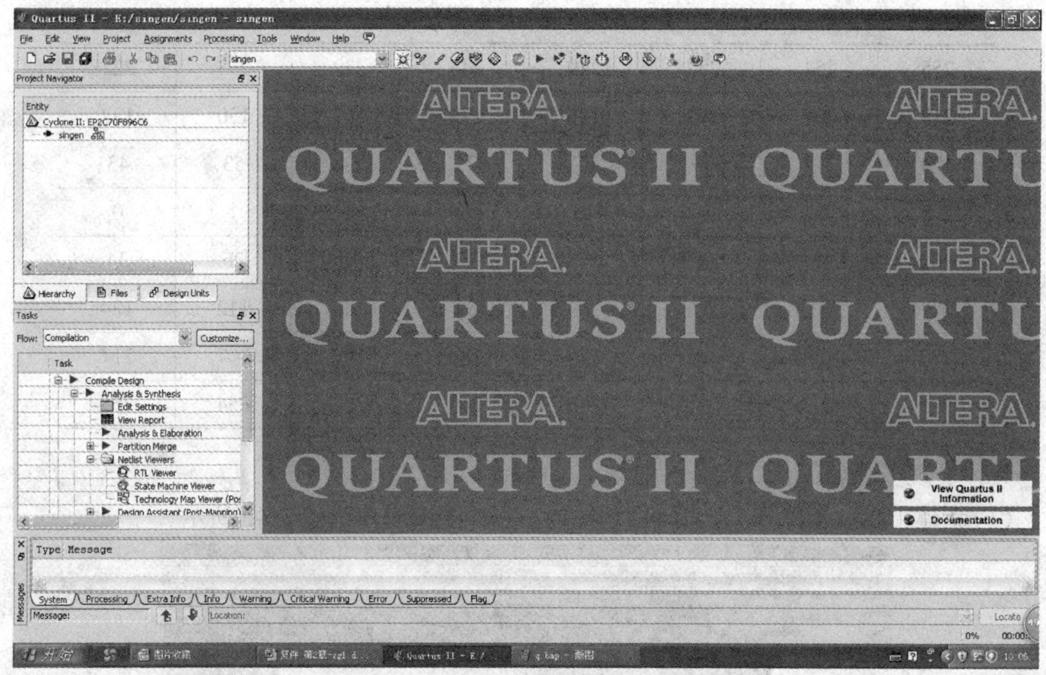

图 2.43 新建后的工程

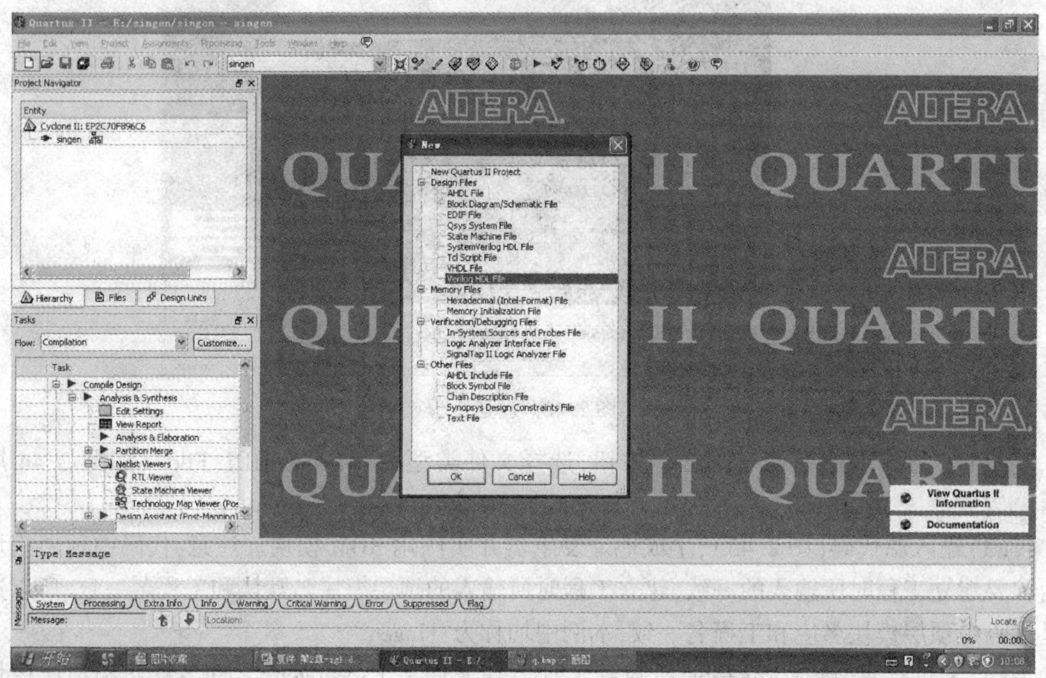

图 2.44 建立顶层模块

(7)在 ROM 数据初始化文件中输入表 2.1 中的 64 个正弦数据,如图 2.49 所示。

(8)保存文件,点击 File→Save,保存在工程所在目录下 E:\singen,文件名命名为 data.mif,如图 2.50 所示,.mif 文件格式即为存储器的初始化文件。

(9)在 Tools 菜单栏下找到 MegaWizard Plug-In Manager,利用 IP 核定制 ROM,如图 2.51

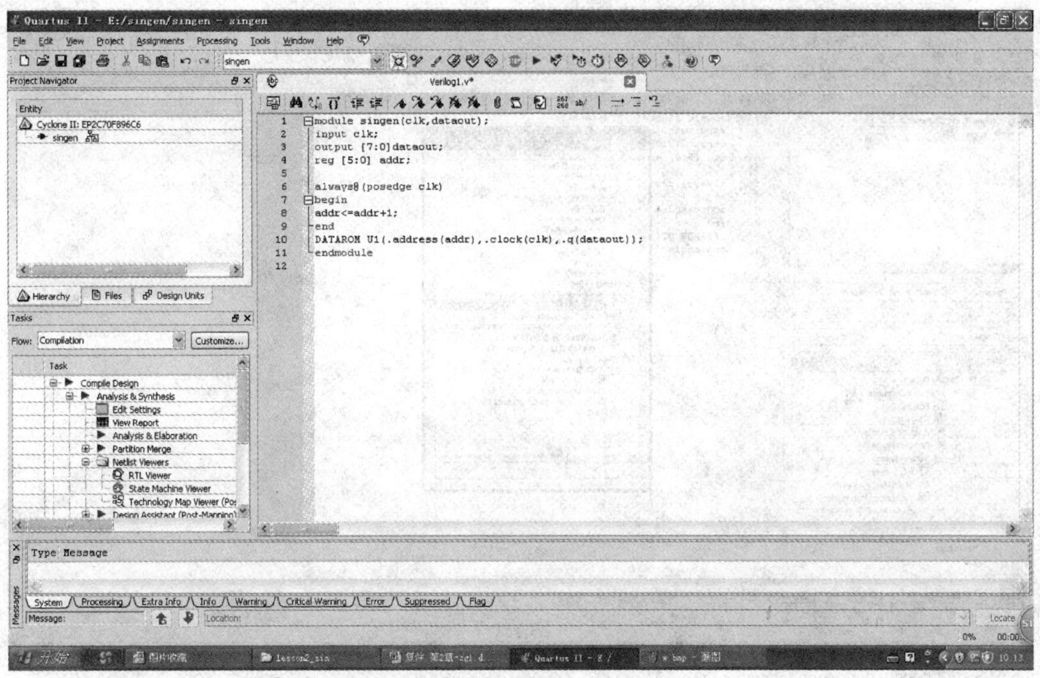

图 2.45　输入源代码

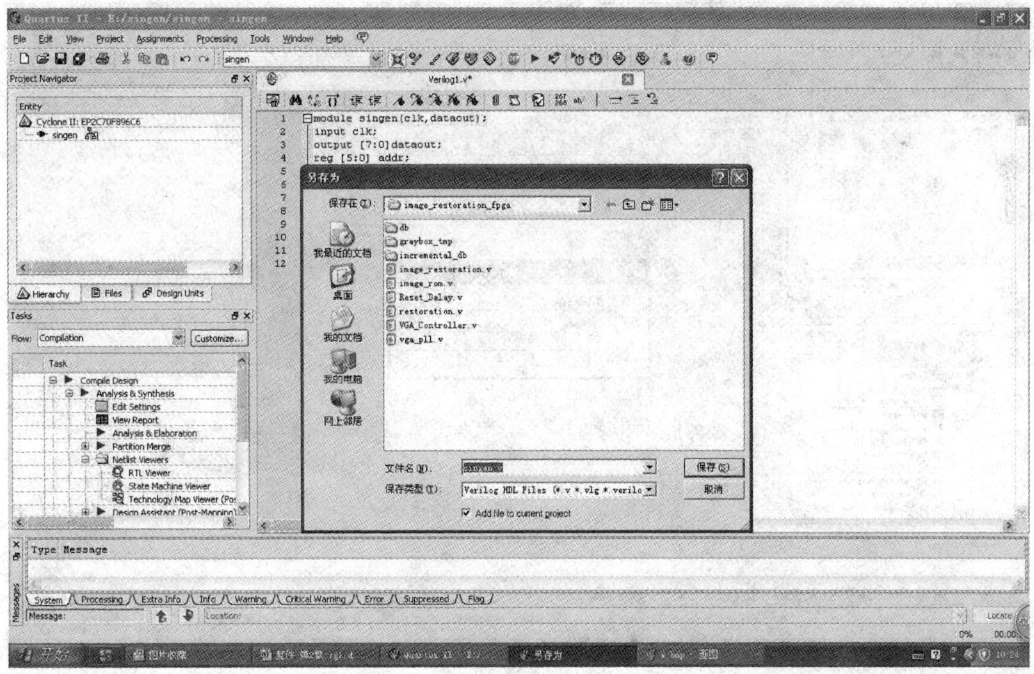

图 2.46　保存模块

所示。

(10)选择 Create a new custom megafunction variation,点击“Next”按钮,如图 2.52 所示。

(11)选择一端口的 ROM,在工程所在目录 E:\singen 下输入 ROM 模块名称,如图 2.53 所示。注意:ROM 模块名称应和顶层模块中实例化 ROM 时的名称一致,这里都称为 DA-

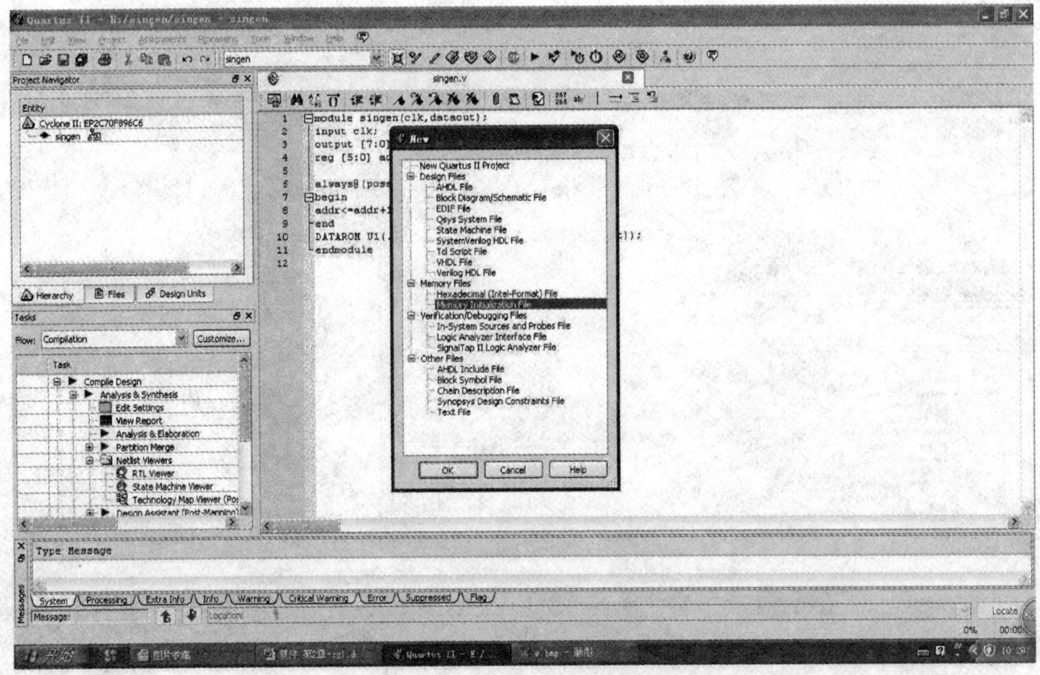

图 2.47　建立 ROM 的初始化数据文件

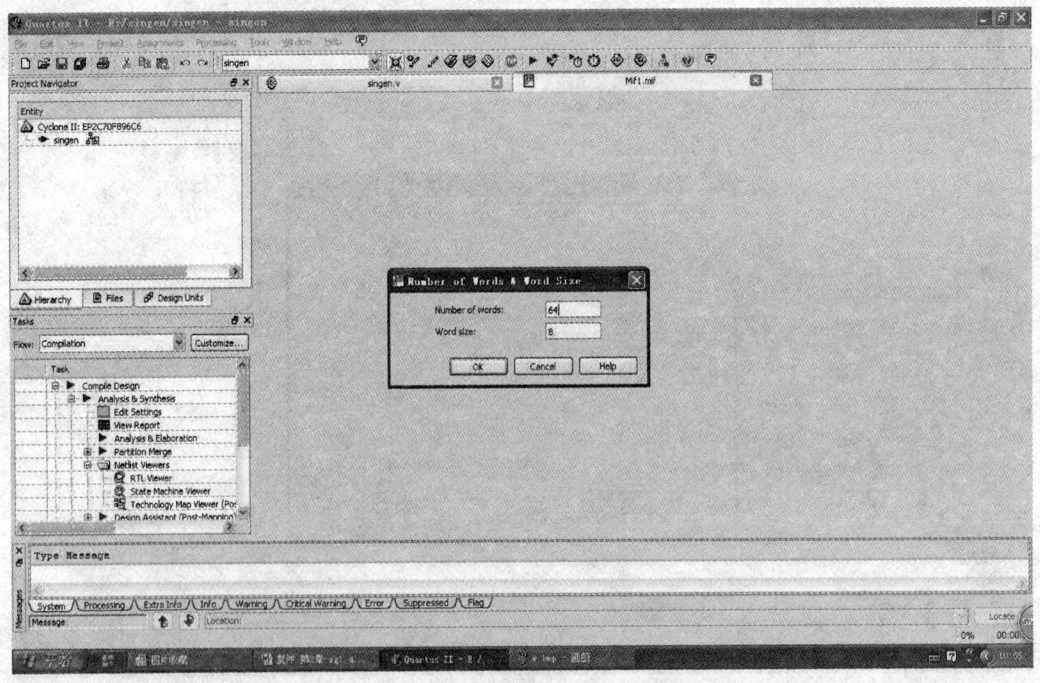

图 2.48　设置 ROM 容量

TAROM。芯片选择 Cyclone Ⅱ,语言选择 Verilog HDL。

(12)数据位宽选择 8 位,容量选择 64 字节,其余设置保持默认即可,如图 2.54 所示。

(13)设置端口,保持默认设置即可,如图 2.55 所示。

(14)点击“Browse...”按钮,在弹出的对话框中选择文件类型为 mif 的文件,将刚才创建

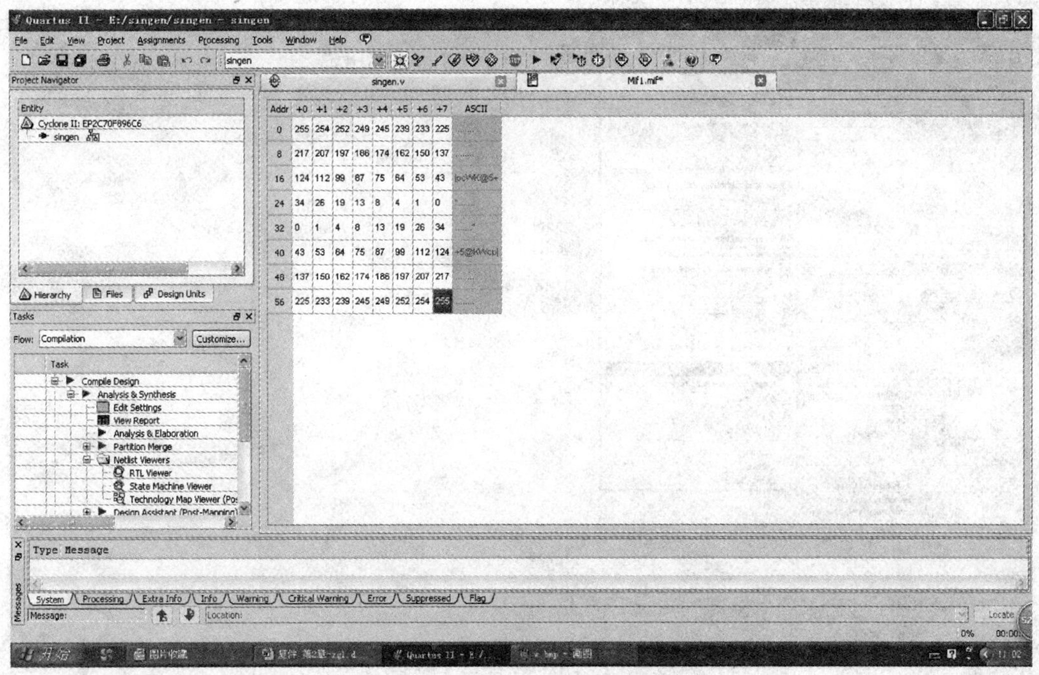

图 2.49　正弦数据

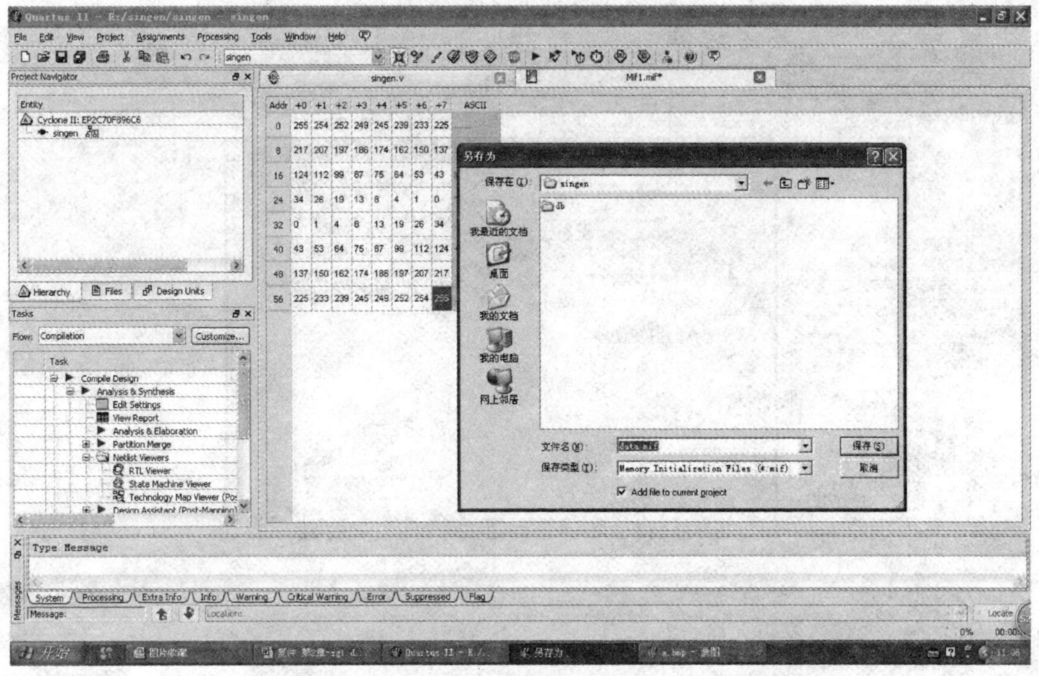

图 2.50　保存数据文件

的 data. mif 文件加入 ROM 中,完成 ROM 数据的存储,如图 2.56 所示。

(15)仿真该 ROM 需要 altera_mf 库,在之后的 Modelsim 仿真中将会说明。然后选择是否生成时序和资源网表,这里选择不生成,如图 2.57 所示。

(16)选中 DATAROM. v 文件和 DATAROM. bsf 文件,前者用于 Verilog 输入,后者用于原

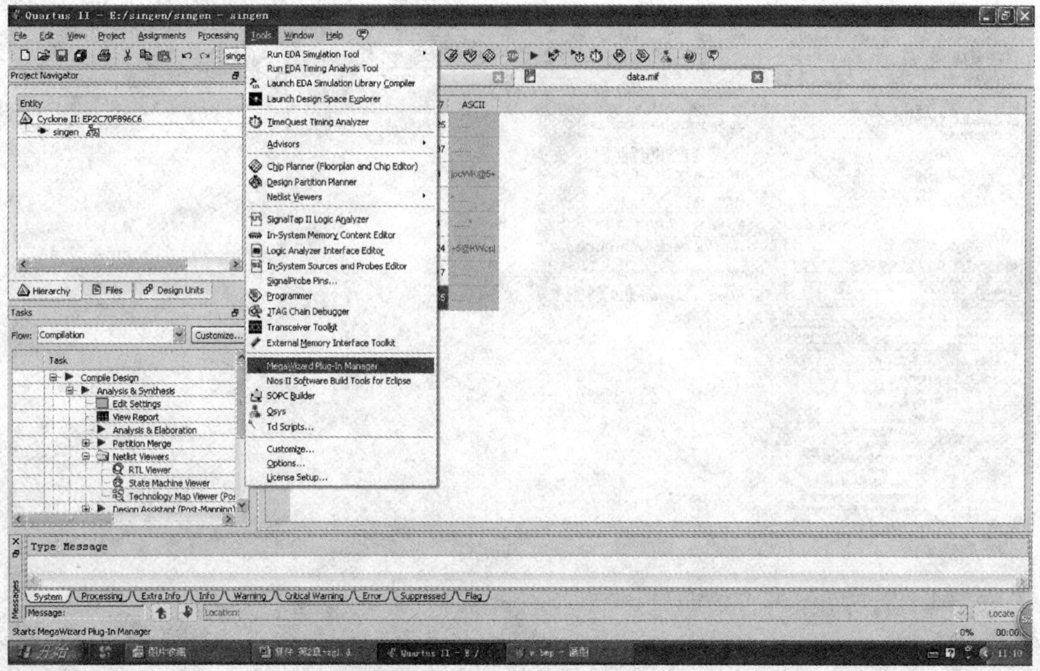

图 2.51　IP 核选择菜单

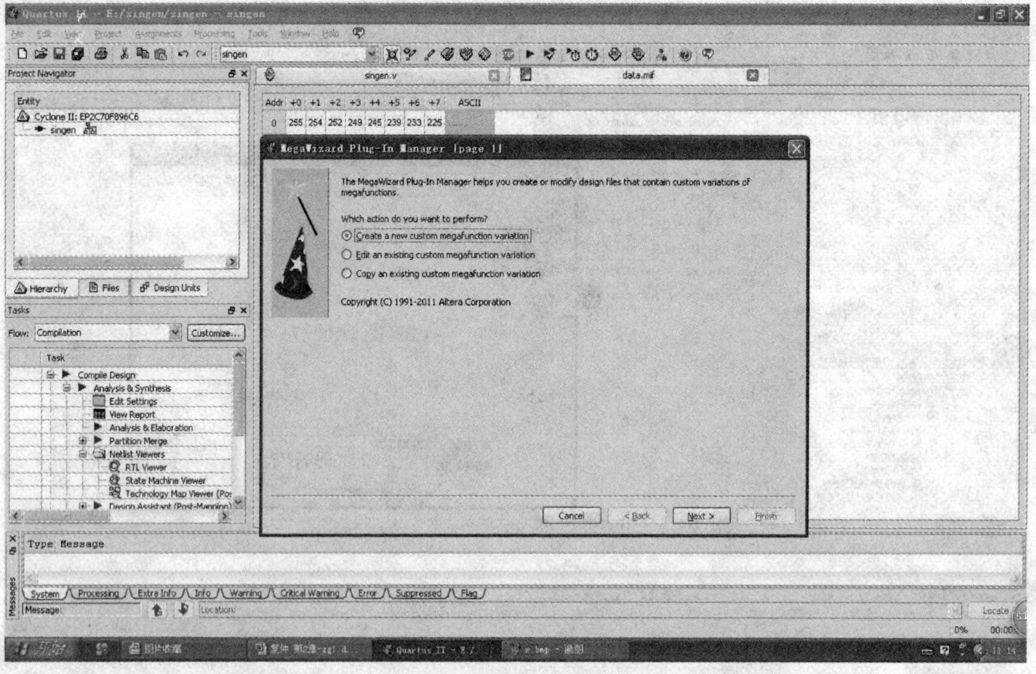

图 2.52　创建 IP 核对话框

理图输入，在本例中只用到了前者，如图 2.58 所示。

(17)点击“Finish”按钮，完成后会弹出对话框，询问是否将该 ROM 模块添加到当前工程中，点击“Yes”按钮，如图 2.59 所示。

(18)至此已经完成了源文件的创建，下面将会首先进行仿真，然后下载到 FPGA 中用嵌

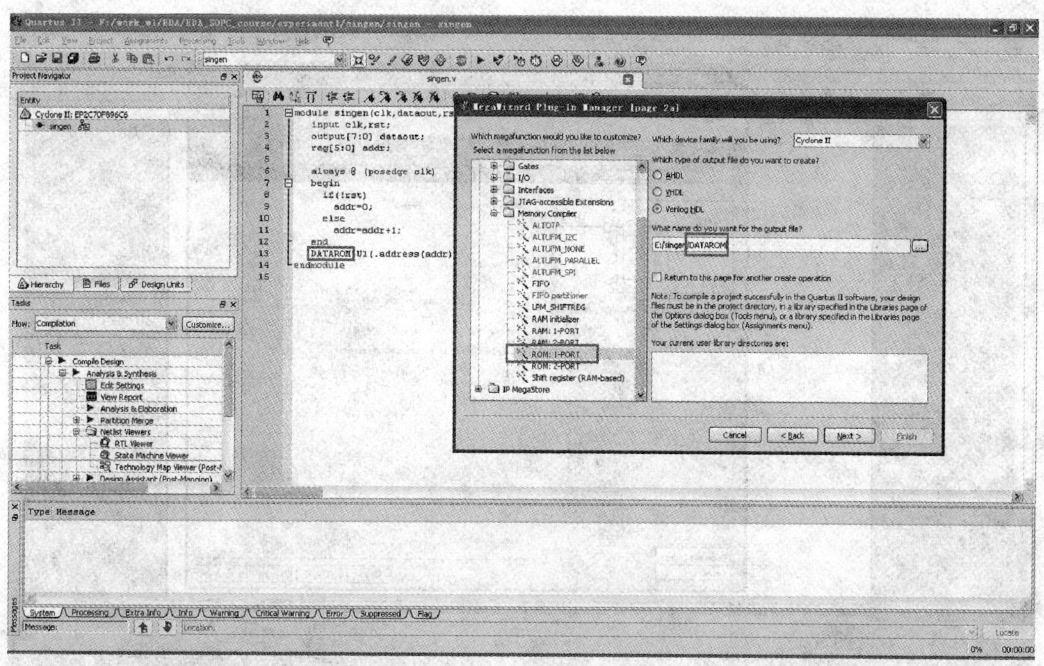

图2.53　选择一端口的ROM

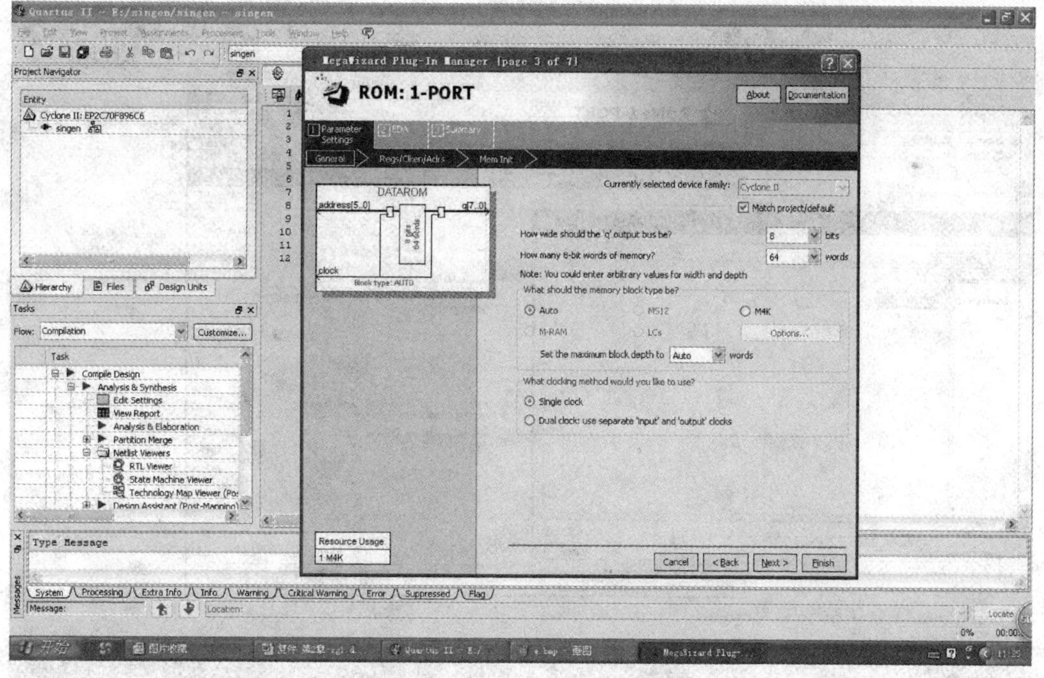

图2.54　设置ROM

入式逻辑分析仪进行调试。首先来介绍仿真，在开始菜单中找到Modelsim仿真软件，如图2.60所示。注意：不要从桌面直接打开该软件，该软件不识别中文路径。

(19)进入软件后，选择File→New→Project...，新建工程，如图2.61所示。

(20)输入工程名和工程所在路径。注意：本工程路径要和在步骤(1)中Quartus Ⅱ中所建

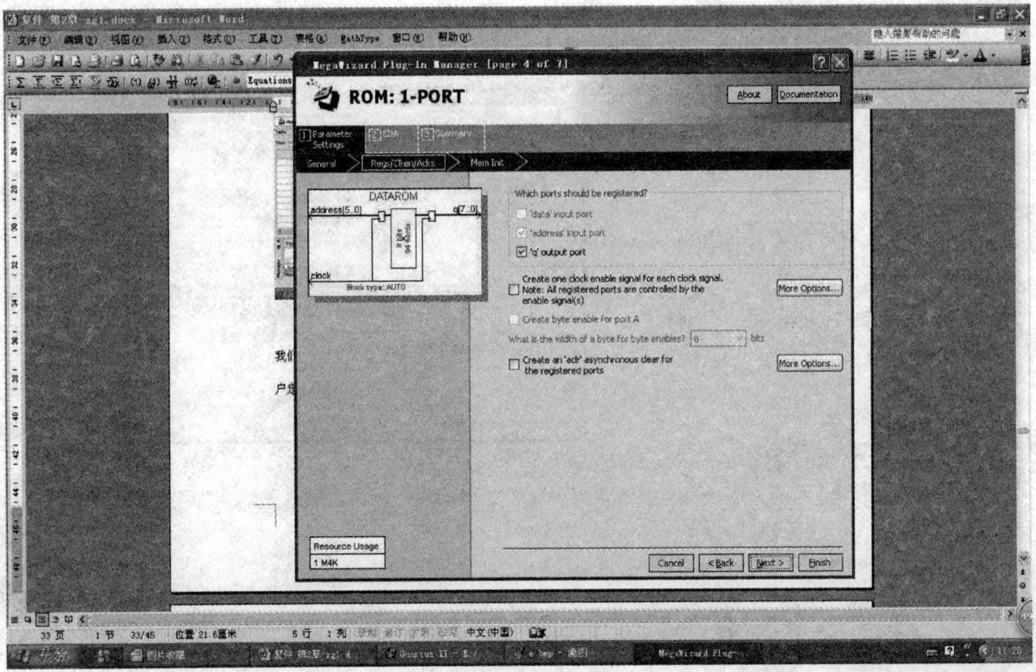

图 2.55　设置端口

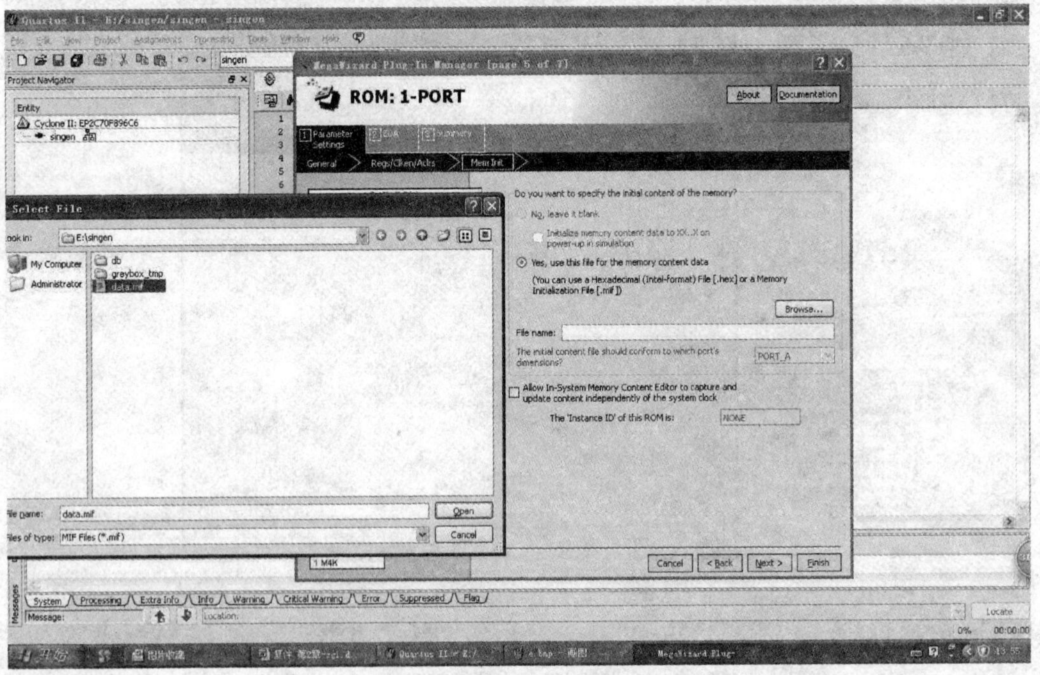

图 2.56　加入数据文件

立的工程的工程路径一致，本例中为 E：\singen。原因是建立 ROM 模块时添加的 data. mif 文件也在这个路径中，为了防止 ROM 模块找不到 data. mif 文件，将仿真工程也放在这里。但是仿真工程名字最好不要和 Quartus Ⅱ中所建立的工程名相同，防止混淆，这里称为 sim_singen，如图 2.62 所示。

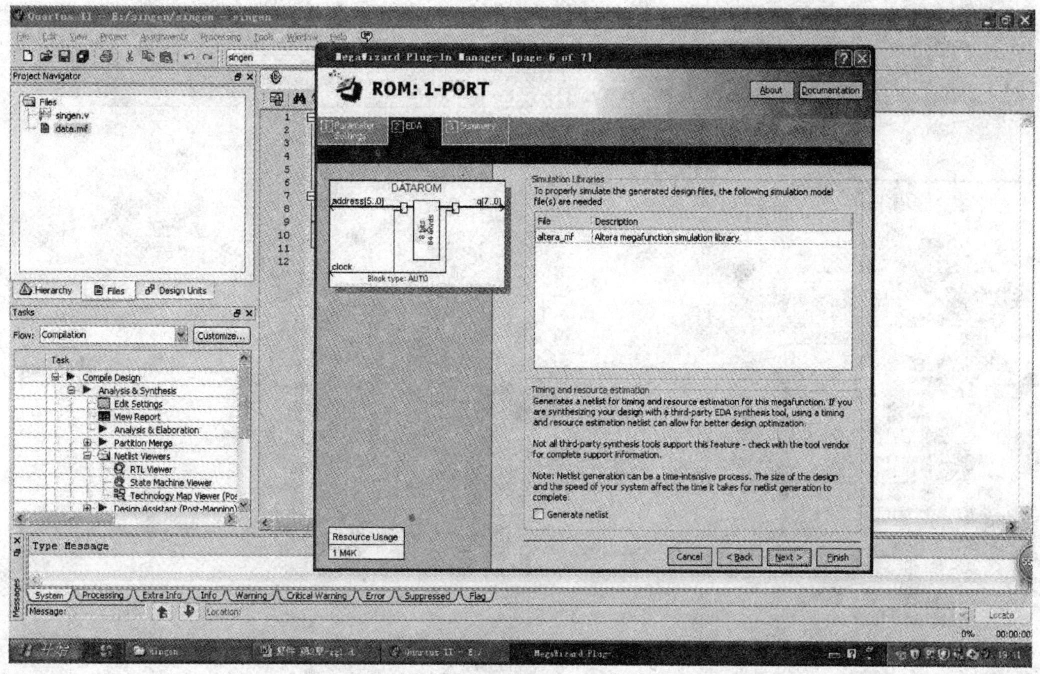

图 2.57　ROM 设置

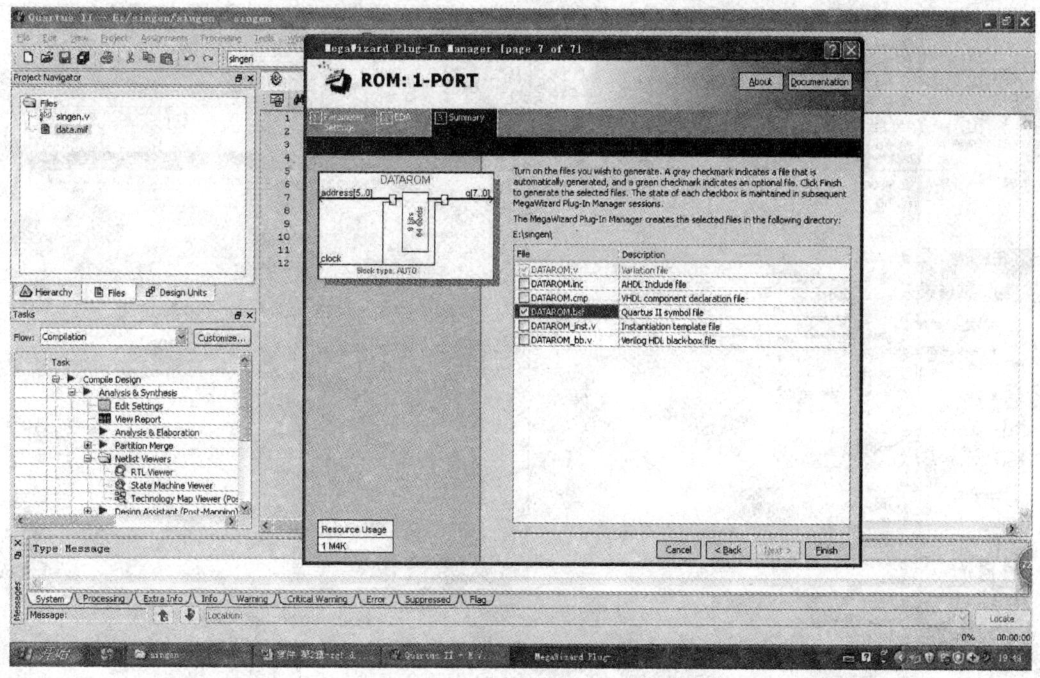

图 2.58　选中文件

(21)建立工程后,自动弹出如图 2.63 所示的对话框,新建一个 Testbench 文件,该文件的作用是产生测试激励,用于仿真目标文件。选择 Create New File,输入文件名为 sim_singen,文件类型为 Verilog。

(22)再选择 Add Existing File,点击“Browse...”按钮,选择之前创建的两个文件 singen. v

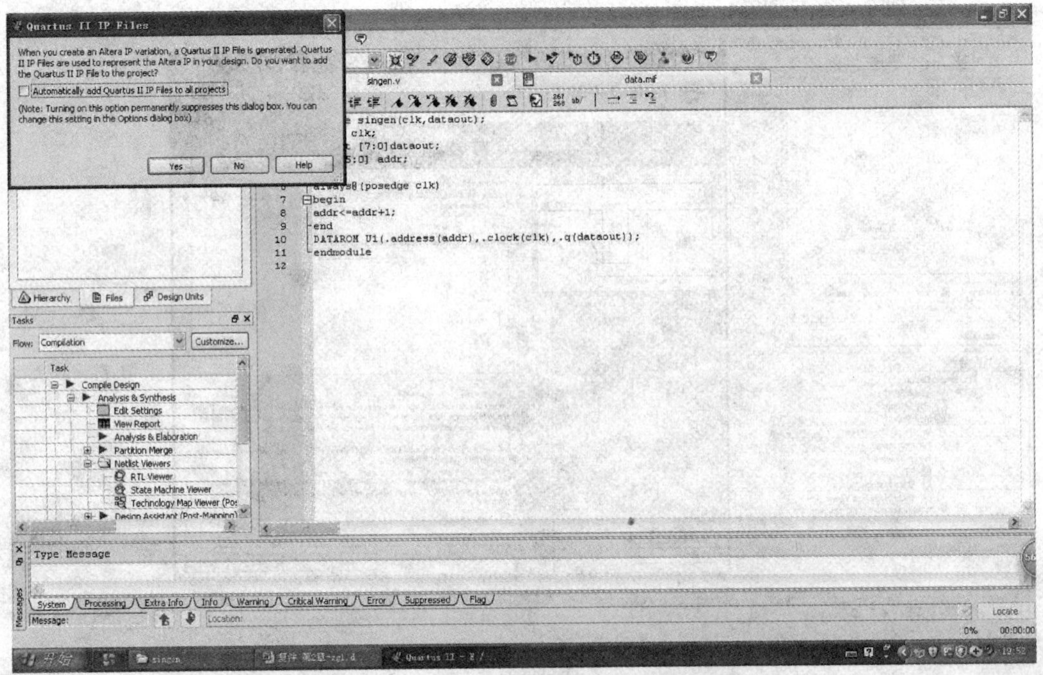

图 2.59　将 ROM 模块添加至当前工程

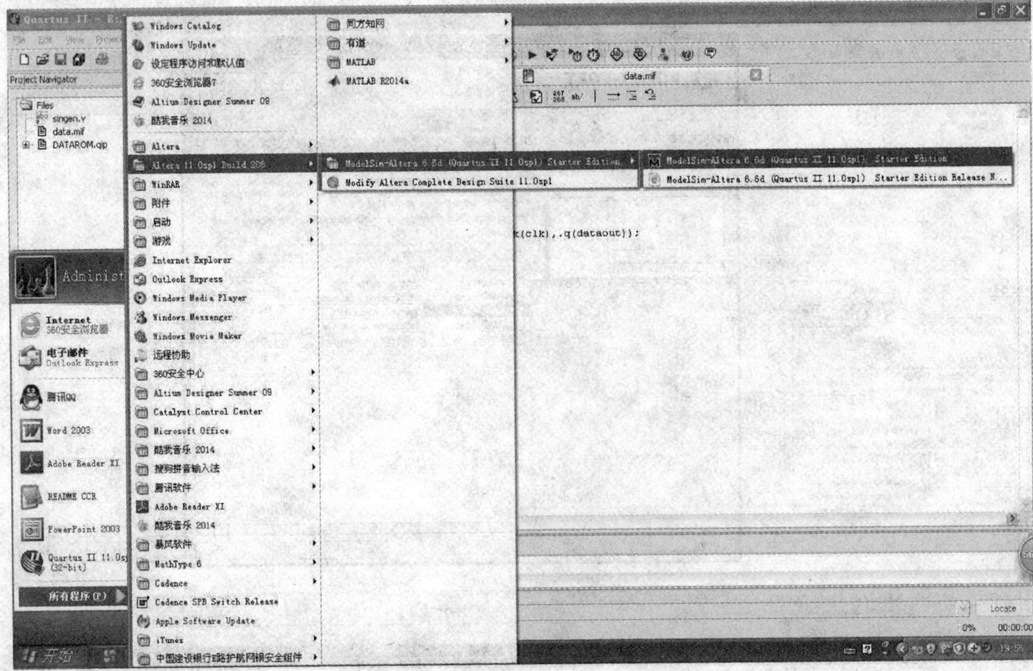

图 2.60　打开 Modelsim 仿真软件

和 DATAROM.v,即为要仿真的目标文件,如图 2.64 所示。添加完成后关掉 Add items to the Project 窗口即可。

(23)接下来将编写 Testbench 文件,选择 File→Open... 打开刚才建立的 sim_singen.v 文件,输入代码,如图 2.65 所示,产生时钟信号和复位信号,并实例化被仿真模块 singen。时钟

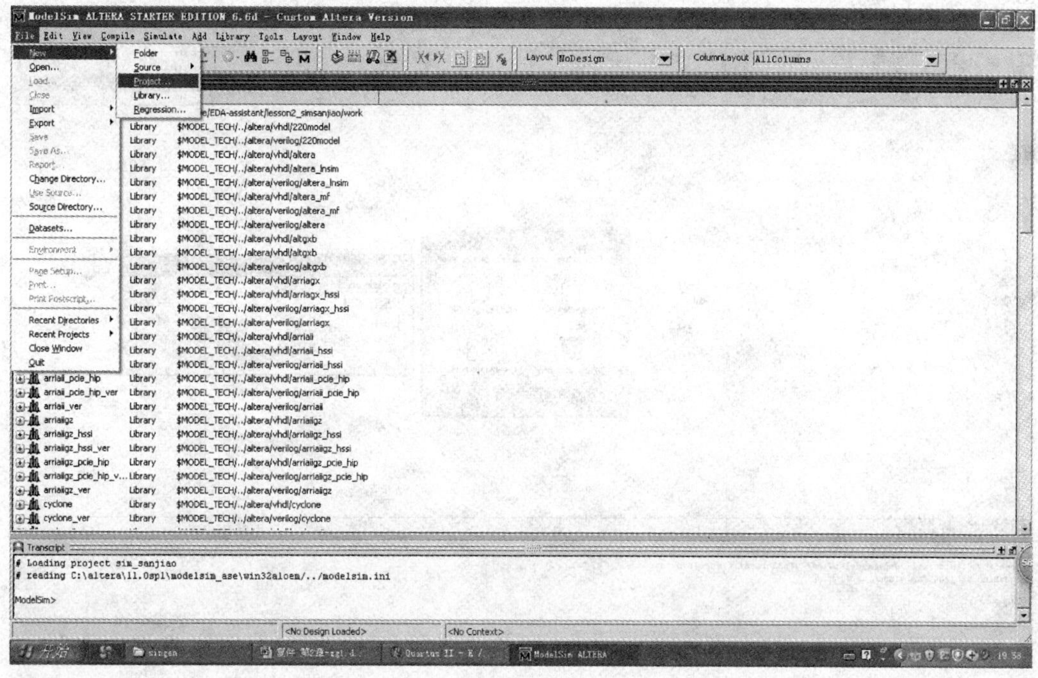

图 2.61　新建工程

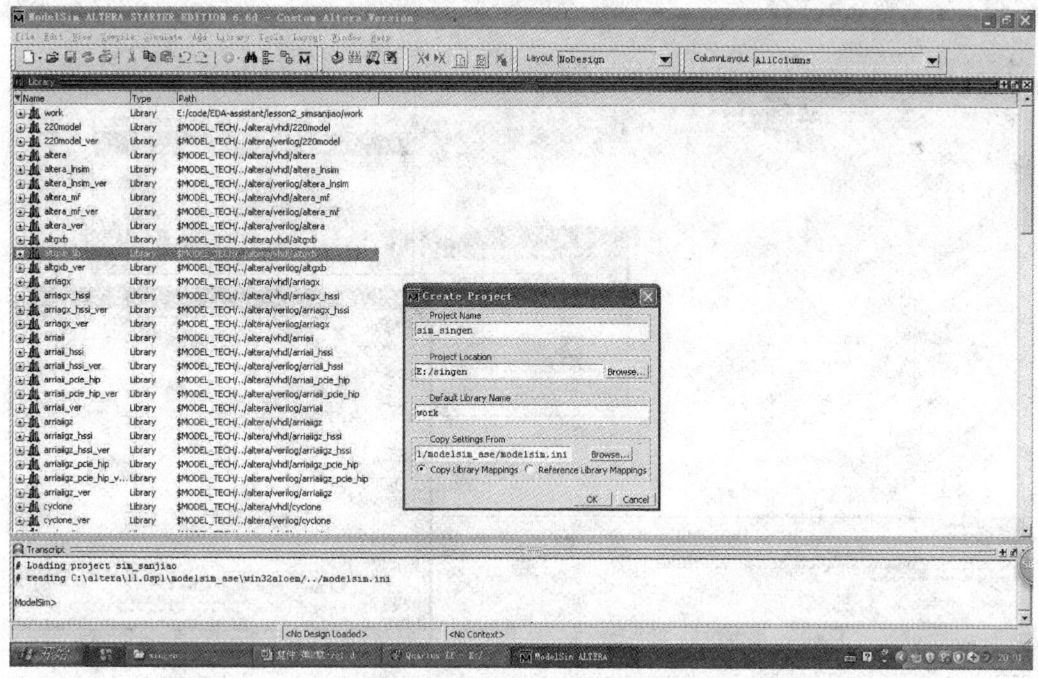

图 2.62　设置工程名及存储路径

信号用于给 singen 模块提供时钟，复位信号则是给 singen 模块提供初值。

(24) 由于加入了复位信号，相应地 singen 模块也要进行更改，如图 2.66 所示。需要说明的是，复位信号在下载调试时不是必须的，但在仿真中必须要加，因为仿真需要赋初值。

(25) 编译工程，选择 Compile→Compile All，如图 2.67 所示。

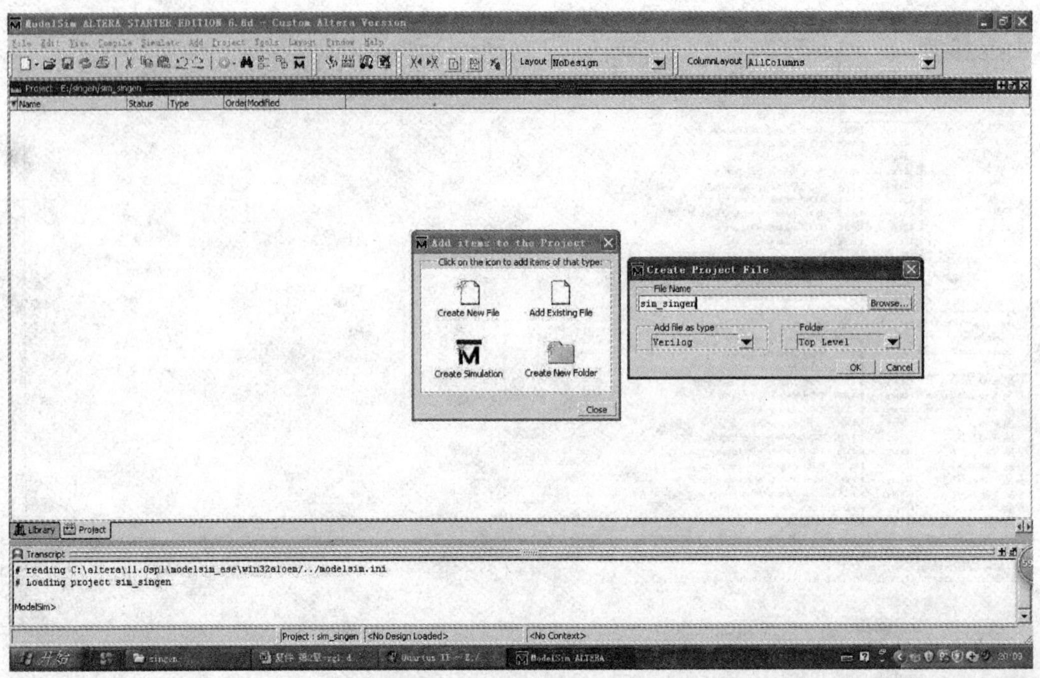

图 2.63　新建工程文件

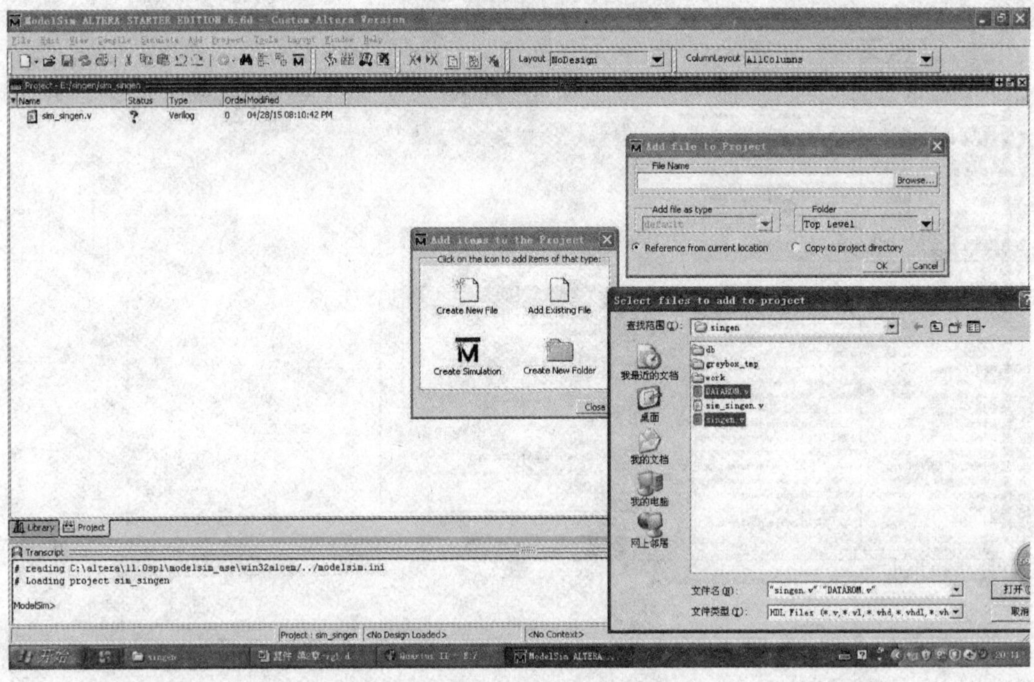

图 2.64　添加已有文件

(26)编译完成后,提示无错误。开始仿真,选择 Simulate→Start Simulation...,如图 2.68 所示。

(27)在步骤(15)中提到仿真 ROM 这个定制模块需要 altera_mf 库,所以仿真之前要添加库,选择 Libraries,点击“Add...”按钮,在 Modelsim 的安装目录下找到 altera_mf 库和 220model 库,如图 2.69 所示。

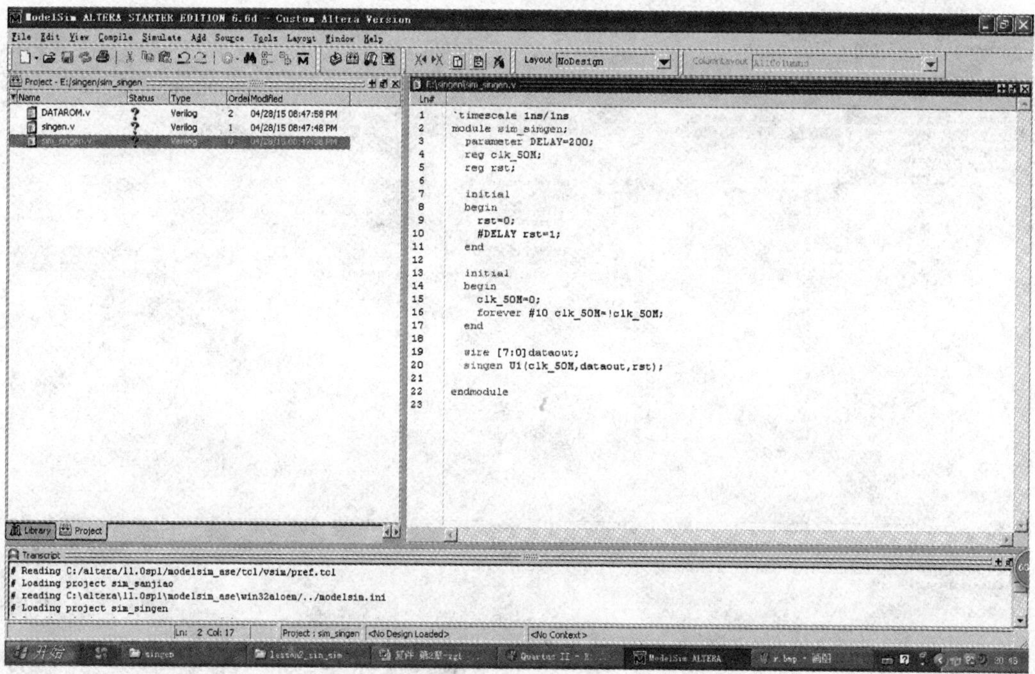

图 2.65　输入代码

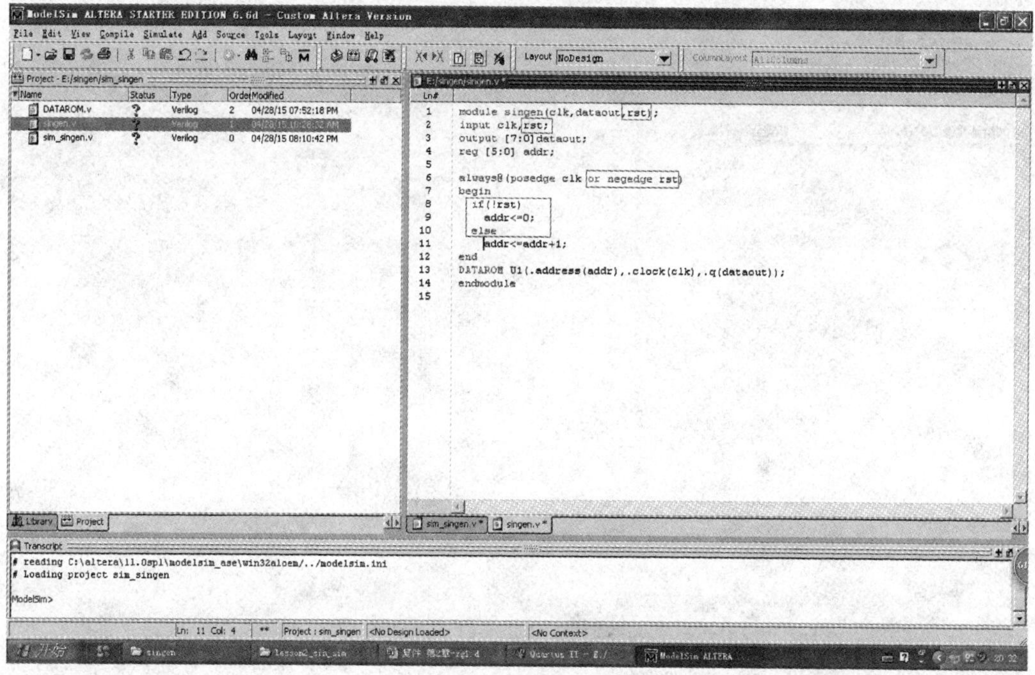

图 2.66　singen 模块代码

(28)开始仿真,还是在“Start Simulation”对话框中选择“Design”标签,选择“Testbench”文件进行仿真,如图 2.70 所示。

(29)开始仿真后,选择被仿真的实例化模块 U1,点击右键,选择 Add→To Wave→All items in region,弹出波形观测窗口,如图 2.71 所示。

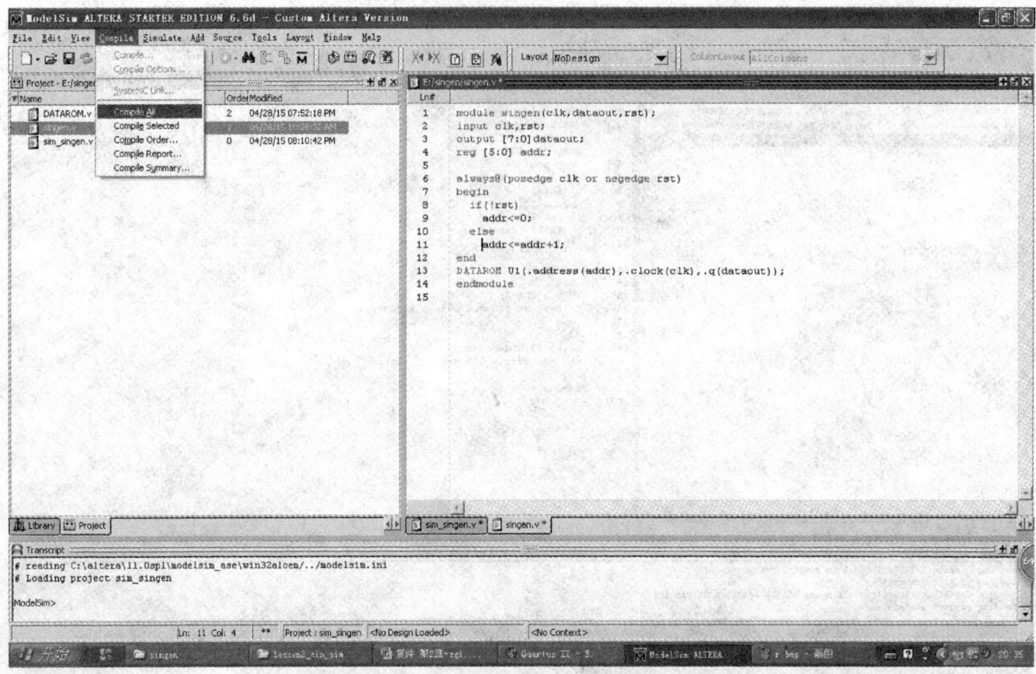

图2.67　编译工程

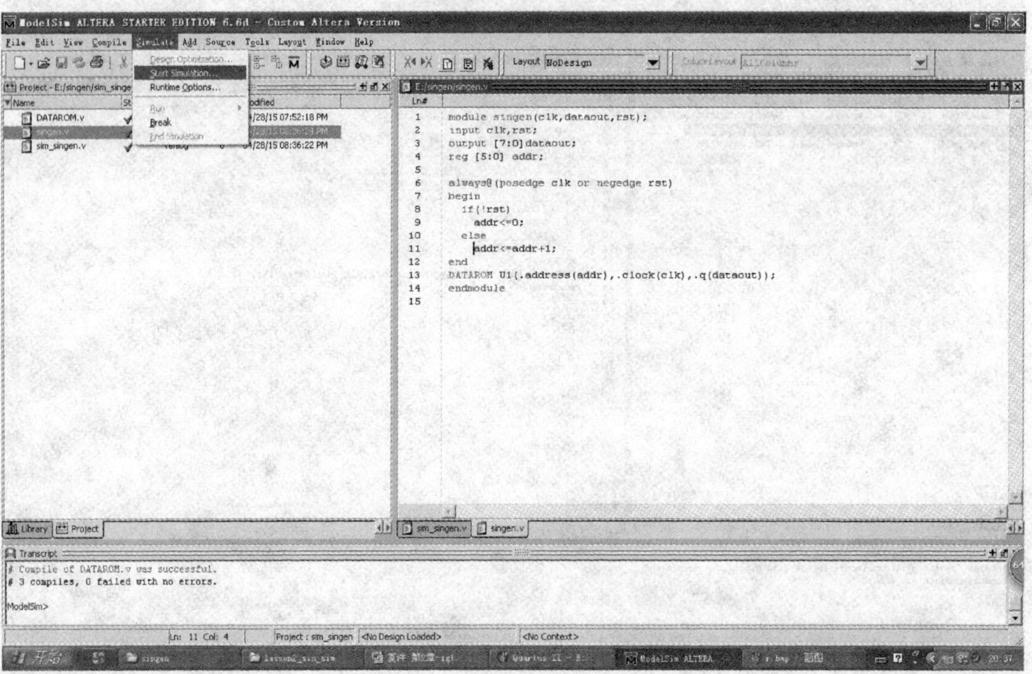

图2.68　开始仿真

(30)点击"Run-All"按钮,再点击"Stop-sync"按钮,结果如图2.72所示。

(31)然后出现仿真结果,选择放大和缩小按钮可以缩放波形,如图2.73所示。

(32)右键点击 dataout 波形变量,选择属性"Properties..."，如图2.74所示。

(33)在如图2.75所示的"View"标签中进行设置。

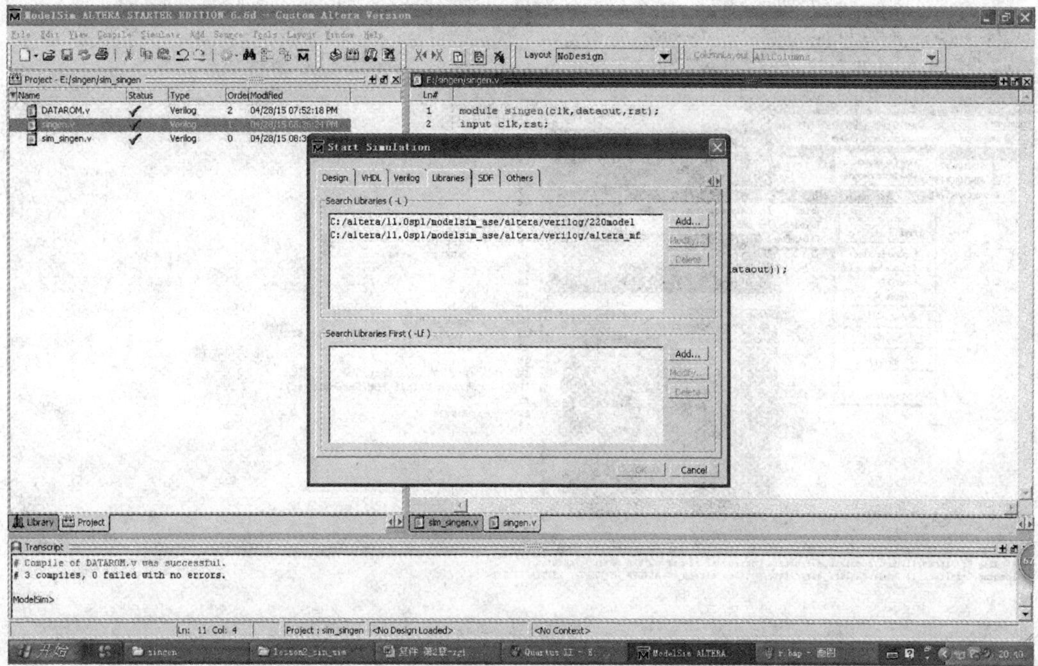

图 2.69　添加 altera_mf 库

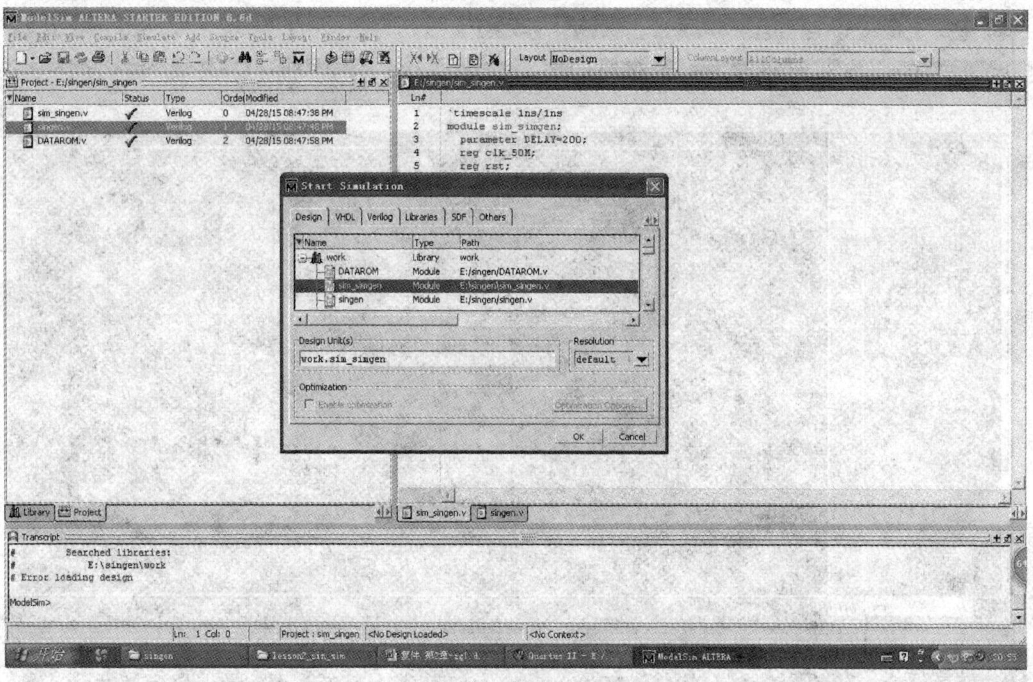

图 2.70　开始仿真

(34)在如图 2.76 所示的“Format”标签中进行设置，模拟量显示，最大值为 255，波形窗口高度为 70。

(35)对地址 addr 进行类似设置，只是最大值设为 63，其余和 dataout 设置一致，结果如图 2.77 所示。

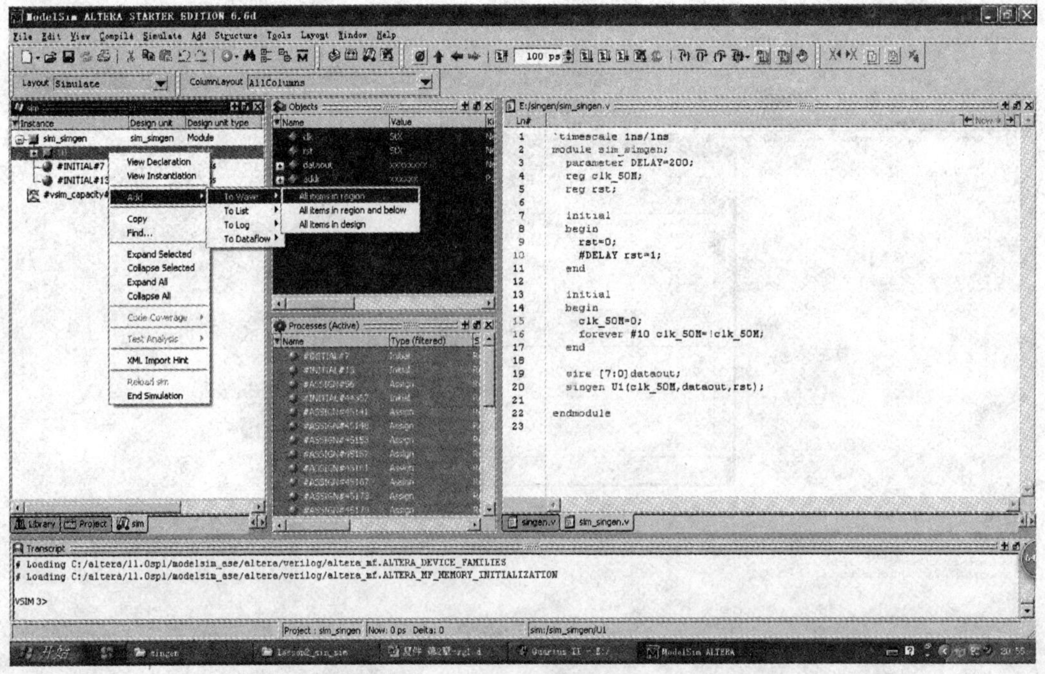

图 2.71　选择要显示的模块

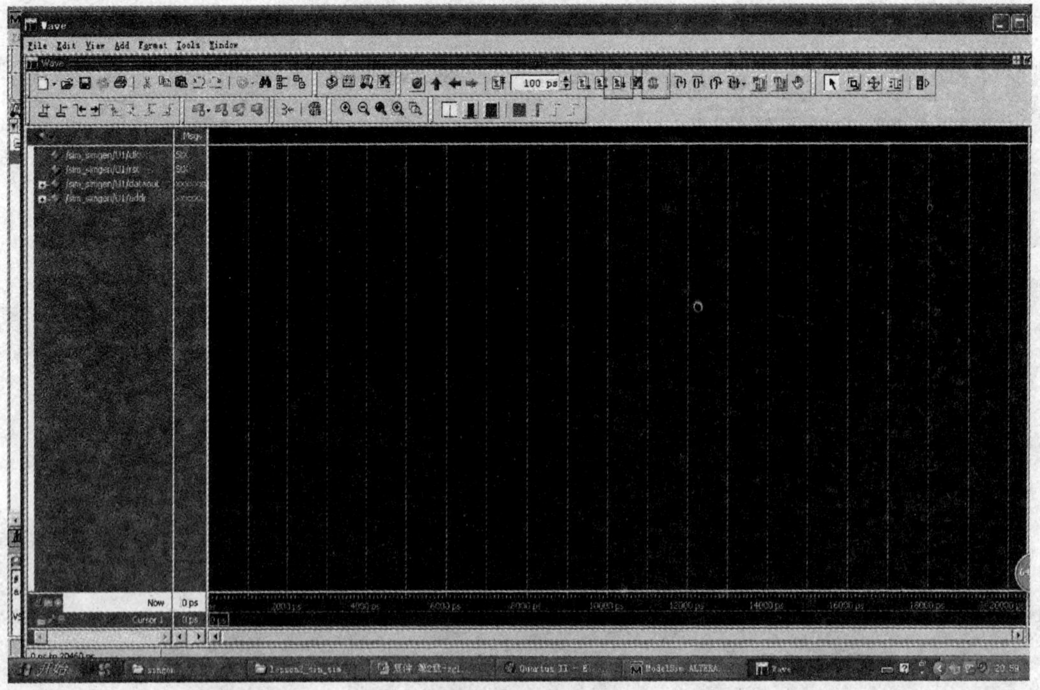

图 2.72　进行仿真

(36)至此,采用 IP 核的正弦仿真实验完成,接下来介绍将程序下载到目标板中用嵌入式逻辑分析仪读取 FPGA 内部寄存器或 IO 数据。回到 Quartus Ⅱ软件,点击分析综合按钮,结果如图 2.78 所示。

(37)点击"Pin Planner"进行引脚分配,如图 2.79 所示。

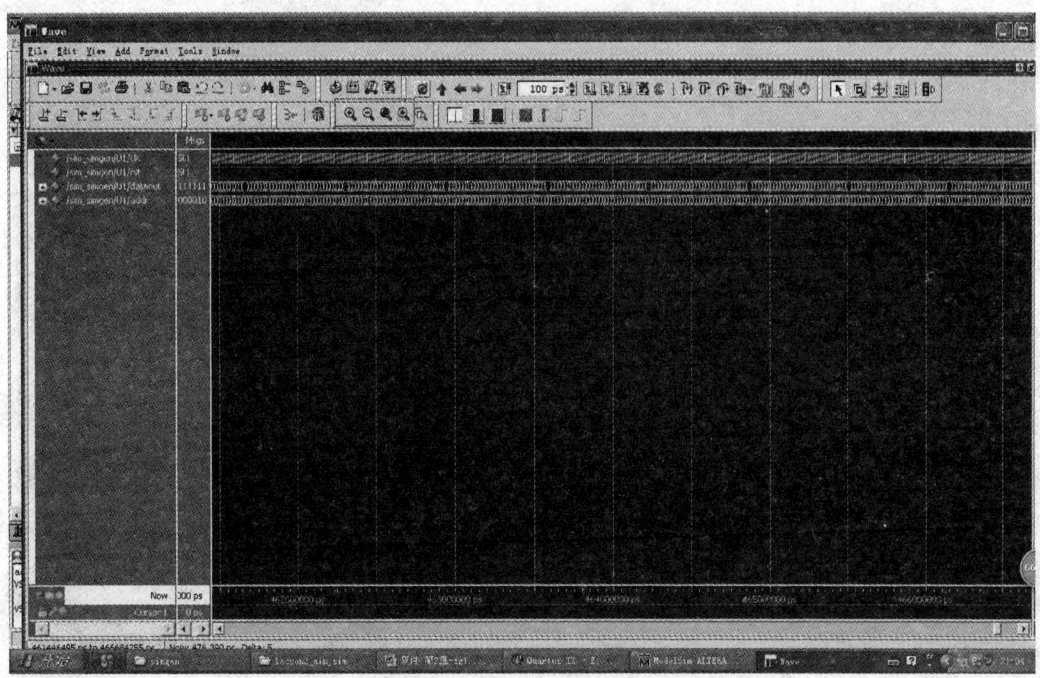

图 2.73　仿真波形

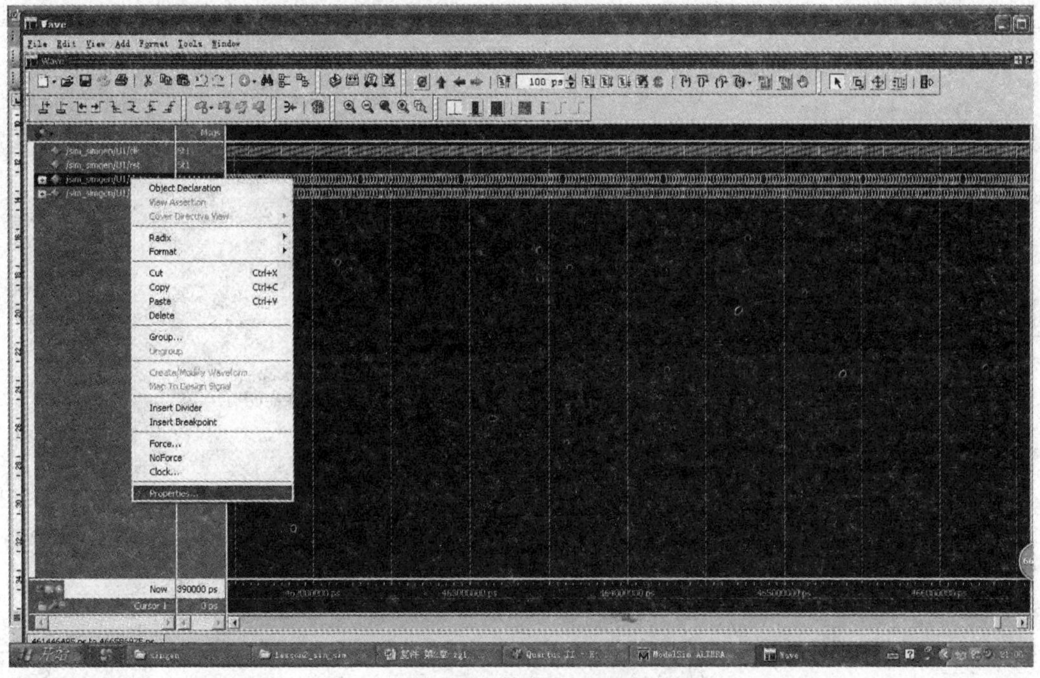

图 2.74　设置变量属性

(38)分配引脚,时钟采用 DE2－70 开发板上的 50 MHz 时钟,复位引脚采用按键,如图 2.80 所示。

(39)新建一个嵌入式逻辑分析仪,选择 Tools→SignalTap Ⅱ Logic Analyzer,如图 2.81 所示。

(40)连接 DE2-70 开发板,打开电源,选择 Hardware,点击“Setup...”按钮,如图 2.82 所示。

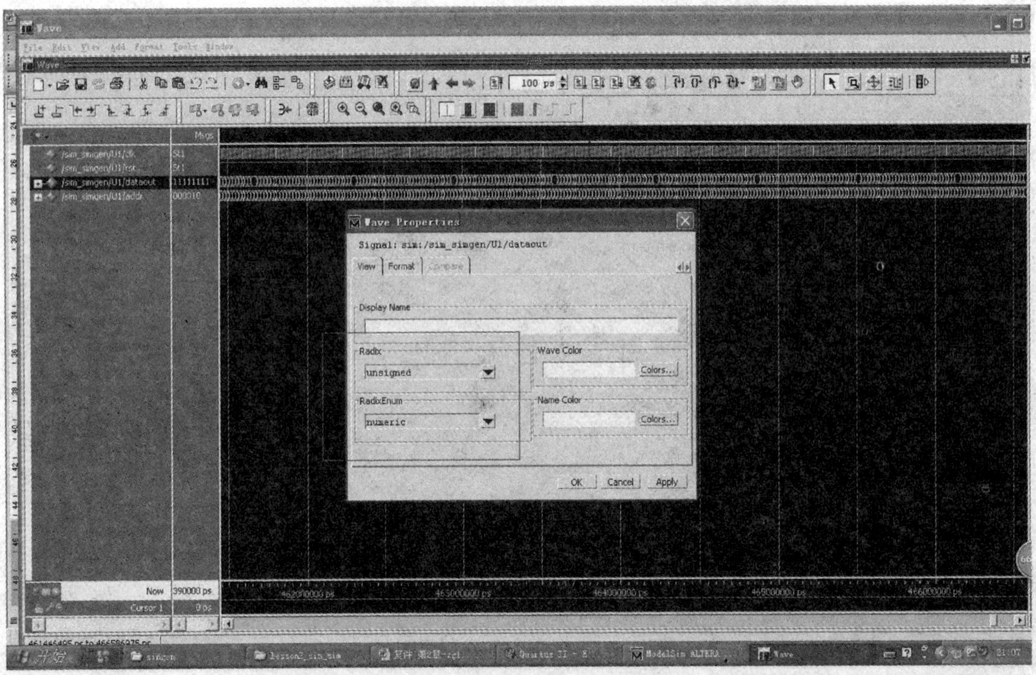

图 2.75　设置属性

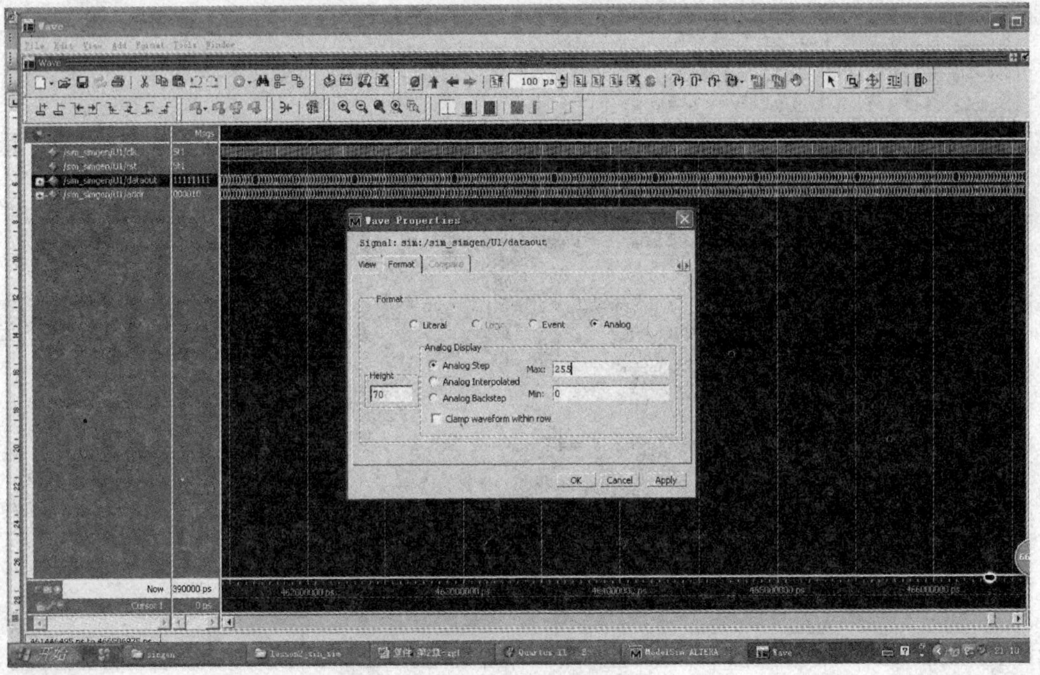

图 2.76　设置显示格式

(41)选择 USB-Blaster,点击“Close”按钮,如图 2.83 所示。

(42)选择采样时钟,在“Filters”:中选择“Pins:all”,点击“list”按钮,选择 clk,如图 2.84 所示。

(43)其余设置:采样深度设为 512,触发设为时钟 clk 的上升沿,其余保持默认设置即可,

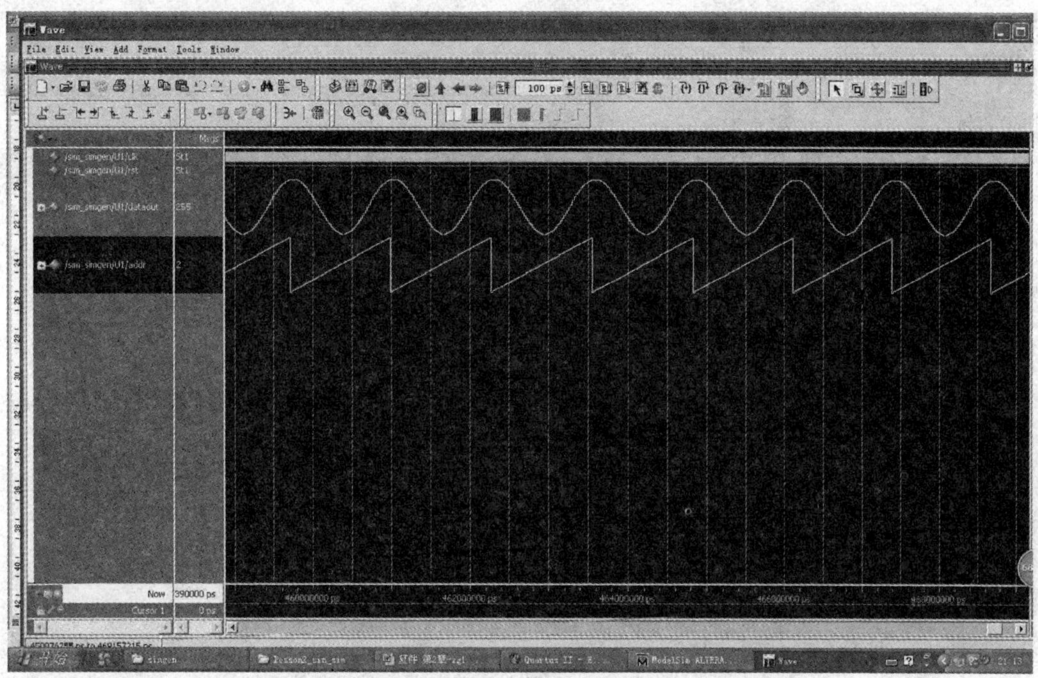

图 2.77　显示波形

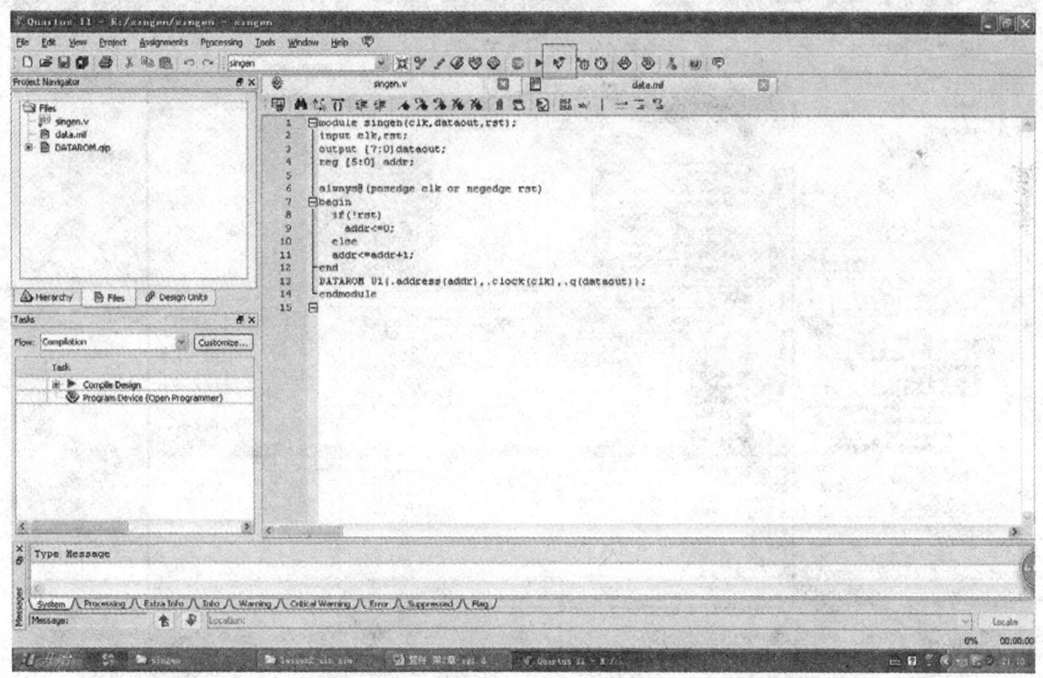

图 2.78　Quartus Ⅱ软件界面

如图 2.85 所示。

(44)添加要观测的信号,在空白处点击右键,选择“Add Nodes...”,如图 2.86 所示。

(45)在“Filters:”中选择“Pins:all”,点击“list”,选择“dataout”;在“Filters:”中选择“Pins:all”,点击“list”,选择“Registers:pre-synthesis”,点击“list”按钮,选择“addr”,如图 2.87、图

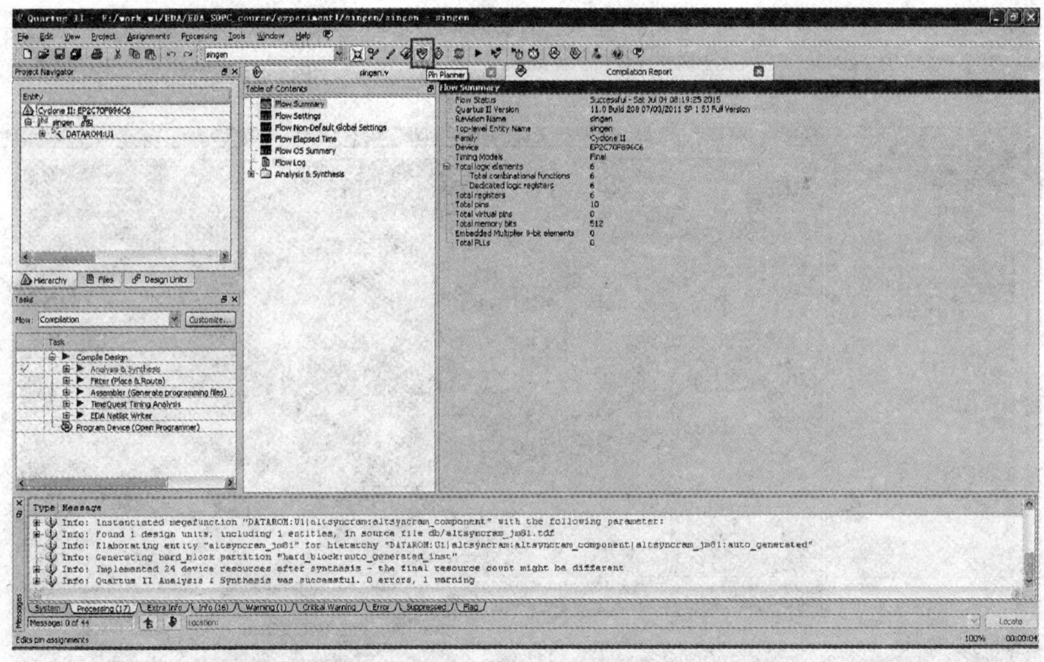

图 2.79　点击分配引脚

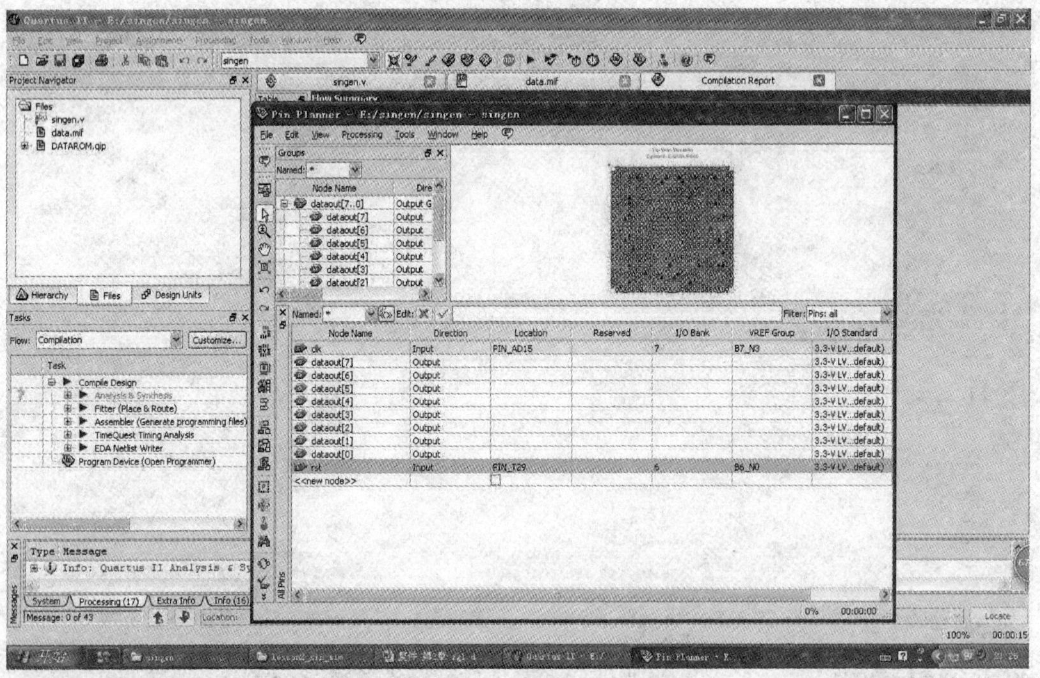

图 2.80　引脚分配

2.88 所示。

（46）点击编译按钮，弹出对话框询问是否保存逻辑分析仪文件，点击“Yes”按钮。保存文件在工程目录下 E:\singen，文件名为 stp1. stp。然后弹出对话框询问是否将该文件添加到工程中，点击“Yes”按钮，如图 2.89 ~ 2.91 所示。

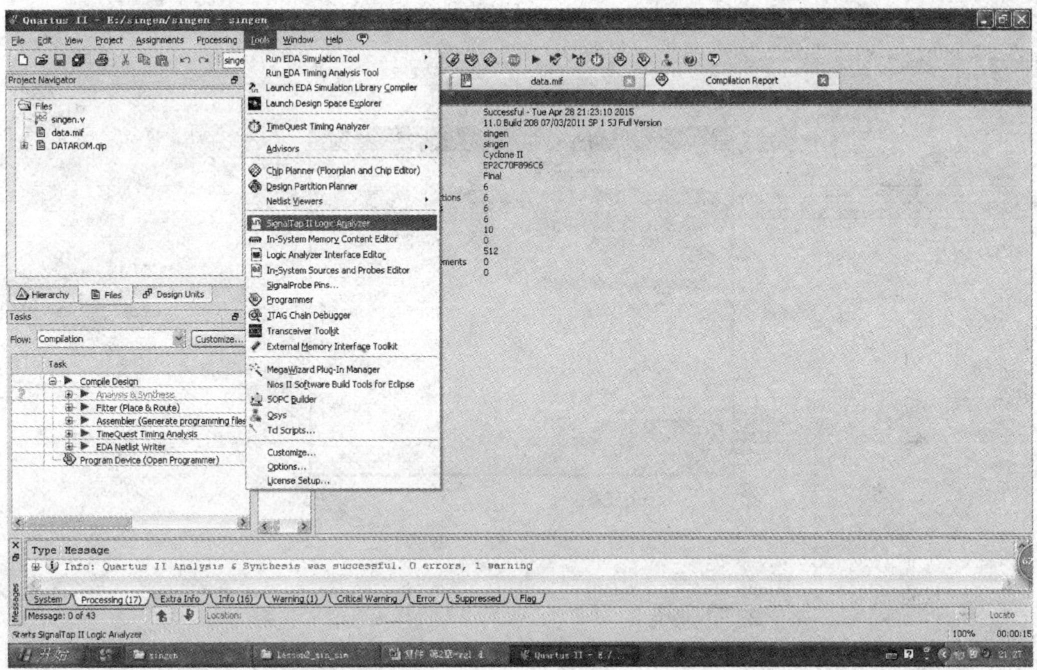

图 2.81　新建嵌入式逻辑分析仪

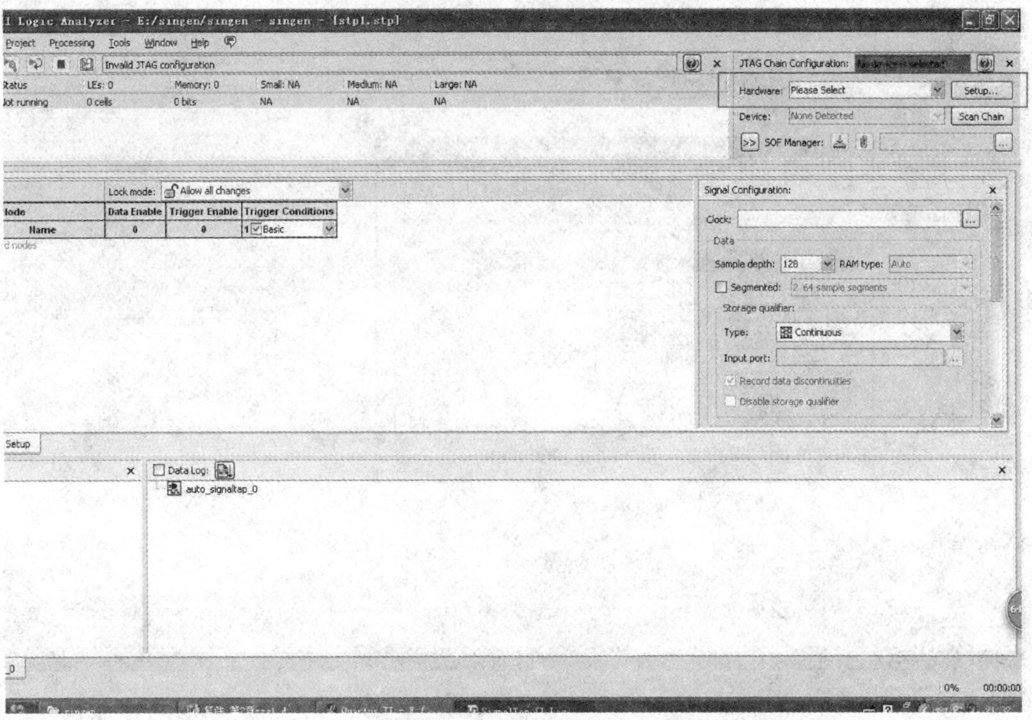

图 2.82　选择硬件

(47)点击下载按钮,下载程序,如图 2.92 所示。

(48)将 singen. sof 文件下载到 FPGA 中,点击“Start”按钮开始下载,如图 2.93 所示。

(49)在 stp1. stp 文件中,点击运行,然后停止,再点击“Data”标签即可看到从 FPGA 读回

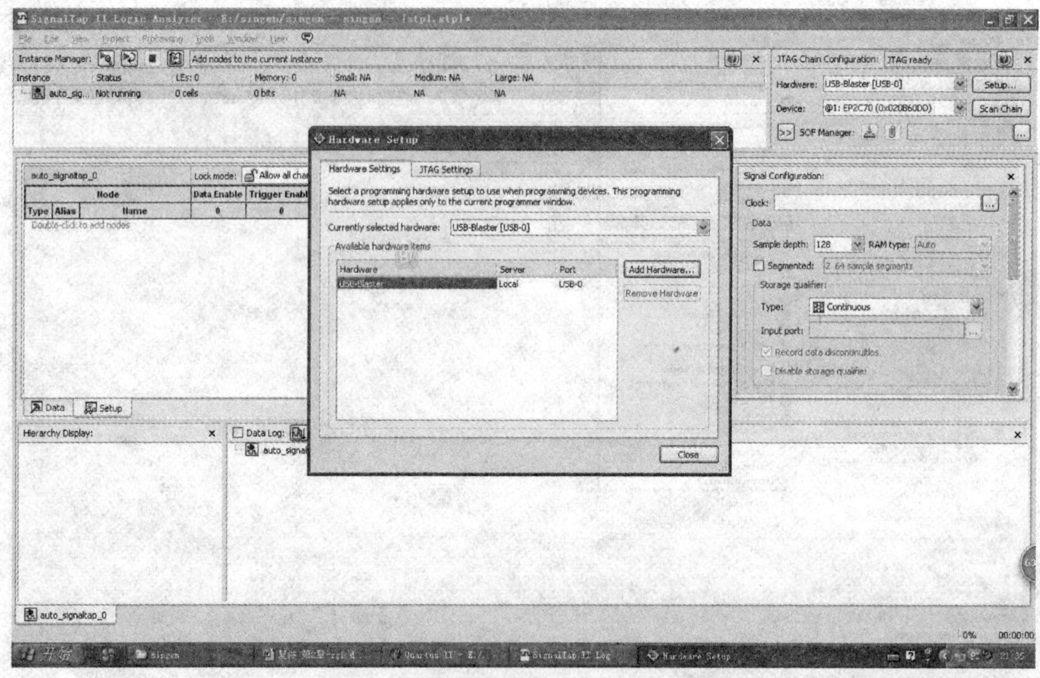

图 2.83　选择 USB-Blaster

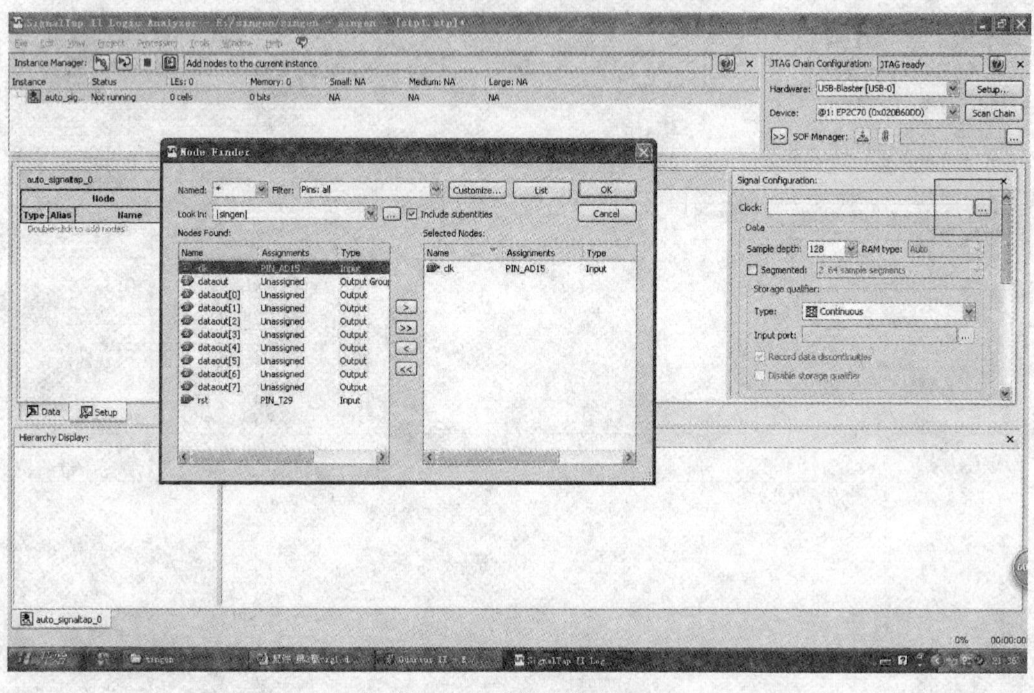

图 2.84　选择采样时钟

的数据,如图 2.94 所示。

(50)右键"dataout"波形变量,选择"Bus Display Format→Unsigned Line Chart",如图 2.95 所示,即可看到正弦波形。同理设置地址信号 addr,即可看到地址是锯齿波形,如图 2.96 所示。

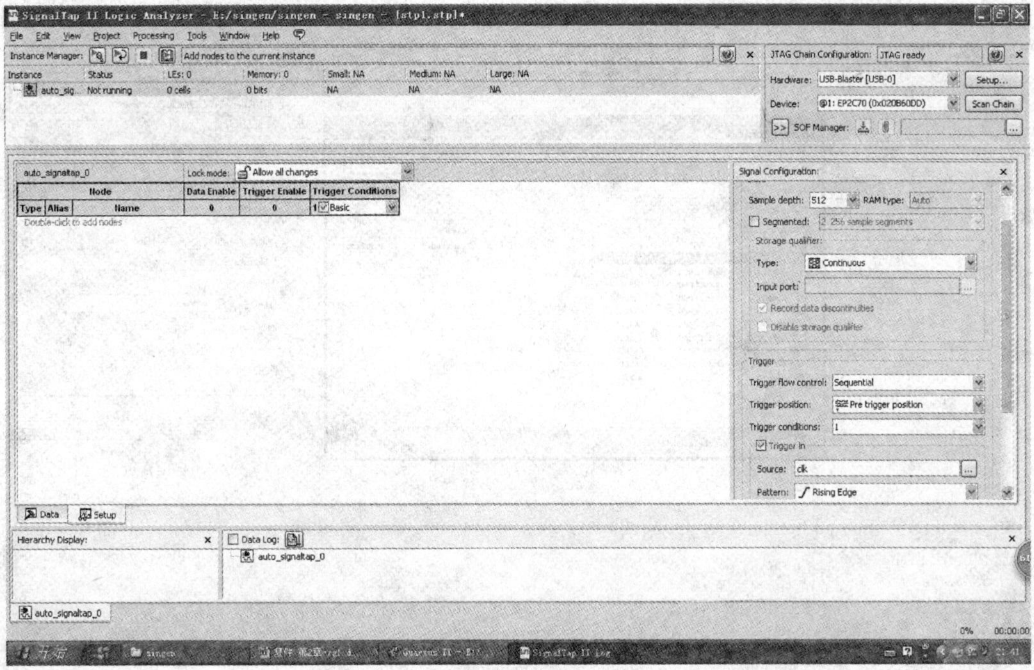

图 2.85　设置触发信号

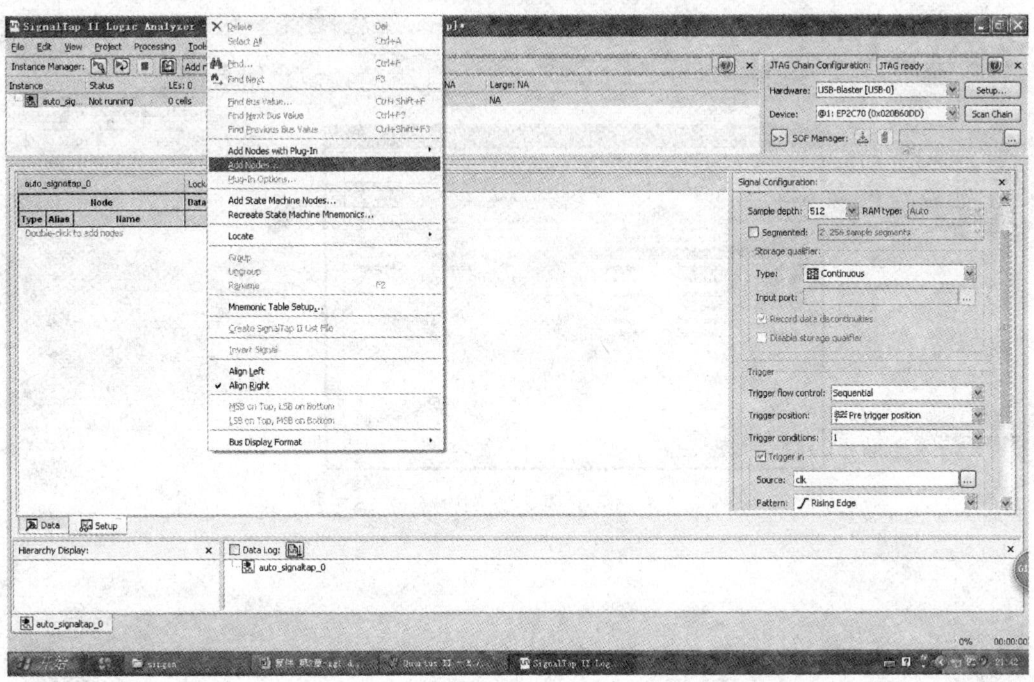

图 2.86　添加节点

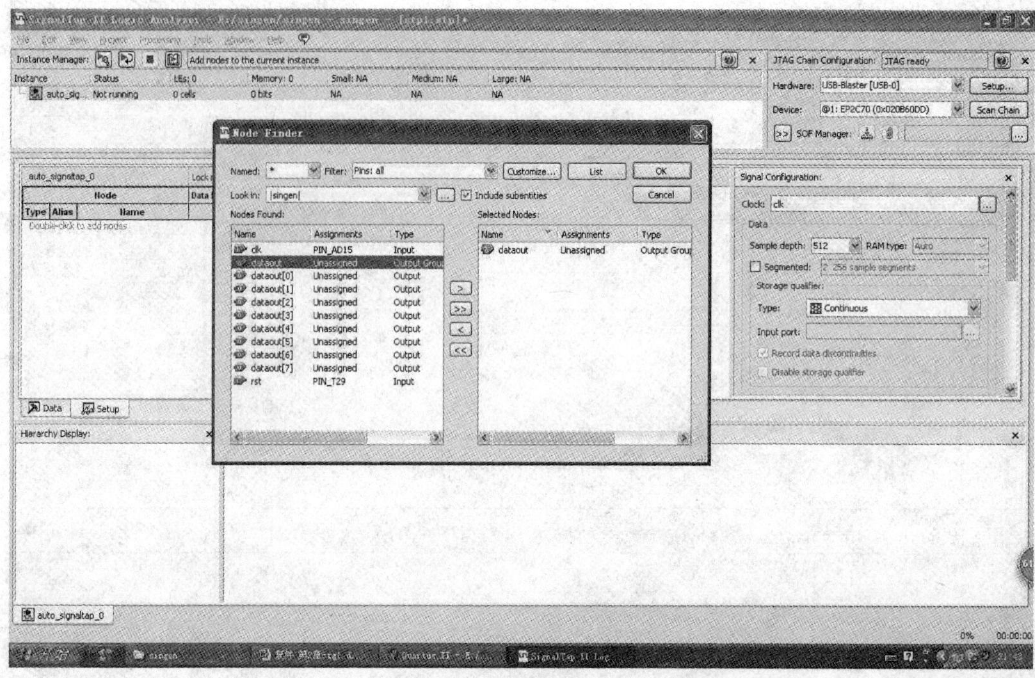

图 2.87　选择节点

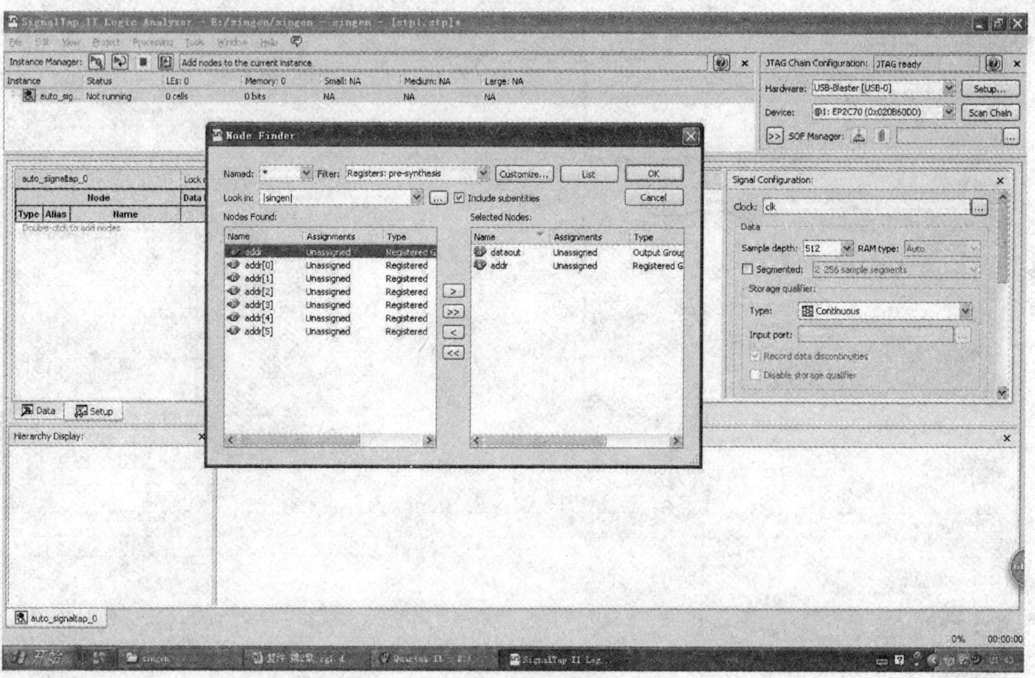

图 2.88　添加节点

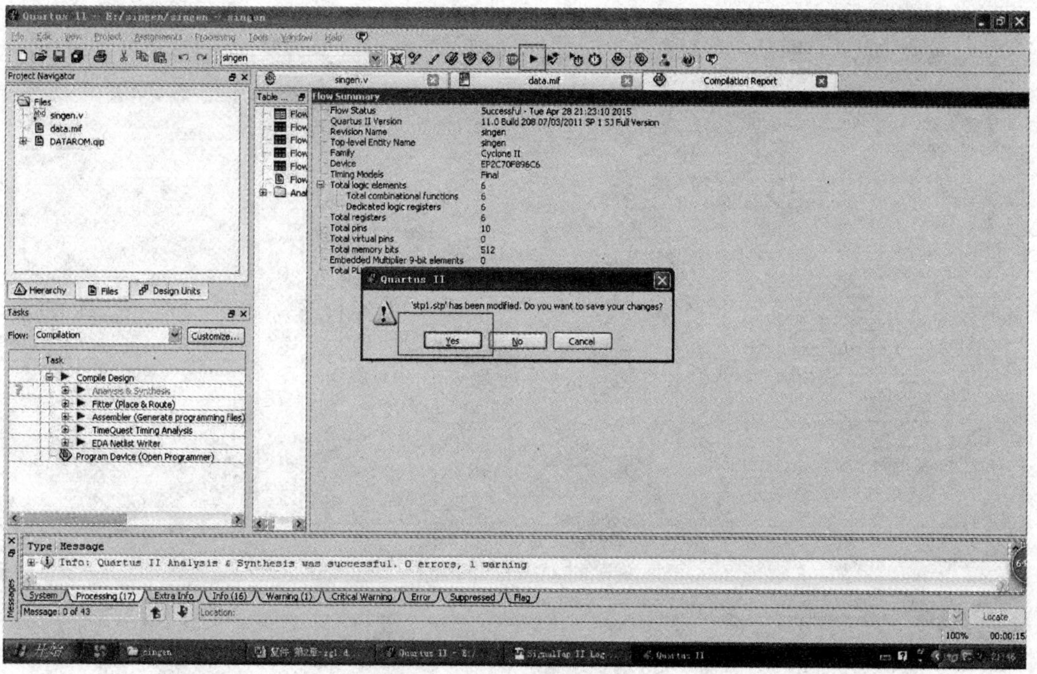

图 2.89 保存逻辑分析仪文件

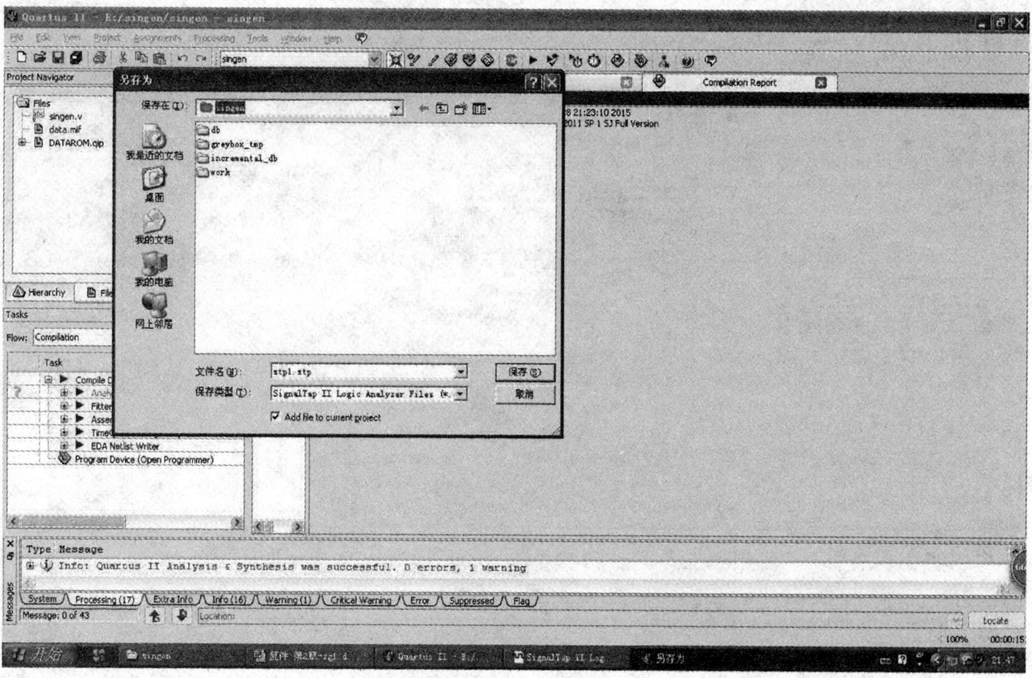

图 2.90 保存文件

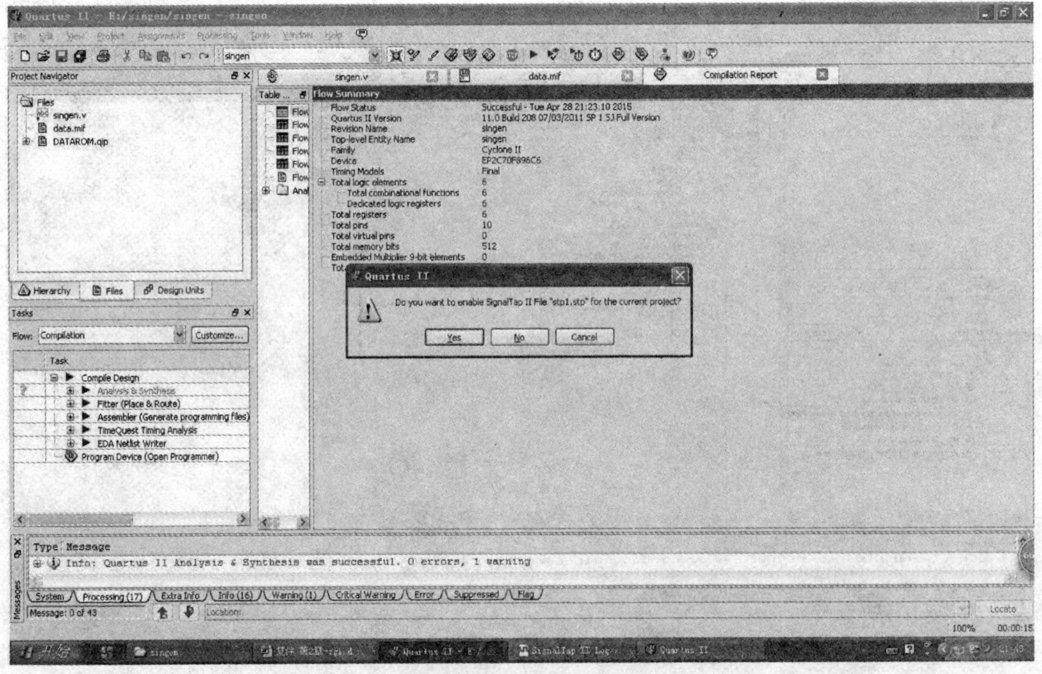

图 2.91　添加至工程

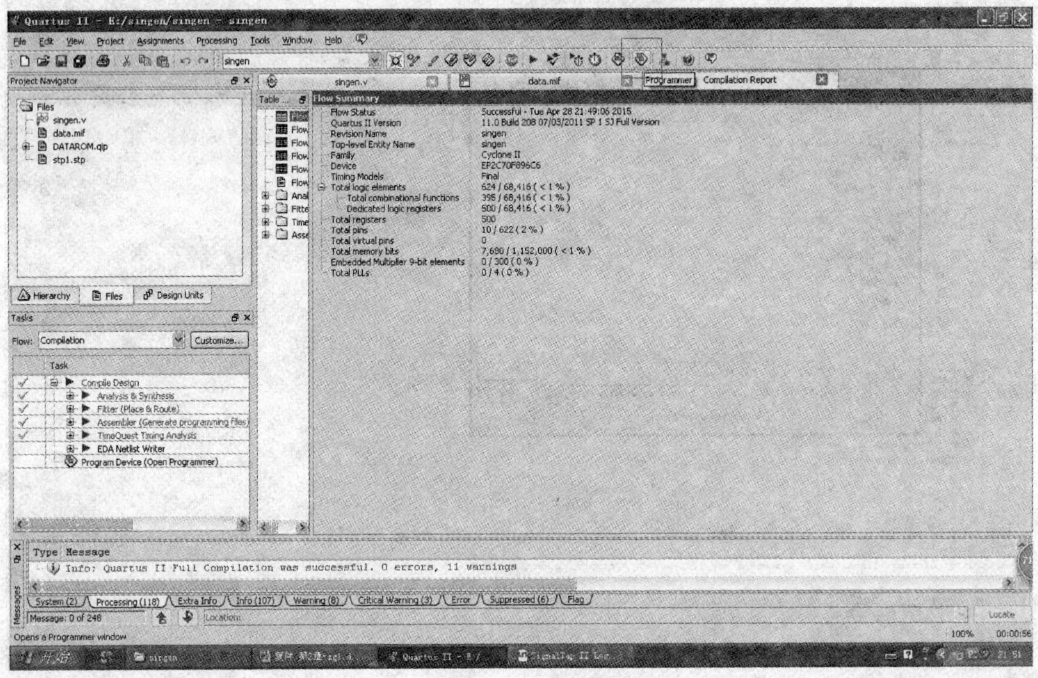

图 2.92　下载程序

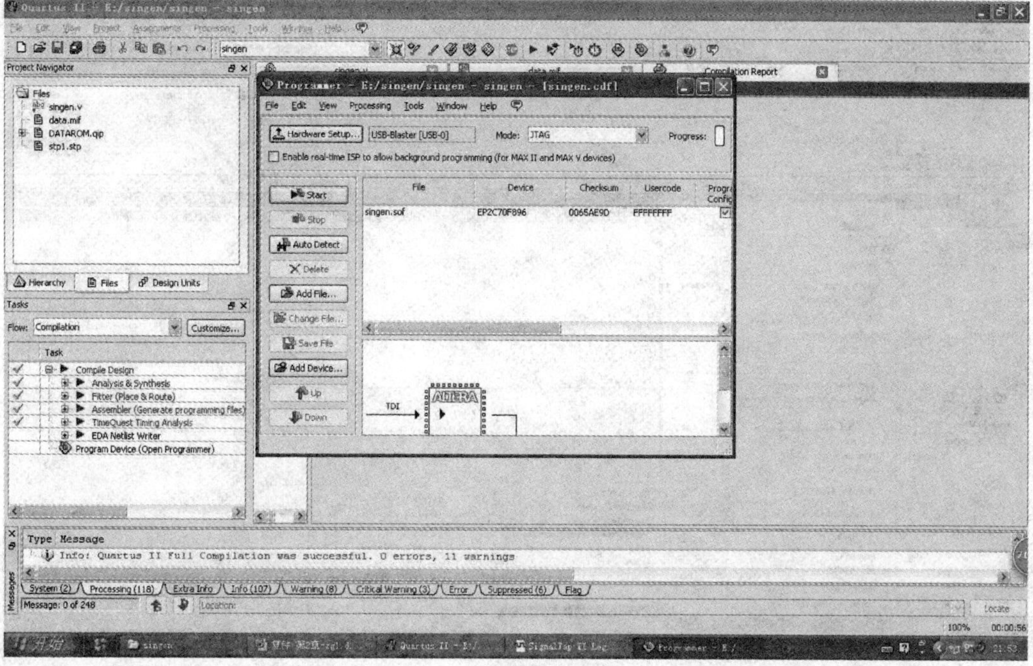

图 2.93　开始下载

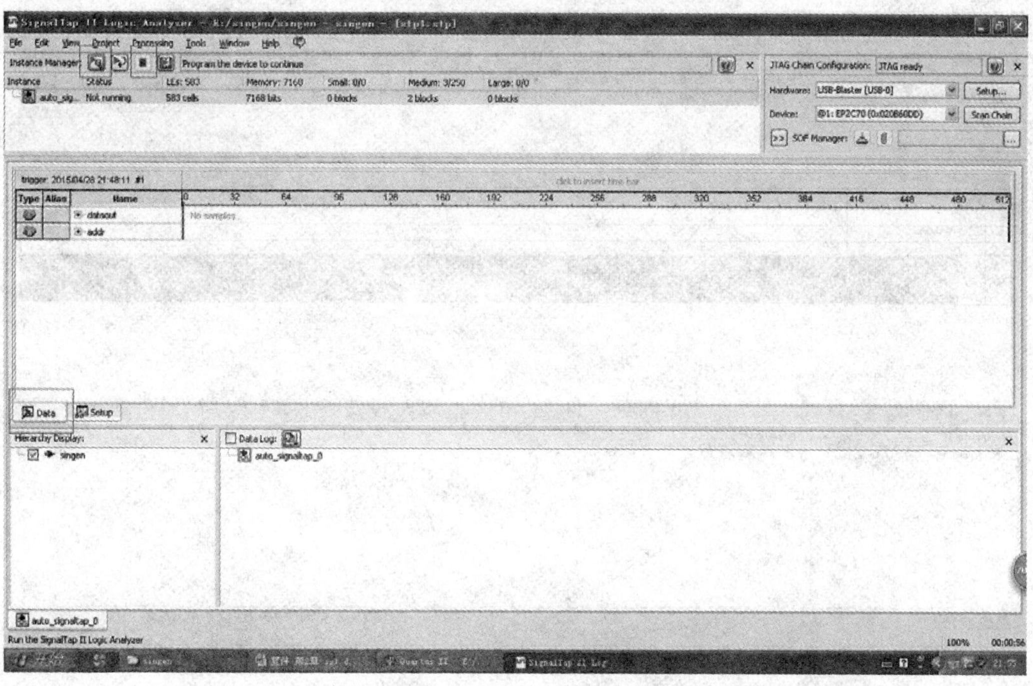

图 2.94　运行程序并观察数据

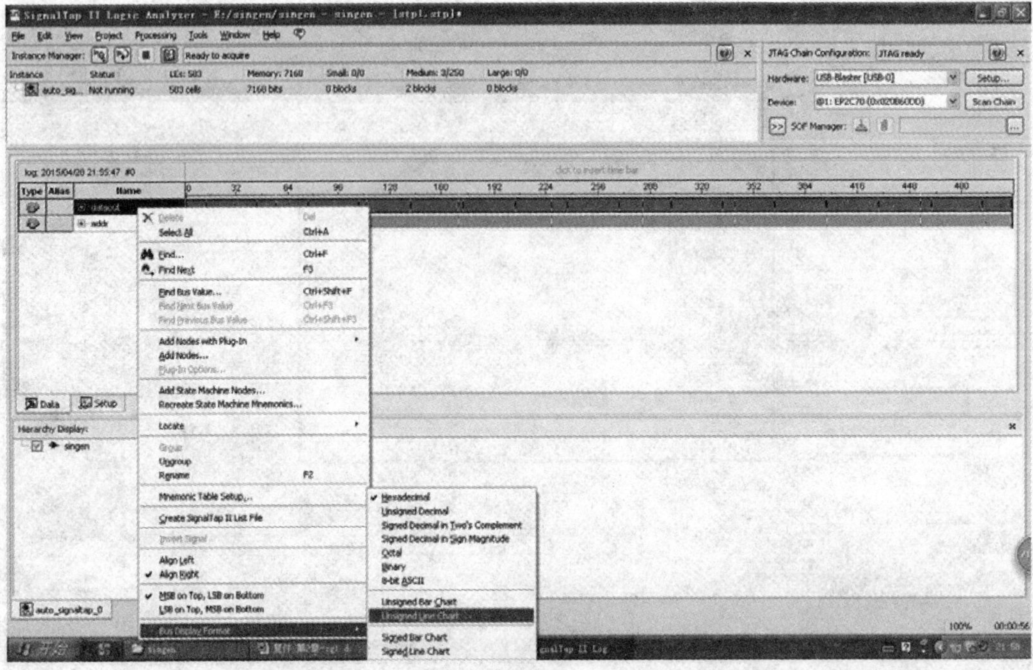

图 2.95　修改数据显示格式

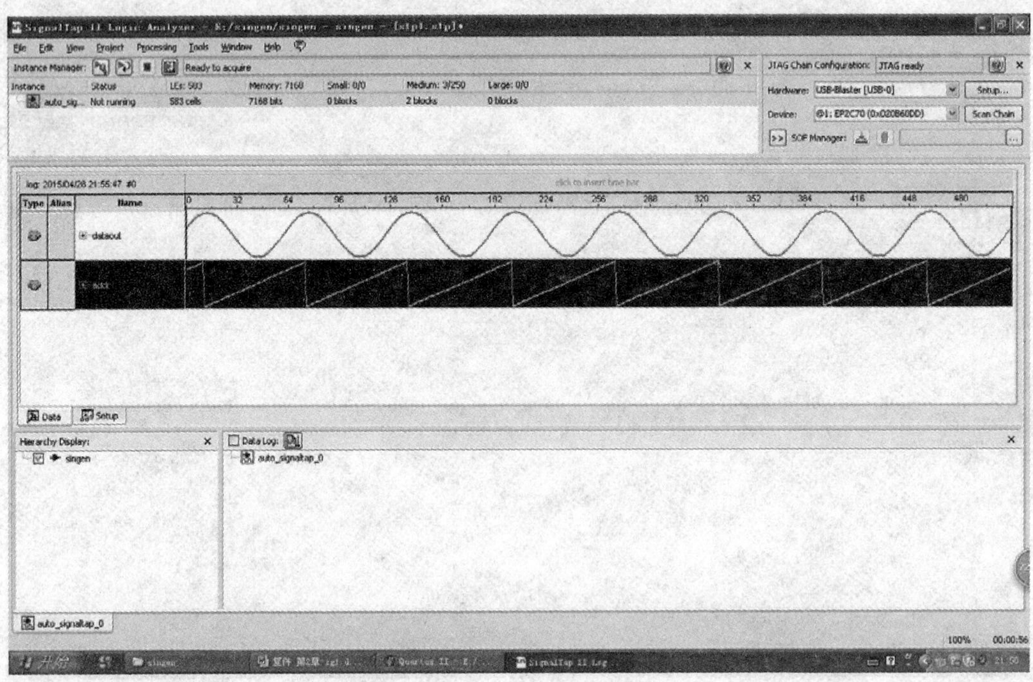

图 2.96　数据波形

2.6　扩展实验设计

设计正弦波信号发生器(0～255),熟悉仿真、状态机、嵌入式逻辑分析仪的使用。

分析:三角波信号规律为幅值依次增大,当到达最大值时,幅值减小;当减小到最小值时,再次增大;周而复始。

功能划分:

(1)状态机:两个状态——上升、下降状态。

(2)上升状态时,计数器递增计数。

(3)下降状态时,计数器递减计数。

(4)状态切换。

第 3 章　状态机与交通灯设计实验

3.1　实验要求

(1)设计 1 个交通灯控制电路,红灯 30 s 后转为绿灯。

(2)通过 Modelsim 进行仿真。

(3)扩展实验:共 x,y 方向两组交通灯,每组红黄绿灯各 1 个,模拟十字路口交通灯工作情况,红灯亮 35 s,黄灯亮 5 s,绿灯亮 30 s。

3.2　状态机原理及交通灯程序设计

状态机在时钟的驱动下,根据一定输入条件,在设定的状态内能够自动完成状态间的循环和相应状态输出的时序逻辑电路。适用于描述先后顺序或者逻辑规律的事情。分为 Moore 型状态机和 Mealy 型状态机。

3.2.1　Moore 型状态机

Moore 型:输出是当前状态的函数。

图 3.1(a)所示为 Moore 型状态机的结构图,假设它具有如图 3.1(b)所示的状态图。当前状态为 S0 时,输入为 0 则状态不变,输出维持原状态 0;当输入变为 1 时,则下个状态在时钟到来时变为 S1,输出则为 1。

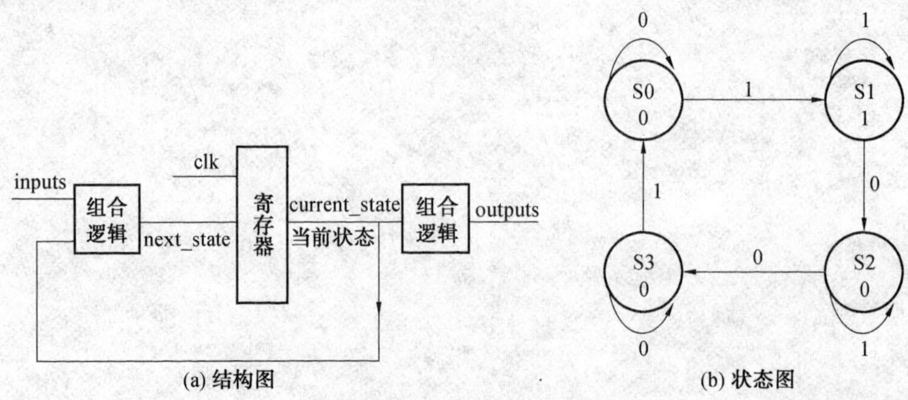

图 3.1　Moore 型状态机的结构图及状态图

3.2.2　Mealy 型状态机

Mealy 型:输出是当前状态和输入的函数。

Mealy 型状态机与 Moore 型状态机相比,其输出变化要领先一个时钟周期,其结构图和状态图如图 3.2 所示。Mealy 型状态机的输出既和当前状态有关,也和所有输入信号有关。也就是说,一旦输入信号发生变化或者状态发生变化,输出信号立即发生变化。因此,一般把输出信号值写在状态变化(即箭头)处。例如,当前状态为 S0,当输入信号为 0 时,输出信号为 0,状态保持不变;当输入信号为 1 时,输出信号为 1,状态变为 S1,以此类推。

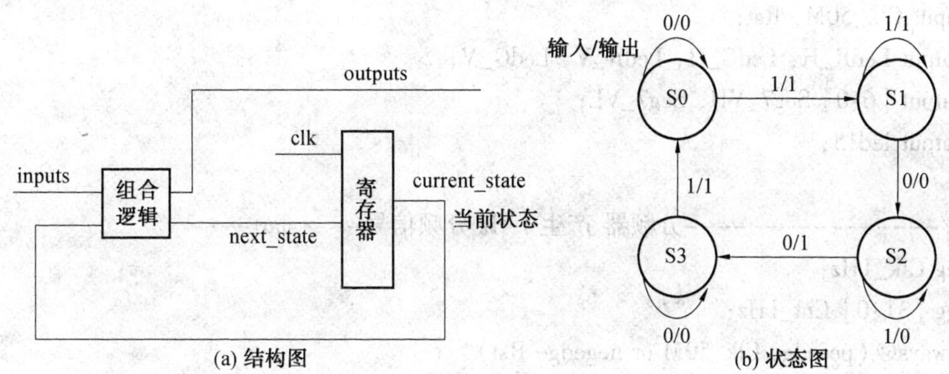

图 3.2　Mealy 型状态机的结构图与状态图

3.2.3　交通灯基本实验程序设计

分析:共 x,y 方向两组交通灯,每组红黄绿灯各 1 个,红灯亮 30 s,绿灯亮 30 s。

S1:x 方向红灯亮,y 方向绿灯亮(30 s);

S2:x 方向绿灯亮,y 方向红灯亮(30 s)。

由上述分析可见:交通灯控制具有描述先后顺序,使用状态机设计比较方便。

具体设计步骤如下:

①划分状态,画出状态转换图(图 3.3);

②输入信号:生成状态转换的条件;

③输出信号:实现特定状态下、条件下输出。在状态机中,状态存储在多个触发器中。

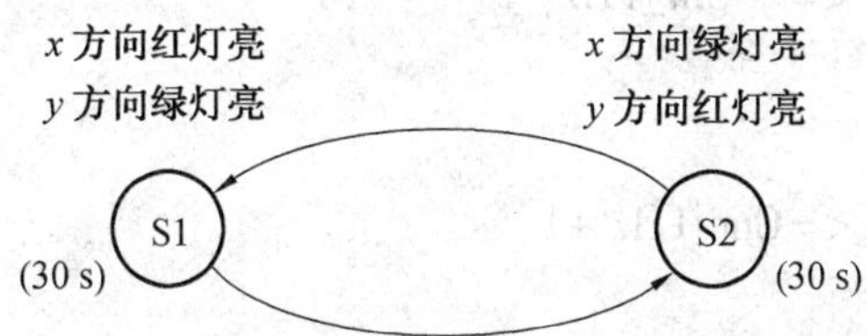

图 3.3　交通灯基本实验状态转换图

同步状态机 verilog 描述:

(1) 定义模块名和输入输出端口;

(2) 定义输入、输出变量和寄存器;

(3) 定义时钟和复位信号;

(4) 定义状态变量和状态寄存器;
(5) 用一个或多个 always 块表示状态转移过程;
(6) 验证状态转移正确性,确保完整全面。
交通灯代码:

```
module traffic(Clk_50M, Rst, LedR_H, LedG_H, LedR_V, LedG_V,
        Seg7_VH, Seg7_VL,led15);
parameter S1 = 1;//x 方向红灯亮,y 方向绿灯亮
parameter S2 = 0;//x 方向绿灯亮,y 方向红灯亮
input Clk_50M, Rst;
output LedR_H, LedG_H, LedR_V, LedG_V;
output [6:0] Seg7_VH, Seg7_VL;
output led15;

//-----------------分频器 产生 1 Hz 分频信号----start----
reg Clk_1Hz;
reg [31:0] Cnt_1Hz;
always@ (posedge Clk_50M or negedge Rst)
begin
    if(! Rst)
    begin
        Cnt_1Hz <=1;
        Clk_1Hz <=1;
    end
    else
    begin
        if(Cnt_1Hz >= 25000000)
        begin
            Cnt_1Hz <=1;
            Clk_1Hz <= ~Clk_1Hz;
        end
        else
            Cnt_1Hz <=Cnt_1Hz +1;
    end
end
//----------------------分频器 产生 1 Hz 分频信号--------end----
reg [7:0] Cnt30;
reg [7:0] CntDis;
//---------------------30 进制计数、显示----start----
reg LedR_H, LedG_H, LedR_V, LedG_V;
```

```
always@ (posedge Clk_1Hz or negedge Rst)
begin
    if( ! Rst)
    begin
        Cnt30 <=0;
    end
    else
    begin
        if(Cnt30 >=30)
        begin
            Cnt30 <=0;
        end
        else
            Cnt30 <=Cnt30 + 1;
    end
end
//16 进制计数器转换为用于显示的十进制计数器
always@ (posedge Clk_50M)
begin
    if ( Cnt30 > 29)
    begin
        CntDis[7:4] <=3;
        CntDis[3:0] <=Cnt30 - 30;
    end
    else if ( Cnt30 > 19)
    begin
        CntDis[7:4] <=2;
        CntDis[3:0] <=Cnt30 - 20;
    end
    else if ( Cnt30 > 9)
    begin
        CntDis[7:4] <=1;
        CntDis[3:0] <=Cnt30 - 10;
    end
    else
        CntDis <= Cnt30;
end
SEG7_LUThex4(Seg7_VL, CntDis[3:0]);
SEG7_LUThex5(Seg7_VH, CntDis[7:4]);
```

```
//----------------------30 进制计数、显示----end----

reg state;
//----------------------状态转换----start----
always@ (posedge Clk_1Hz)
begin
    case(state)
    S1:
        if(Cnt30 >= 30) state <=S2;
    S2:
        if(Cnt30 >= 30) state <=S1;
    default:
        state <= S1;
    endcase
end
//----------------------状态转换----end----
//----------------------状态输出----start----
always@ (posedge Clk_50M or negedge Rst)
begin
    if(! Rst)
        begin
            LedR_H <=0;
            LedG_H <=0;
            LedR_V <=0;
            LedG_V <=0;
        end
    else
    begin
        case(state)
        S1://x 方向红灯亮,y 方向绿灯亮
            begin
            LedR_H <=1;
            LedG_H <=0;
            LedR_V <=0;
            LedG_V <=1;
            end

        S2://x 方向绿灯亮,y 方向红灯亮
            begin
```

```
                LedR_H <=0;
                LedG_H <=1;
                LedR_V <=1;
                LedG_V <=0;
                end
            default:
                begin
                LedR_H <=0;
                LedG_H <=0;
                LedR_V <=0;
                LedG_V <=0;
                end
            endcase
        end
end
//----------------------状态输出----end----

assign led15 = state;

endmodule
```

Modelsim 代码为：

```
'timescale 1ns / 1ns
module test;
    parameter DELAY=200;

    reg clk, rst;

    initial //
    begin
        rst=0;
        #DELAYrst=1;
    end

    initial //
    begin
        clk = 0;
        forever #10clk = ! clk;
    end
```

```
    wireLedR_H, LedG_H, LedR_V, LedG_V;
    wire [6:0] Seg7_VH, Seg7_VL;
    wire led15;

    traffic u0(clk, rst,LedR_H, LedG_H, LedR_V, LedG_V,
        Seg7_VH, Seg7_VL,led15);
endmodule
```

上述交通灯设计就是在两个状态之间不断切换。这里把状态切换条件、不同状态下的操作及计数单独放在多个 always 结构中,是状态机写法的一种,也称多模方式。内部硬件连线图如图 3.4 所示。

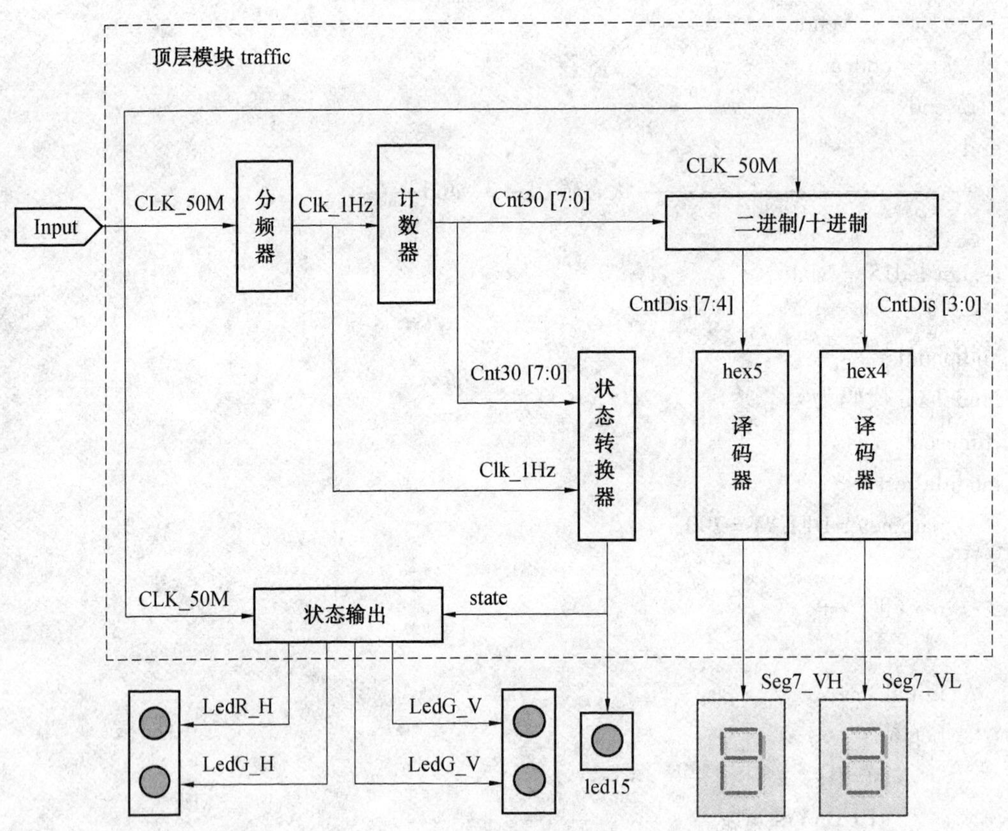

图 3.4　内部硬件连线图

3.3　实验步骤

(1)参照第 1 章步骤,使用 DE2-70 开发板实现上述交通灯功能。其中,显示译码模块见 1.4.1 小节。

(2)通过 Modelsim 进行仿真。如果没有问题,下载到电路板并验证功能。通过该实验,熟练掌握模块调用关系,学习状态机程序的编写。

3.4　交通灯扩展实验

扩展实验:共 x,y 方向两组交通灯,每组红黄绿灯各 1 个,模拟十字路口交通灯工作情况,红灯亮 35 s,黄灯亮 5 s,绿灯亮 30 s。依题意确定交通灯状态,可以用 4 个状态表示。

S0:x 方向红灯亮,y 方向绿灯亮(30 s);

S3:x 方向红灯亮,y 方向黄灯亮(5 s);

S1:x 方向绿灯亮,y 方向红灯亮(30 s);

S4:x 方向黄灯亮,y 方向红灯亮(5 s)。

状态转换图如图 3.5 所示。

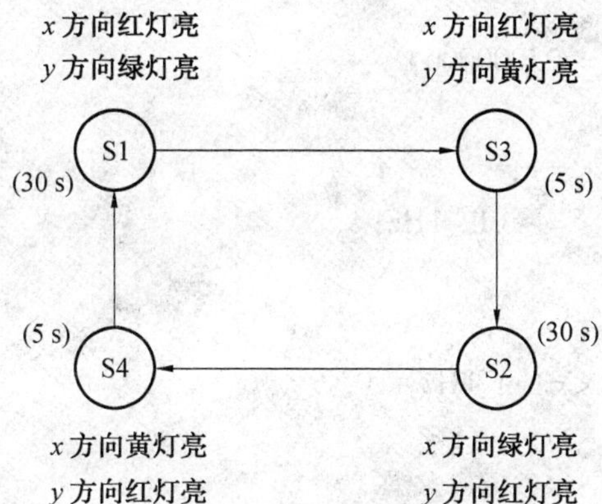

图 3.5　交通灯扩展实验状态转换图

可在其实验程序上添加新状态完成程序编写。参考程序如下:

复杂交通灯代码:

```
module traffic(Clk_50M, Rst, LedR_H, LedG_H, LedY_H, LedR_V, LedG_V, LedY_V,
        Seg7_VH, Seg7_VL,led15,led16);

parameter S1 = 1;//x 方向红灯亮,y 方向绿灯亮
parameter S2 = 0;//x 方向绿灯亮,y 方向红灯亮
parameter S3 = 2;//x 方向红灯亮,y 方向黄灯亮
parameter S4 = 3;//x 方向黄灯亮,y 方向红灯亮


input Clk_50M, Rst;
outputLedR_H, LedG_H, LedY_H, LedR_V, LedG_V, LedY_V;
output [6:0] Seg7_VH, Seg7_VL;
output led15,led16;
```

```
//-----------------分频器 产生1 Hz 分频信号----start----
reg Clk_1Hz;
reg [31:0] Cnt_1Hz;
always@ (posedge Clk_50M or negedge Rst)
begin
    if(! Rst)
    begin
        Cnt_1Hz <=1;
        Clk_1Hz <=1;
    end
    else
    begin
        if(Cnt_1Hz >= 25000000)
        begin
            Cnt_1Hz <=1;
            Clk_1Hz <= ~Clk_1Hz;
        end
        else
            Cnt_1Hz <=Cnt_1Hz + 1;
    end
end
//-----------------分频器 产生1 Hz 分频信号----end----
reg [7:0] Cnt35;
reg [7:0] CntDis;

//---------------------35进制计数、显示----start----
reg LedR_H, LedG_H, LedR_V, LedG_V, LedY_H, LedY_V;
always@ (posedge Clk_1Hz or negedge Rst)
begin
    if(! Rst)
    begin
        Cnt35 <=0;
    end
    else
    begin
        if(Cnt35 >=35)
        begin
            Cnt35 <=0;
        end
```

```
        else
            Cnt35 <=Cnt35+1;
    end
end
//16 进制计数器转换为用于显示的十进制计数器
always@(posedge Clk_50M)
begin
    if ( Cnt35 > 29)
    begin
        CntDis[7:4] <=3;
        CntDis[3:0] <=Cnt35 - 30;
    end
    else if ( Cnt35 > 19)
    begin
        CntDis[7:4] <=2;
        CntDis[3:0] <=Cnt35 - 20;
    end
    else if ( Cnt35 > 9)
    begin
        CntDis[7:4] <=1;
        CntDis[3:0] <=Cnt35 - 10;
    end
    else
        CntDis <=Cnt35;
end
SEG7_LUThex4(Seg7_VL, CntDis[3:0]);
SEG7_LUThex5(Seg7_VH, CntDis[7:4]);
//----------------------35 进制计数、显示----end----

//----------------------状态转换、输出----start----

reg [1:0] state;

always@(posedge Clk_50M or negedge Rst)
begin
    if(! Rst)
        begin
            LedR_H <=0;
            LedG_H <=0;
```

```
            LedR_V <=0;
            LedG_V <=0;
            LedY_H <=0;
            LedY_V <=0;
        end
    else
    begin
        case(state)
        S1://x方向红灯亮,y方向绿灯亮
            begin
            if(Cnt35<=30)
            begin
                LedR_H <=1;
                LedG_H <=0;
                LedR_V <=0;
                LedG_V <=1;
                LedY_H <=0;
                LedY_V <=0;
            end
            else
                state <= S3;
            end

        S2://x方向绿灯亮,y方向红灯亮
            begin
            if(Cnt35<=30)
            begin
                LedR_H <=0;
                LedG_H <=1;
                LedR_V <=1;
                LedG_V <=0;
                LedY_H <=0;
                LedY_V <=0;
            end
            else
            state <= S4;
            end

        S3://x方向红灯亮,y方向黄灯亮
```

```
        begin
        if(Cnt35>=30)
        begin
            LedR_H <=1;
            LedG_H <=0;
            LedR_V <=0;
            LedG_V <=0;
            LedY_H <=0;
            LedY_V <=1;
        end
        else
        state <=S2;
        end

    S4://x 方向黄灯亮,y 方向红灯亮
        begin
        if(Cnt35>=30)
        begin
            LedR_H <=0;
            LedG_H <=0;
            LedR_V <=1;
            LedG_V <=0;
            LedY_H <=1;
            LedY_V <=0;
        end
        else
        state <= S1;
        end

    default:
        begin
            LedR_H <=0;
            LedG_H <=0;
            LedR_V <=0;
            LedG_V <=0;
            LedY_H <=0;
            LedY_V <=0;
        end
    endcase
```

```
    end
end
//----------------------状态转换、输出----end----

assign {led16,led15} =state;

endmodule
```

内部硬件连线图如图3.6所示。

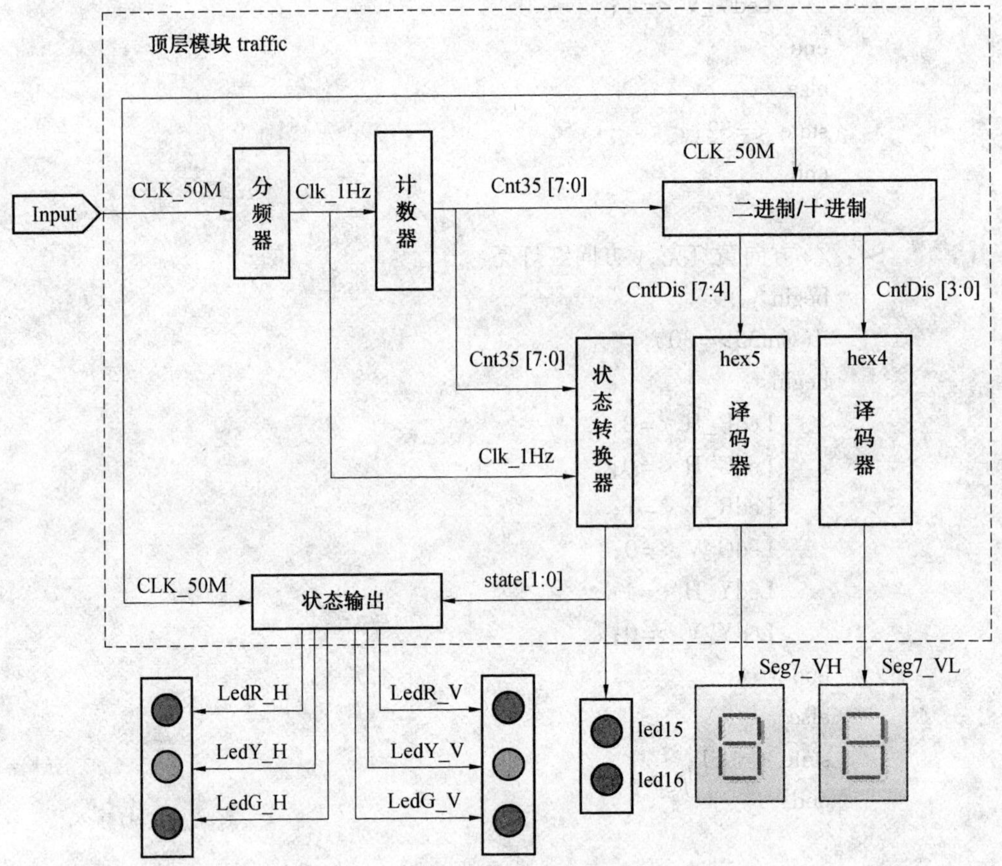

图3.6　内部硬件连线图

第4章　Qsys 基础实验——LED 跑马灯

4.1　实验要求

(1)流水灯实验:控制开发板上的8个 LED 指示灯,实现依次点亮和熄灭。

(2)扩展实验:液晶显示实验,首先通过在 Qsys 中添加液晶显示模块,并在程序中添加液晶显示代码实现特定信息的显示任务。

(3)完成实验要求的功能,准备验收。

4.2　基本实验步骤

(1)新建工程,具体步骤参考第1章的第1个实验,出现如图4.1所示的图形界面。

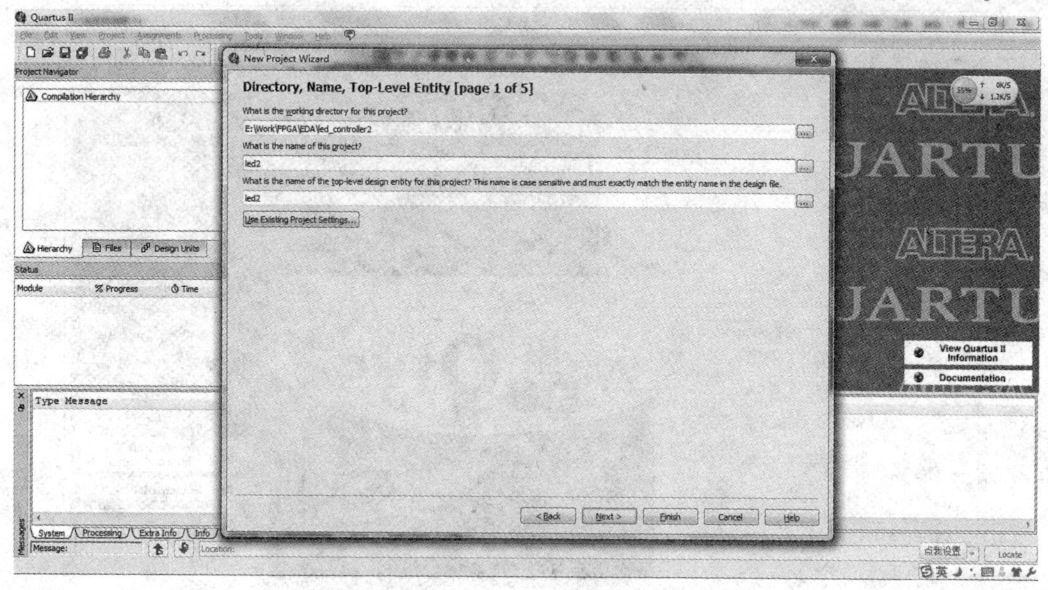

图4.1　建立一个新工程

(2)新建工程后,需要配置 CPU 处理器芯片,如图4.2所示,打开 TOOLS 菜单,该步骤类似于之前学习过的第2章的实验2中的 IP 核配置过程。当时也是配置一个模块,加到工程,不过在本实验中专门给这个模块核取名为 Qsys,打开 Qsys 显示如图4.3所示。

(3)进入 Qsys 配置界面,如图4.4所示。现在,可以回顾一下单片机、ARM 和 DSP 这类器件,它们包含什么呢？时钟输入、锁相环、处理器、寄存器、片内存储器、外设模块(串口、液晶

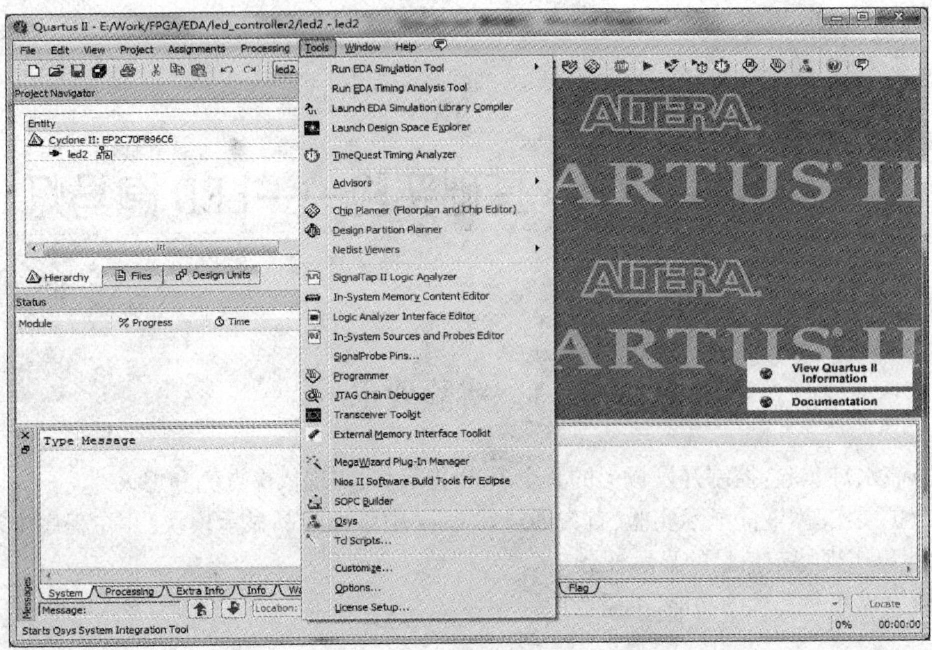

图 4.2　选择 TOOLS 菜单

驱动,(注:很多芯片可能没有)、通用 I/O 资源,JTAG 下载及在线调试模块等。现在,要做类似的事情,根据需要搭建自己的芯片系统。

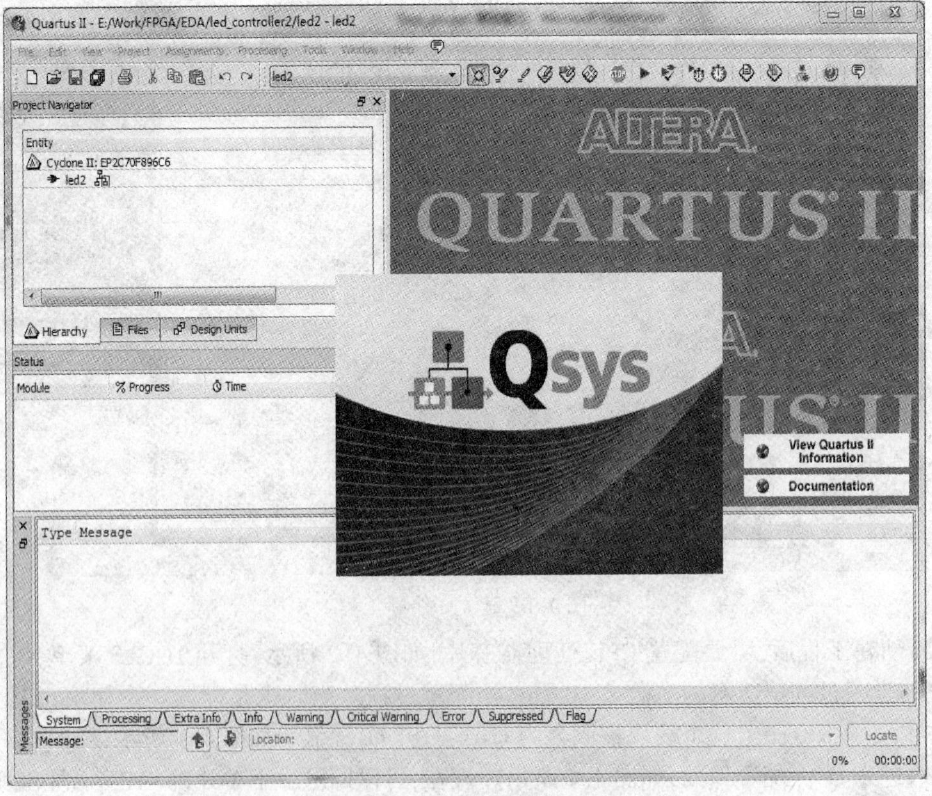

图 4.3　打开 Qsys 的显示界面

(4)进入 Qsys 配置界面后,首先,添加最核心的处理器。从左边的“Library”下拉列表中找到 Processors,找到 Nios II Processor(Altera 称之为 Nios II 处理器),点击“Add”按钮,出现如图 4.5 所示界面。

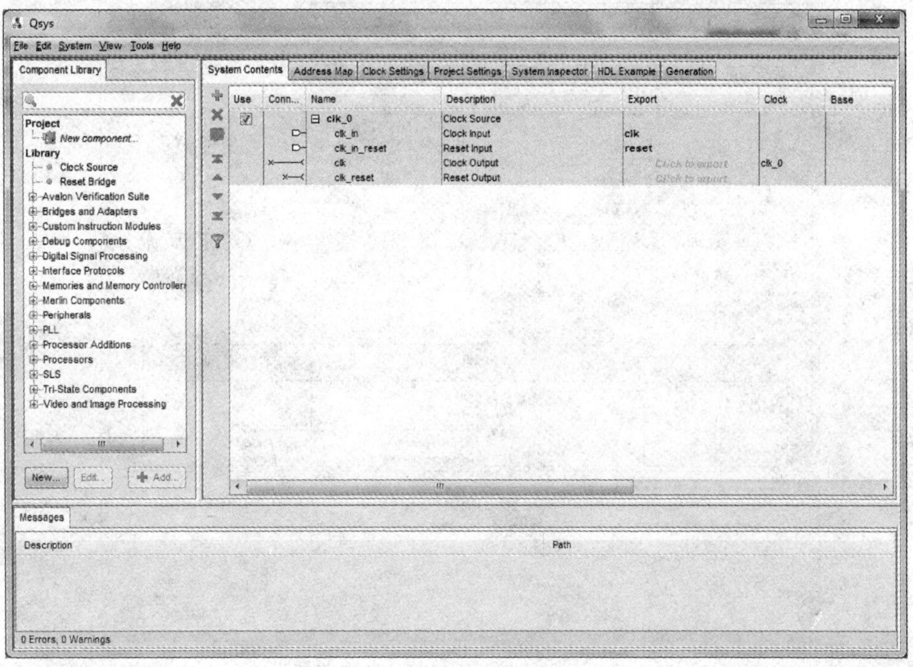

图 4.4　Qsys 配置界面

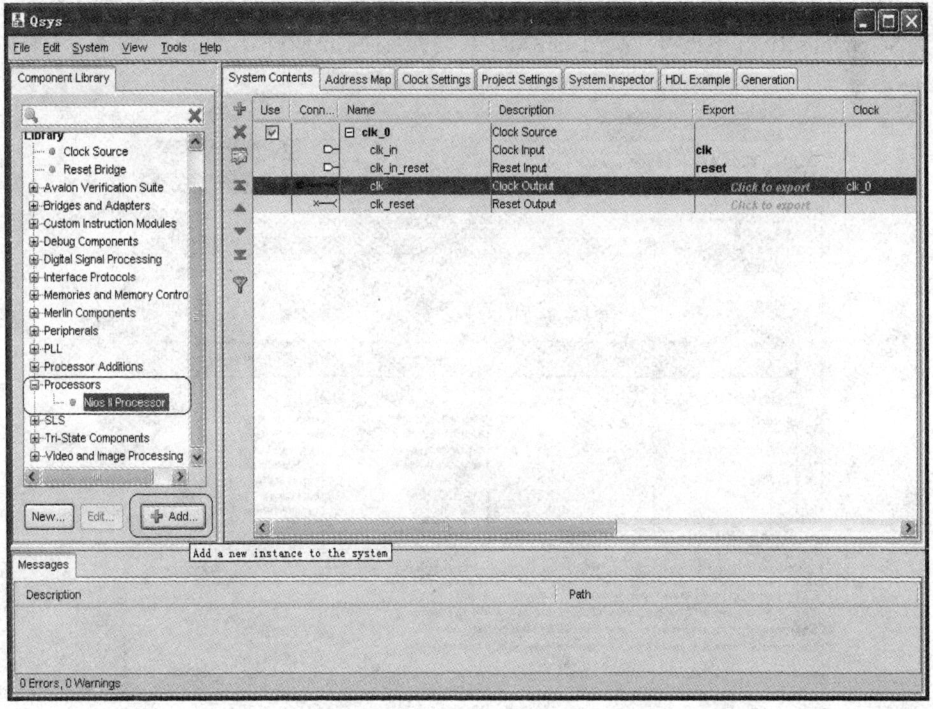

图 4.5　添加 Nios II Processor 操作界面

(5)进入 Nios II 处理器的配置界面,如图 4.6 所示,会发现界面下边会显示几个错误信息。如何消除这些错误信息,会在后续的操作步骤中讲述。

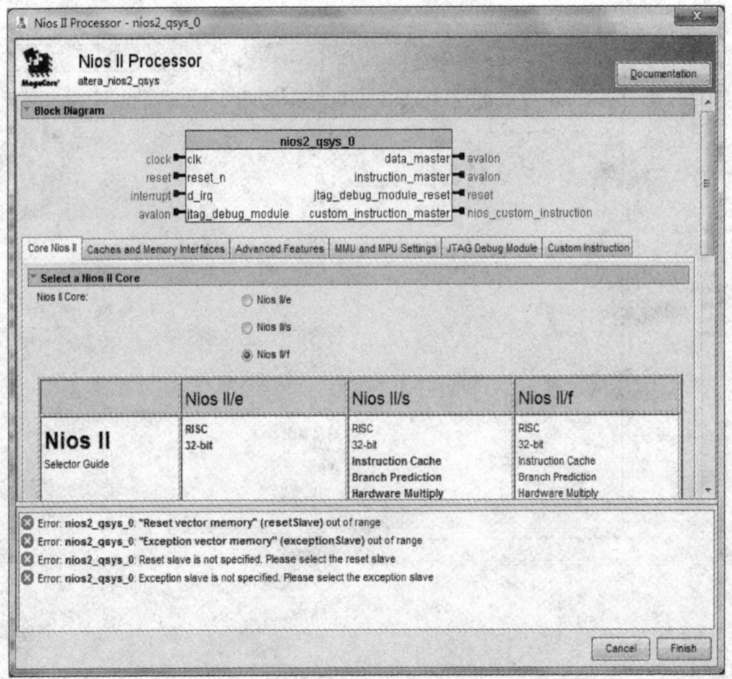

图 4.6　Nios II 处理器的配置界面

(6)注意点击标签、下拉滚动条、找到合适的修改位置。首先选择 Nios II 的类型。可以看到不同类型的 Nios II 占用的资源、处理器的类型是不同的。弹出界面如图 4.7 所示,选择 Nios II/s。

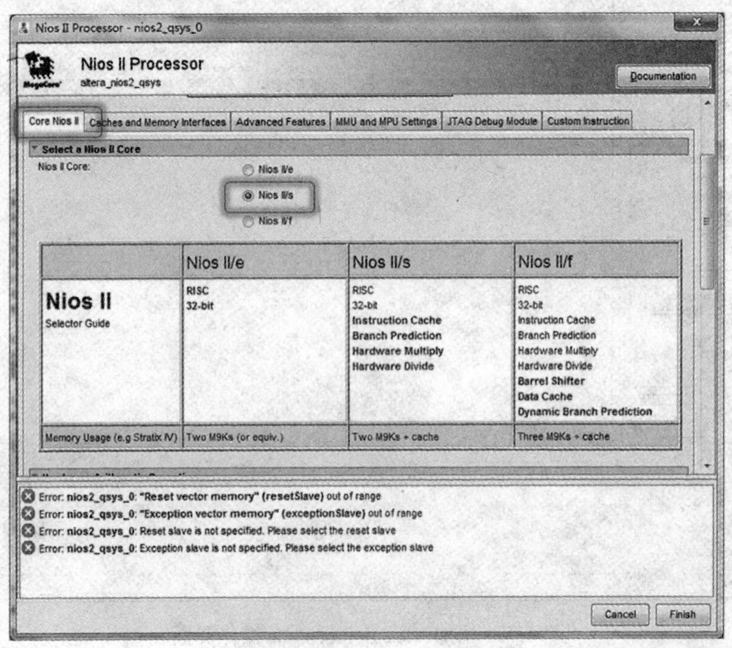

图 4.7　Nios II 选择界面

（7）点中“JTAG Debug Module”标签，可以选择不同的 Jtag 调试模块。不同的模块占用资源不同，能调试的类型也不同。完成后点击“Finish”按钮。

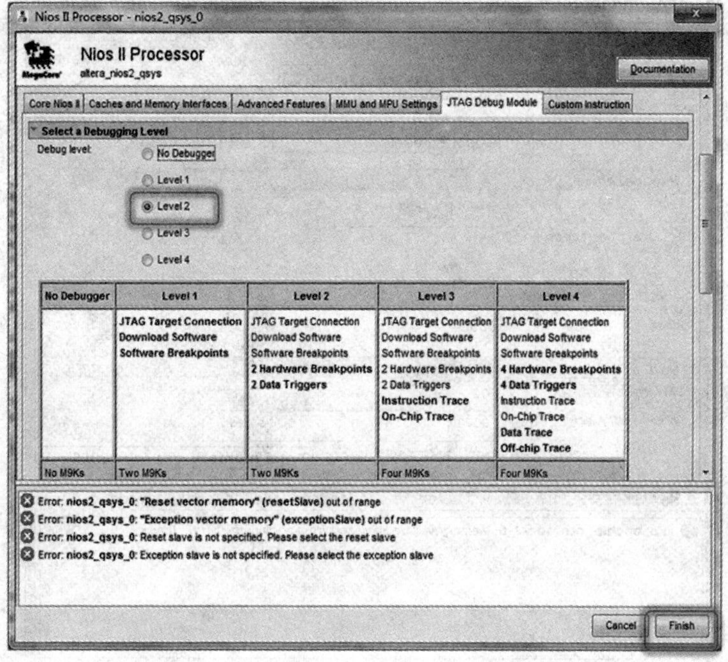

图 4.8　JTAG debug module 选择界面

（8）添加片上 RAM。如图 4.9 所示，选中 Memories and Memory Conterouers/On-Chip/On-Chip Memory（Ram or Rom），点击“Add”按钮。

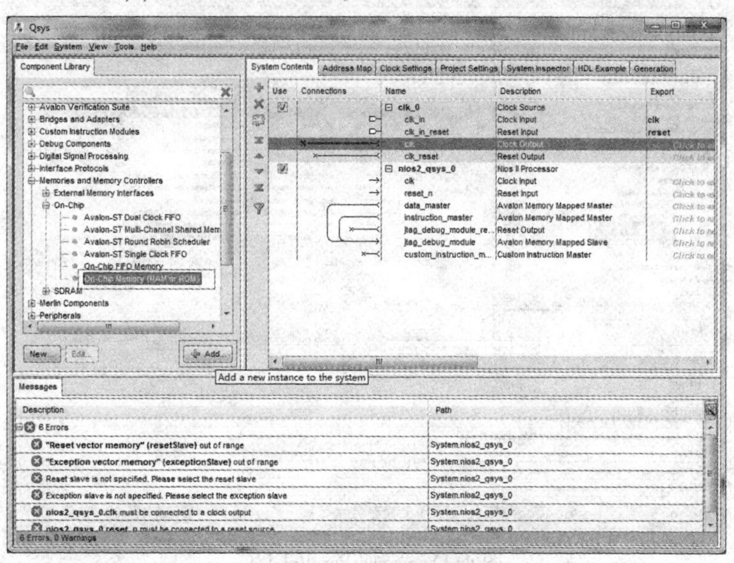

图 4.9　添加片上 RAM

（9）在属性对话框中设置存储器大小，具体参数设置如图 4.10 所示。

（10）接着，添加通用 I/O 口，也称 Parallel I/O，即并口。添加 8 个输出口并且设置属性，显示界面如图 4.11 和图 4.12 所示。

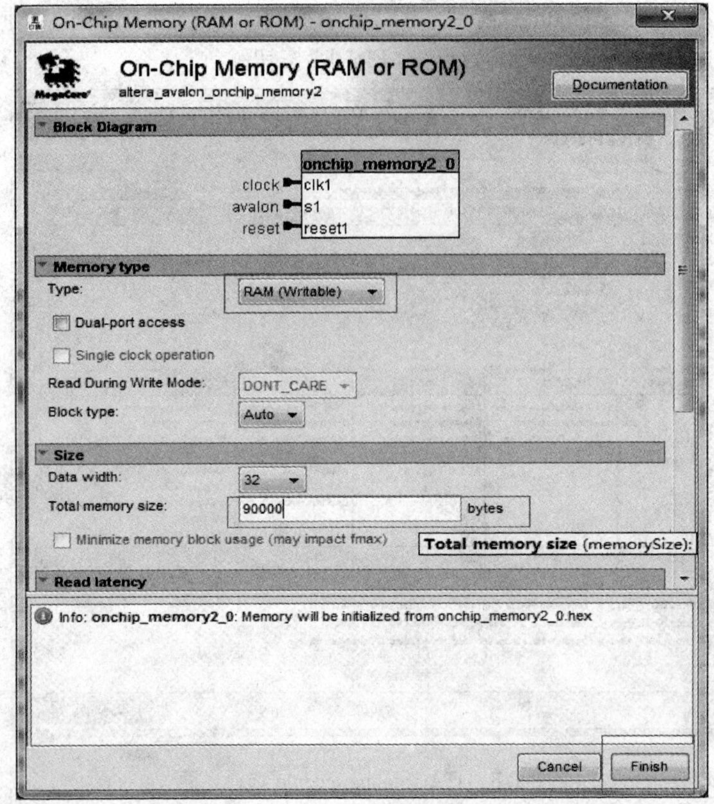

图 4.10　片上存储器设置属性对话框

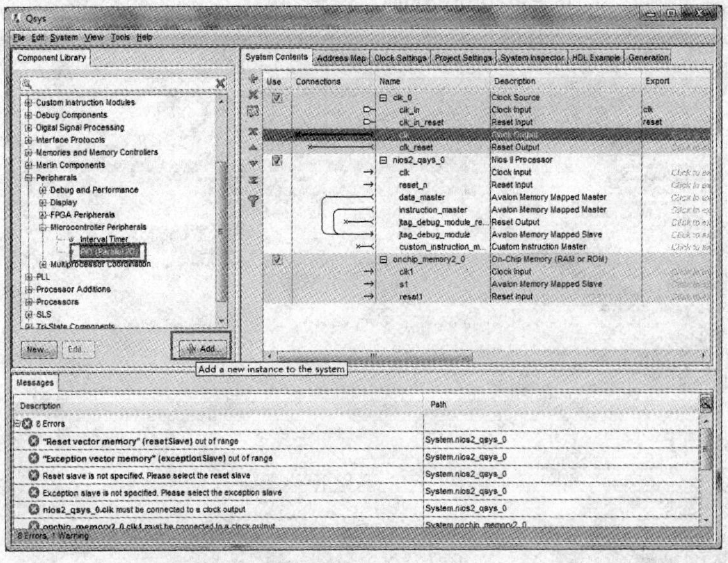

图 4.11　添加 Parallel I/O

(11)下一步,将这些器件手动连起来。处理器要访问其他器件,是通过地址总线寻址的,同时也是通过数据总线传递数据的。这里需要手动把它们连接起来。同时,这些器件都有一个同步时钟信号,需要把 clk 和 reset 信号都与 clk_in 模块里的 clk 和 clk_reset 信号相连。连接完成后显示如图 4.13 所示界面。

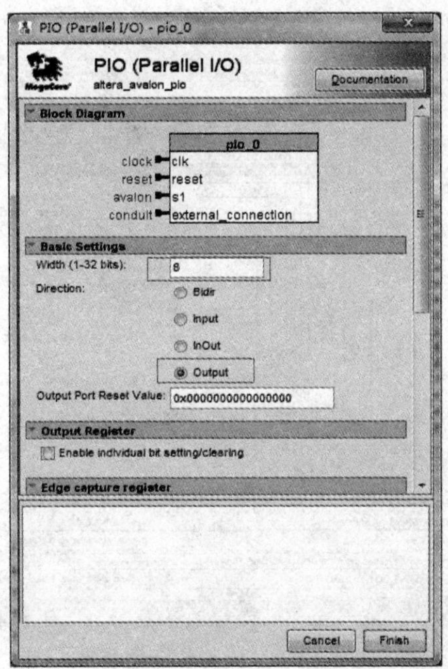

图 4.12　设置 Parallel I/O

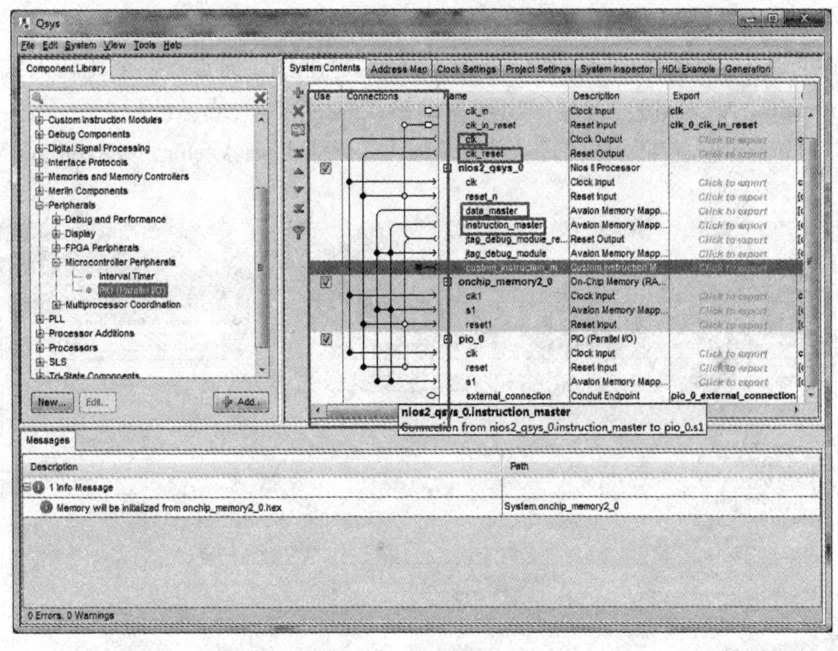

图 4.13　连接所选器件

(12)器件加完后,特别是存储器也加完并且接入总线后,信息框中会显示一系列错误,如图 4.14 所示。接下来,开始消除其中一些错误。首先分析前两个错误,它的意思是 reset 和 exception 对应的矢量存储器超限。同时,它对应的是 system_nios2_qsys_0 模块,即处理器模块出错。

为此,双击处理器模块,在弹出的 Nios II 处理器属性对话框中,滚动下拉条,找到 Reset Vector 和 Exception Vector 位置,从下拉列表中选择对应的存储器为片上存储器。只有在加了

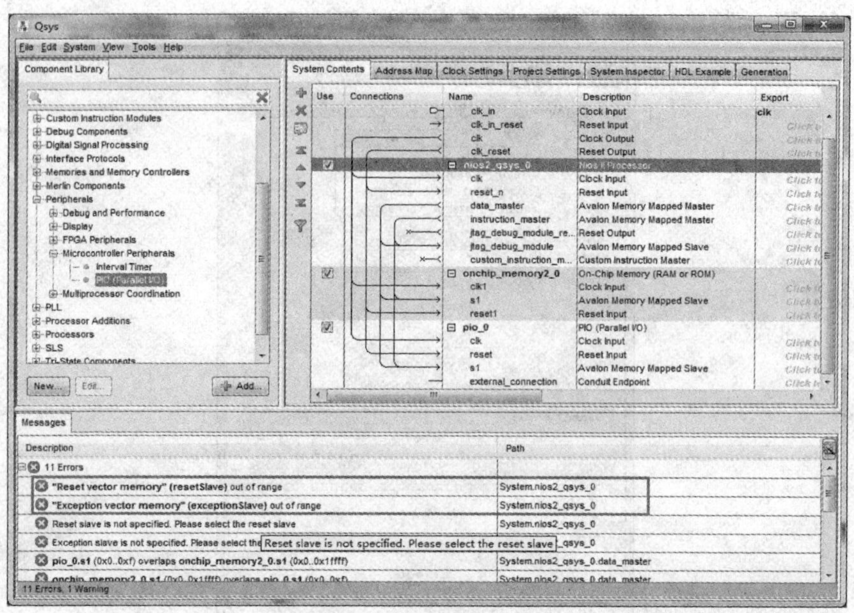

图 4.14　二极管的开关电路

存储器且存储器连进总线，下拉列表中才会出现该选项（见步骤(11)）。这里涉及一个概念，回顾一下 ARM，DSP 这样的芯片，有开发经验的人知道，程序是放在存储器里的，当芯片上电的时候，程序将从 reset 地址对应的存储器位置开始执行程序（通常是一个跳转汇编指令，jump 到 C 语言的 main 函数入口）。当程序出现异常错误（如除以 0，或寻址到一个不存在的存储器地址），则跳到 exception 位置（程序跑飞啦）。图 4.15 为 Reset Vector 和 Exception Vector 的存储器设置。

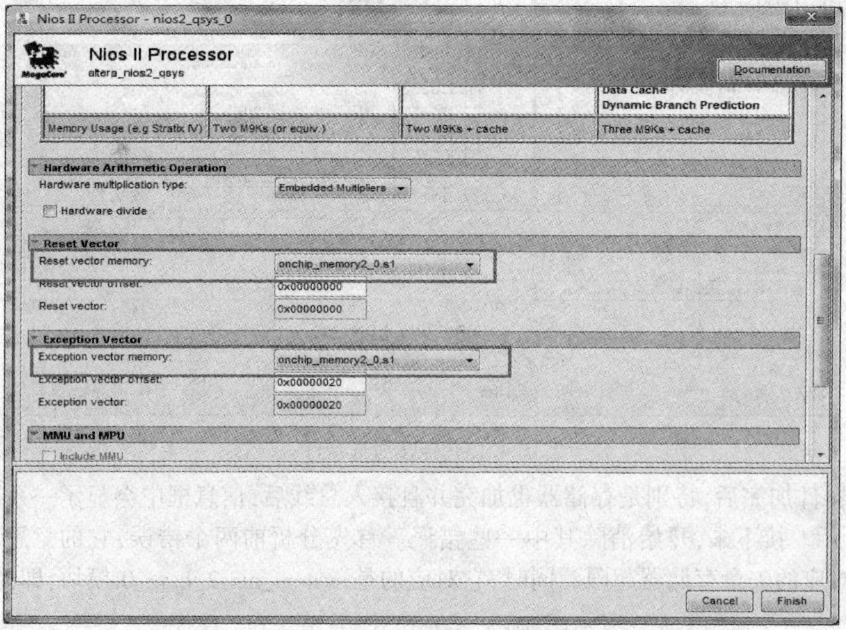

图 4.15　Reset Vector 和 Exception Vector 的存储器设置

（13）然后可以看到，还是有很多错误，如图 4.16 所示。很多错误都是关于芯片地址 overlap（重叠）了，这是因为所有的模块默认地址相同。还没有给各个模块分配过地址！采用自动分配地址功能即可，方法是选择“System”菜单中的“Assign Base Address：配置基地址”，操作显示界面如图 4.17 所示。

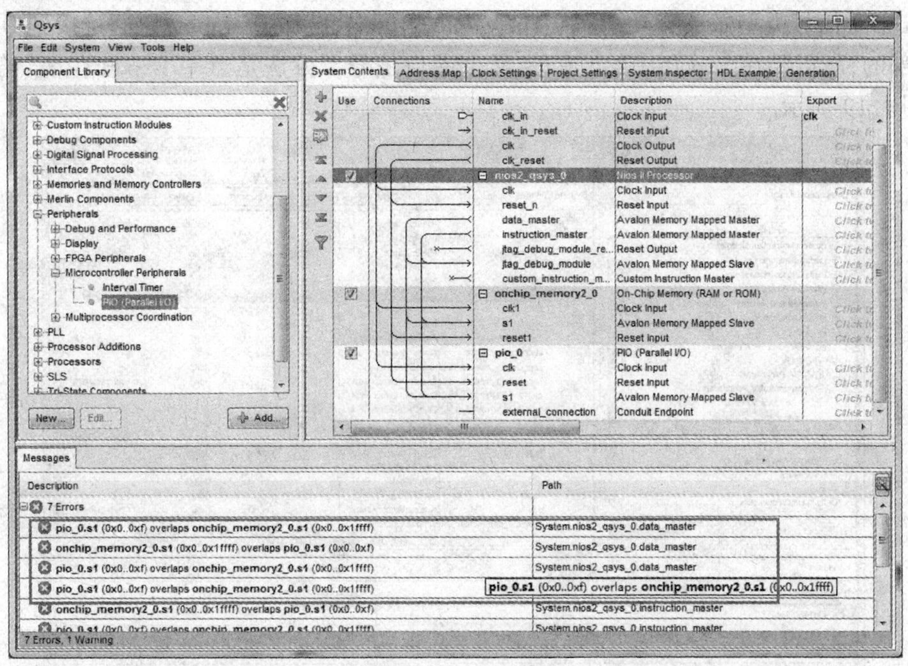

图 4.16　错误信息

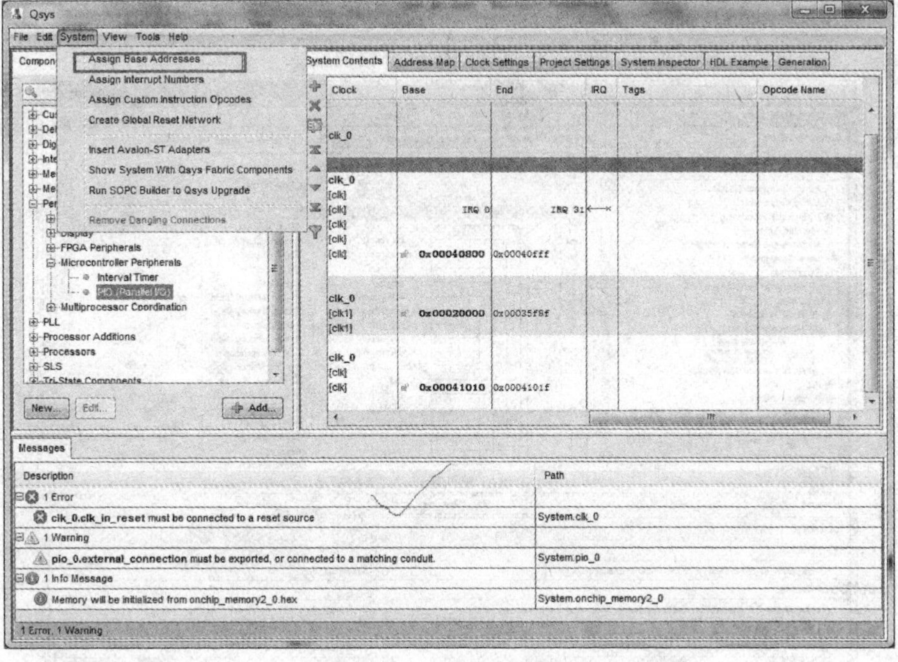

图 4.17　配置基地址

如果对计算机硬件系统有所了解的话,每个设备被系统分配了一个地址段(地址空间),都有起始地址和终止地址。Nios II 会根据模块不同,自动设置每个外设的地址空间,所以,只需要设置每个模块的基地址(起始地址)就可以了。设置完后发现错误消失了好多。

(14)接下来,还剩下的一个错误意思是 Reset 必须接到 Reset 源。注意到 clk 模块、description 中对信号类型做了定义,有 2 个信号 Clock Input 和 Reset Input,它们是接到 Qsys 系统模块外部的,所以要在 Export 中给它们定义个端口信号。方法是点中 Export 位置,给信号命名,如图 4.19 所示。

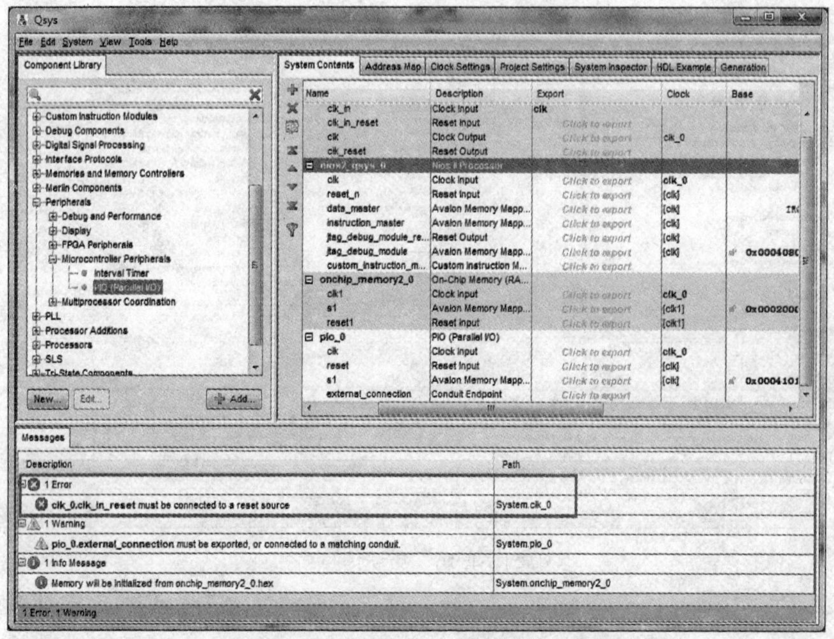

图 4.18　时钟 Reset 源错误信息

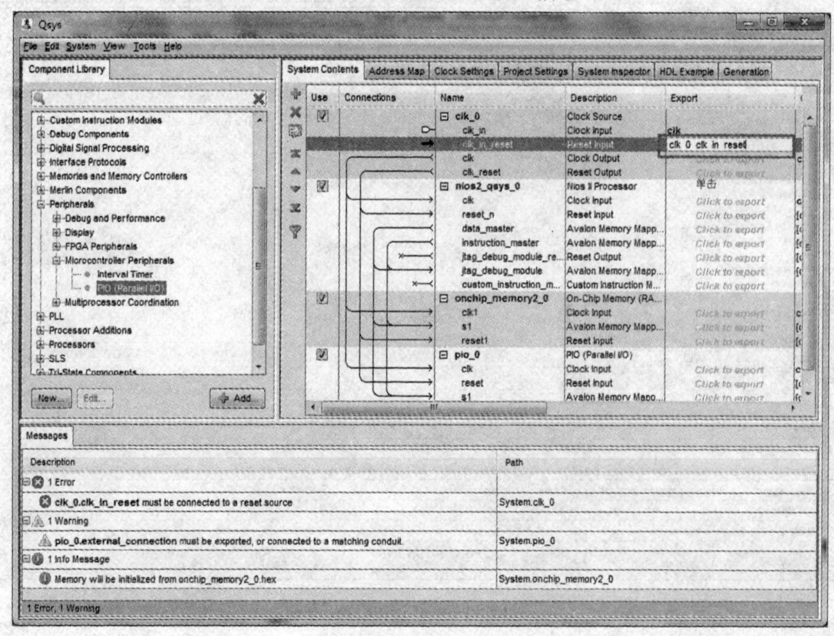

图 4.19　设置时钟 Reset 源

(15)接下来,图 4.20 会显示还有些 warning,提示 pio_0 模块外部端子没接到外面,原理和上面的 clock 信号一样(那为什么一个是 error,一个是 warning 呢？因为 clk 是必须的,而 pio 对系统能否跑起来不是必须的),修改方法一样,如图 4.21 所示,点中对应 Export 位置,给端口信号命名。

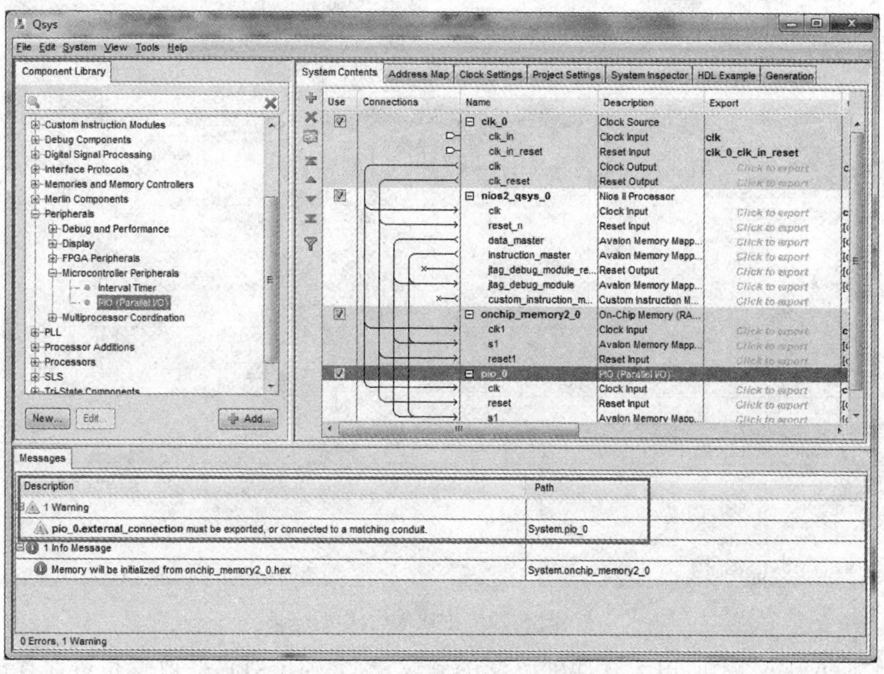

图 4.20　警告消息界面

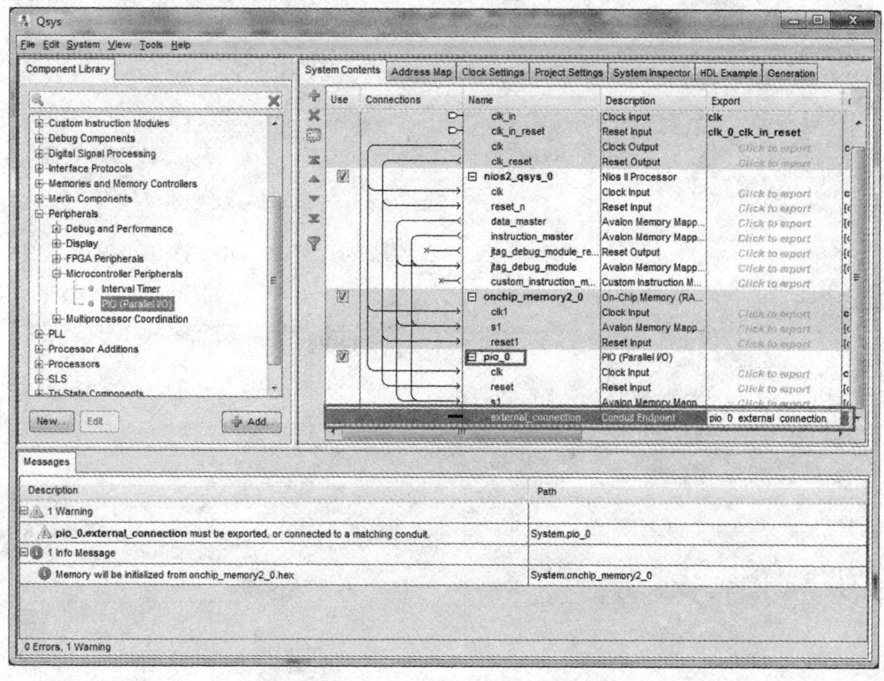

图 4.21　定义 pio_0 模块外部端子

(16)没有错误,也没有警告后,可以生成最后的模块。点中最后一个标签,选择 Generate,操作如图4.22 所示。不要着急,注意看看文件的位置等信息,理解一下这个界面配置内容信息。

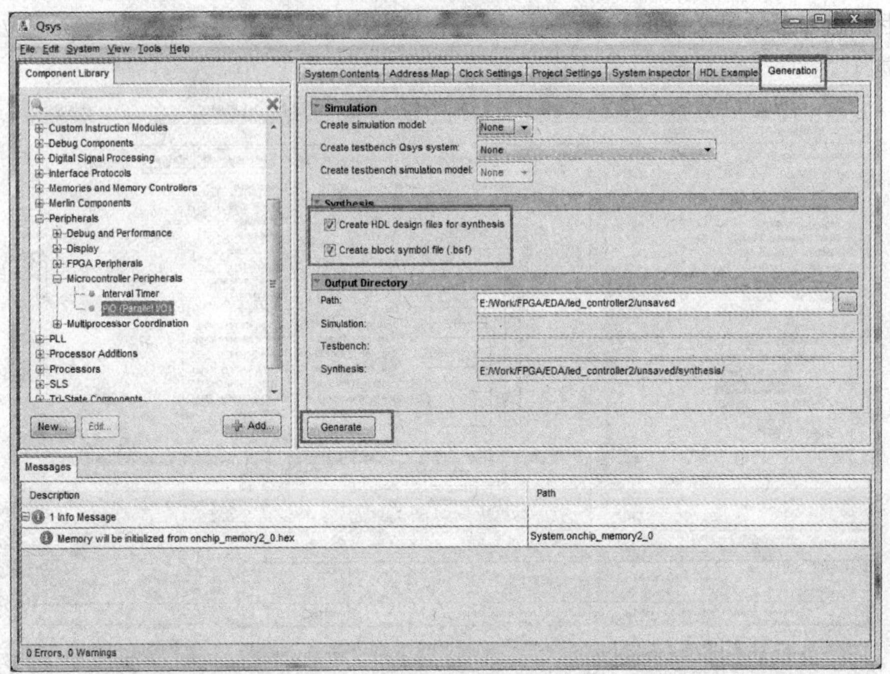

图 4.22　生成最后模块

点击“Generate”按钮,由于在此处改变部分设置,会弹出对这些改变是否保存的提示界面,如图 4.23 所示,点击“save”按钮。至此,会看到模块生成的详细描述信息,会弹出如图 4.24所示的提示界面。

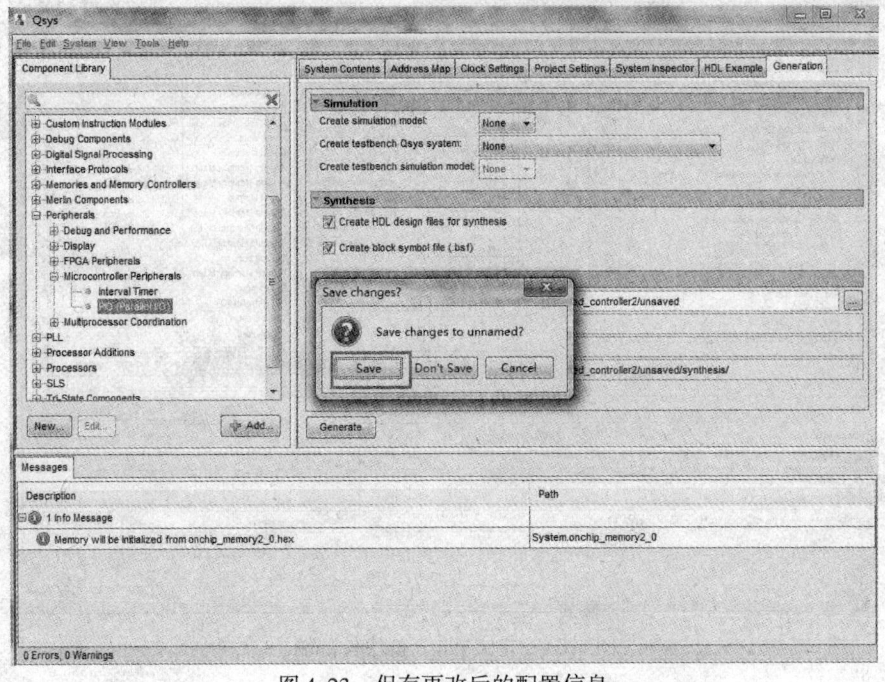

图 4.23　保存更改后的配置信息

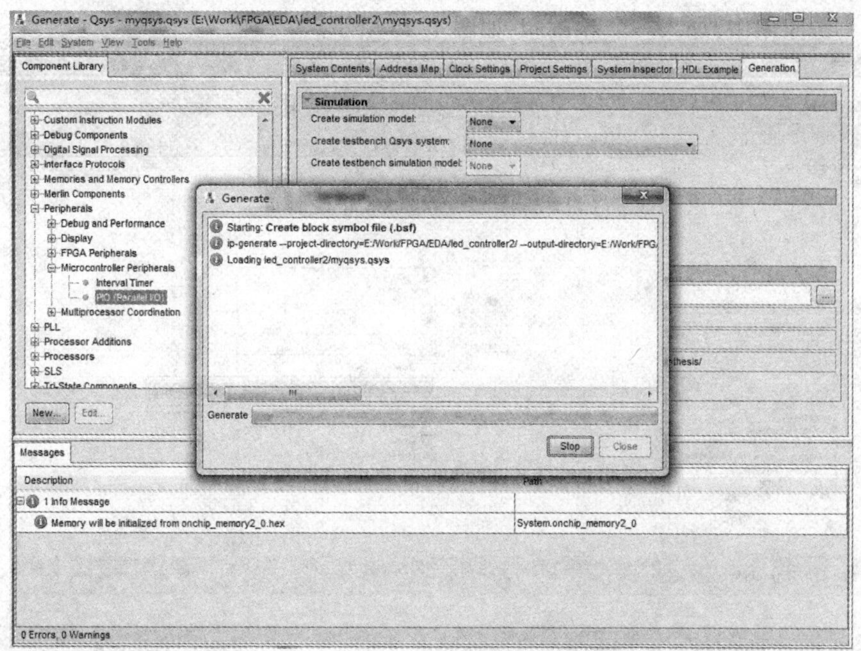

图 4.24 模块生成过程的描述信息界面

至此,新建了一个模块,并且 Generate 获得了它的描述文件。默认情况下这个模块的描述文件会自动添加到工程文件中。之后就可以像调用普通模块一样调用它了,例如在 Verilog 中使用实例化语句。

(17)接下来,再提供一种不同于 Verilog 描述电路的方法——原理图方式。这种方式通过电路模块及连线也能描述一个电路。Quartus II 中新建原理图文件如图 4.25 所示。

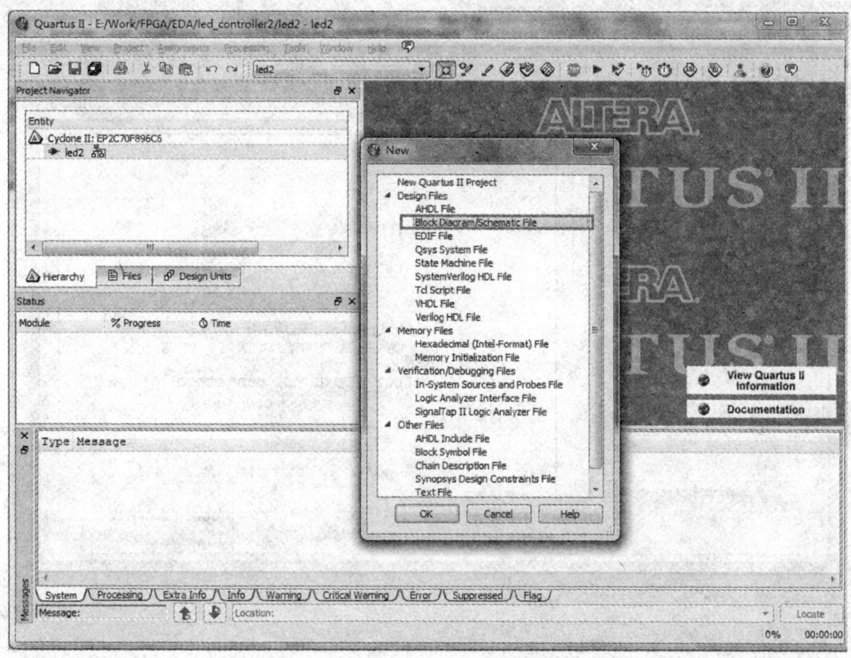

图 4.25 QuartusII 中新建原理图文件

(18)右键菜单中,加入一个Symbol,如图4.26所示。

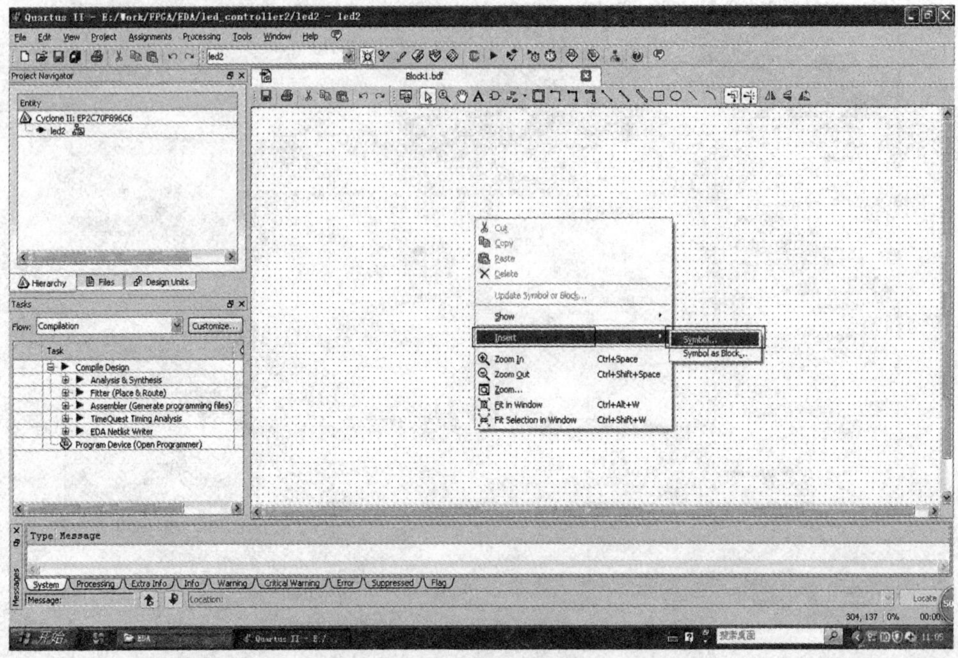

图4.26　在原理图中加入Symbol

(19)从工程的库中可以发现之前建好的模块,如图4.27所示,将该模块加进来。在图4.28中,可以看到加入模块的端口和在Qsys中设置的完全一样。

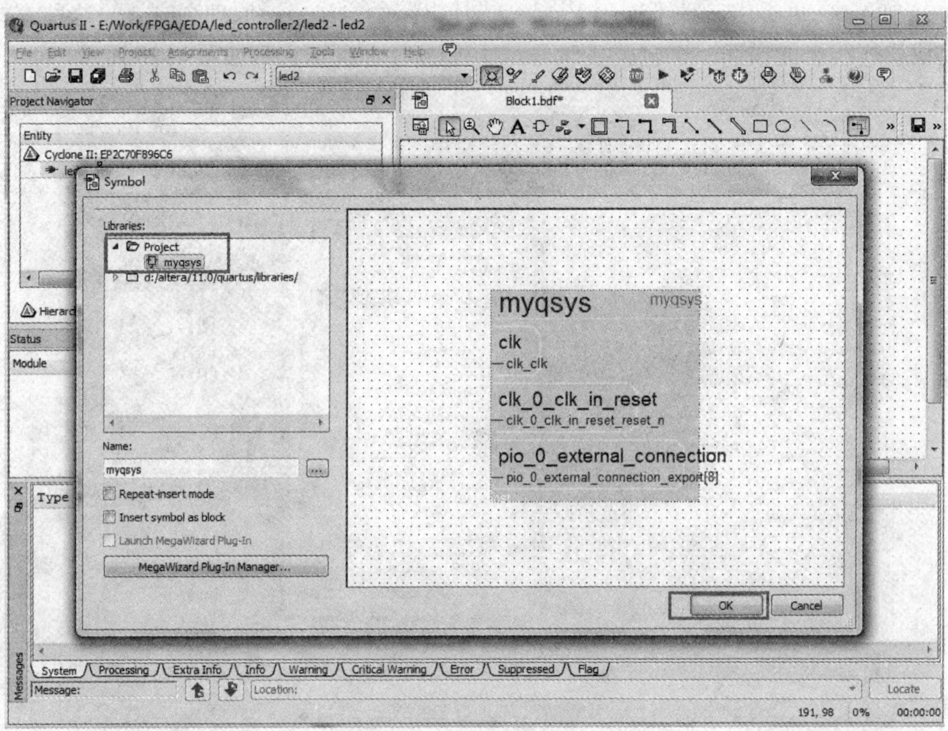

图4.27　选择建好的模块

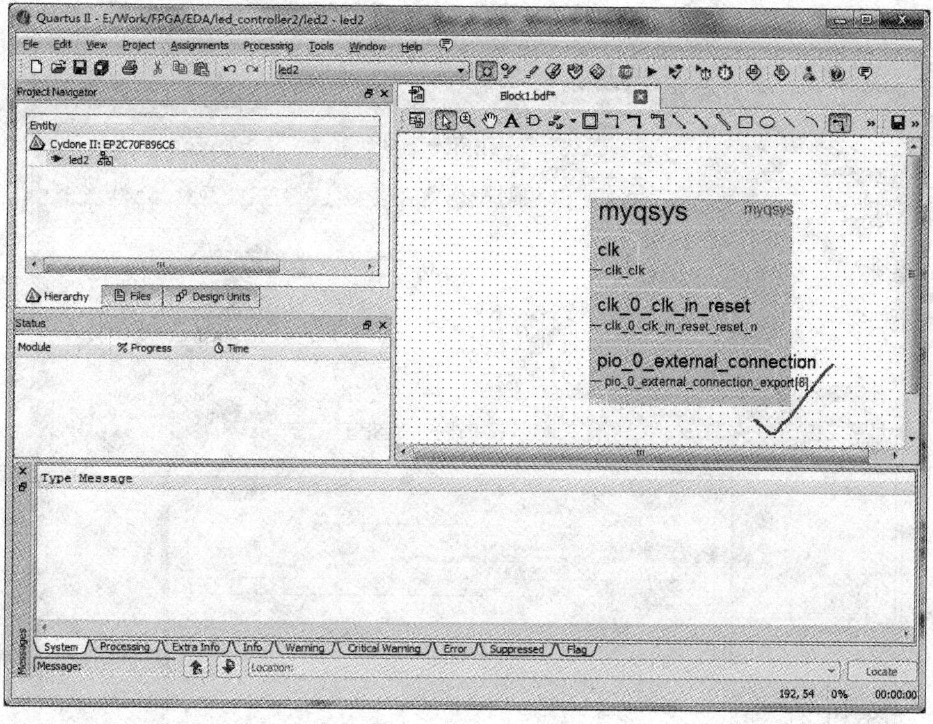

图 4.28　加入模块

(20)继续使用右键菜单中的 import,加入 input 和 output 端子,它们是一些基本单元,可以在如图 4.29 所示界面中目录下找到。

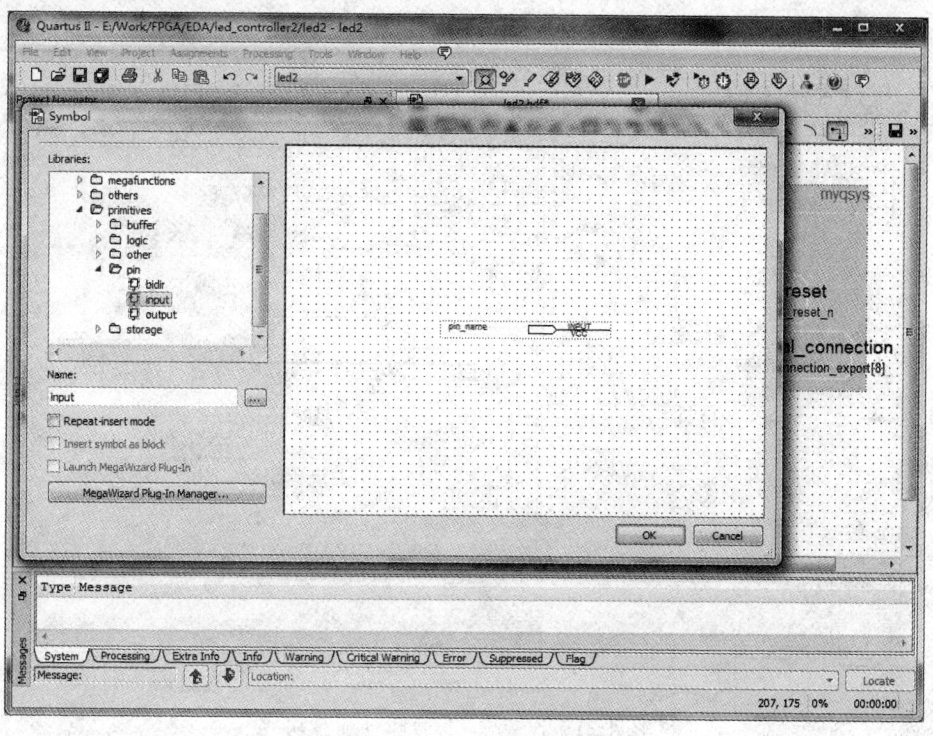

图 4.29　加入 input 和 output 端子

output 端子修改为 LED[7..0],注意,是“7..0”,两个点,而不是 7:0,如图 4.30 所示。这里描述 8 位信号和 Verilog 中描述的不一样。

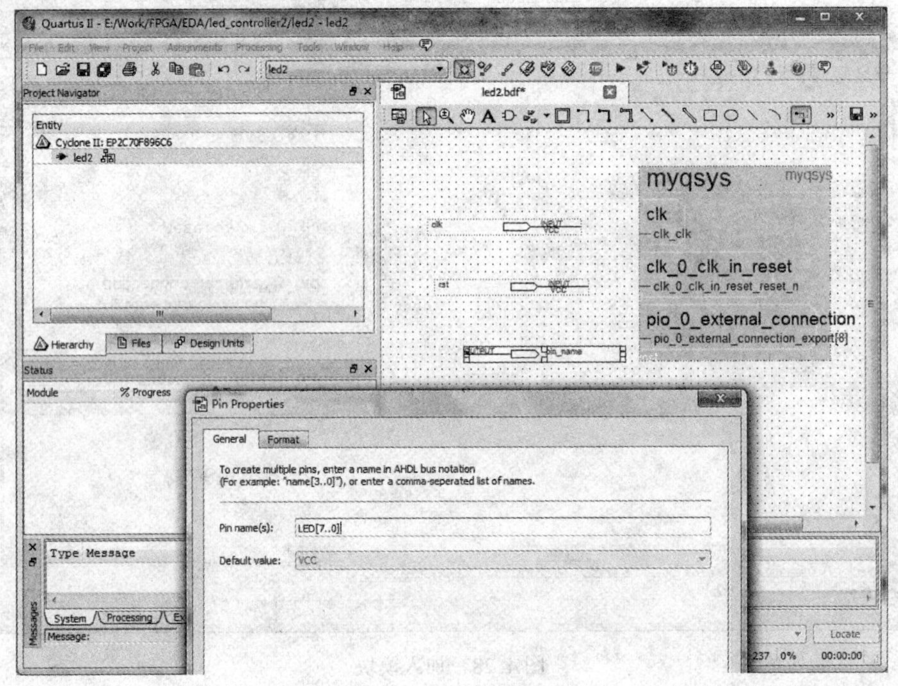

图 4.30　修改 output 端子 Pin name(s)

(21)把端口信号和 Qsys 模块连起来。注意连接多位信号需要用 bus 连线方式,这一点与连接 1 位信号不同。

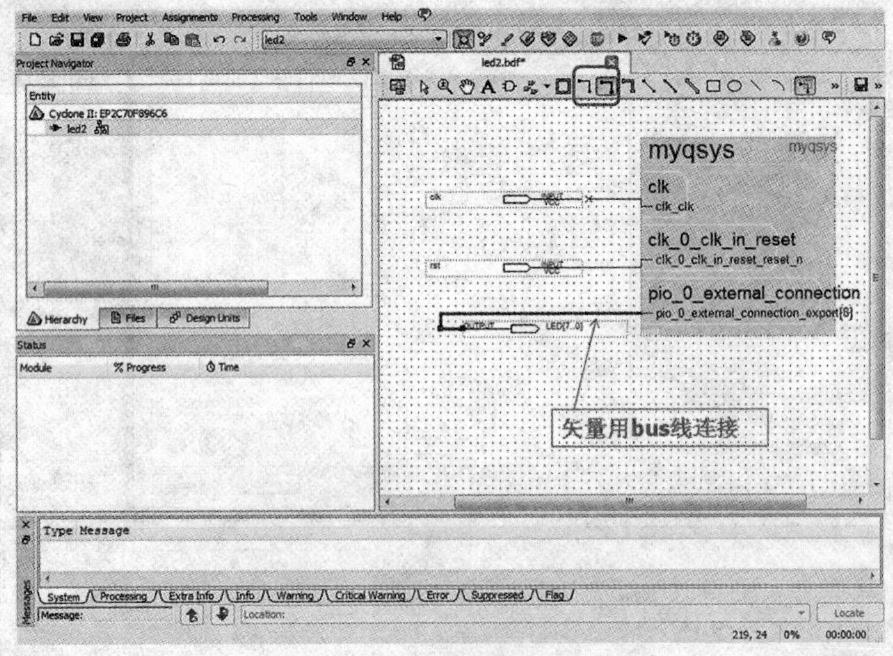

图 4.31　连接端口信号和 Qsys 模块

(22)注意标识符的命名。由于原理图相当于一个电路模块,如果作为顶层模块,注意和工程里的设置名保持一致。另外,Qsys 模块的名称不要与顶层模块同名。具体设置如图 4.32 所示。

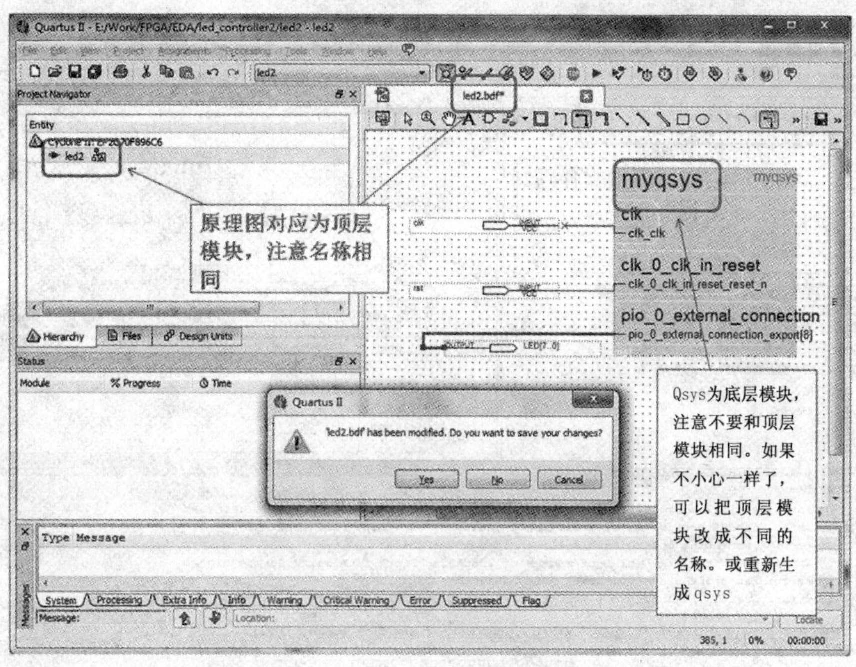

图 4.32　标识符与模块命名

(23)综合。直接综合将产生错误,错误提示没有找到对应的 Qsys 模块,如图 4.33 所示。原来,Qsys 里 Generate 的模块描述文件并没有添加到工程中来。

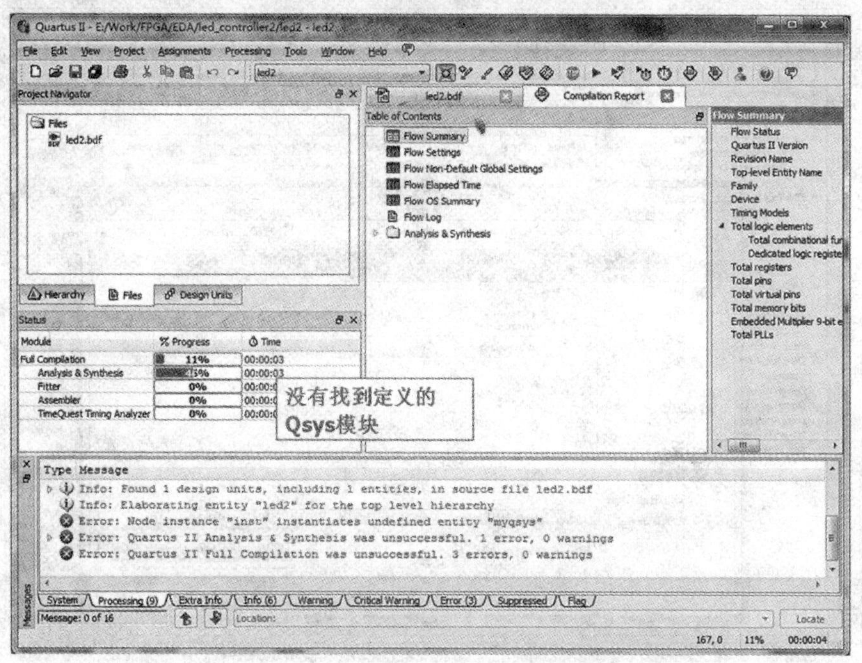

图 4.33　直接综合产生错误信息

(24)添加模块描述文件。点击右键,显示如图 4.34 所示界面。这次加的是.v 文件和.qip文件(Quartus 的 ip)。注意选择文件类型,加.qip 文件时选择.qip 格式,过程如图 4.35 和图4.36所示。添加.v 文件时选择.v 格式,方法相同。

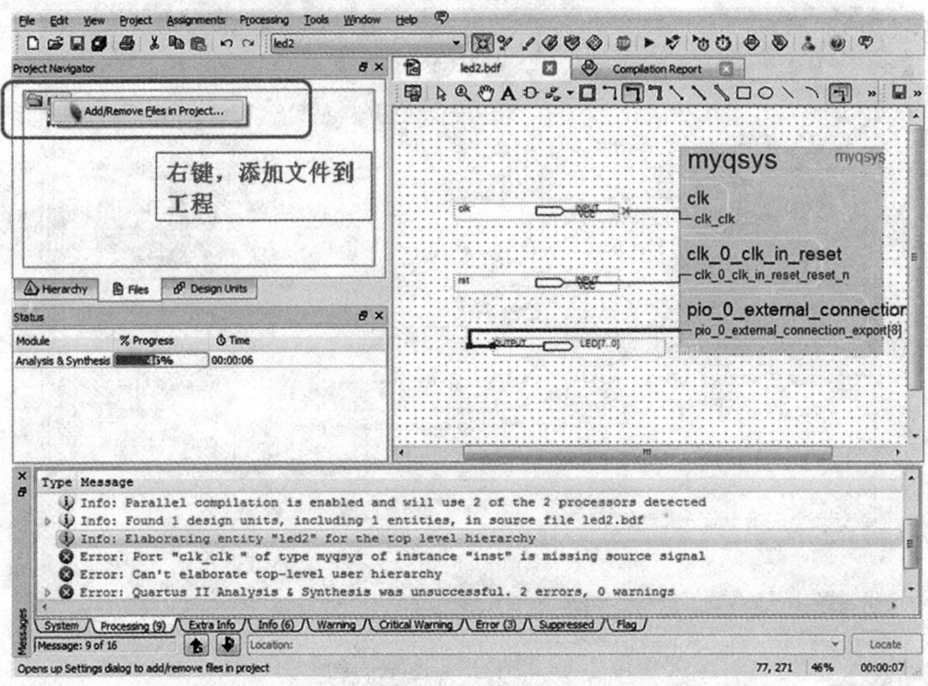

图 4.34　添加移除文件到工程界面

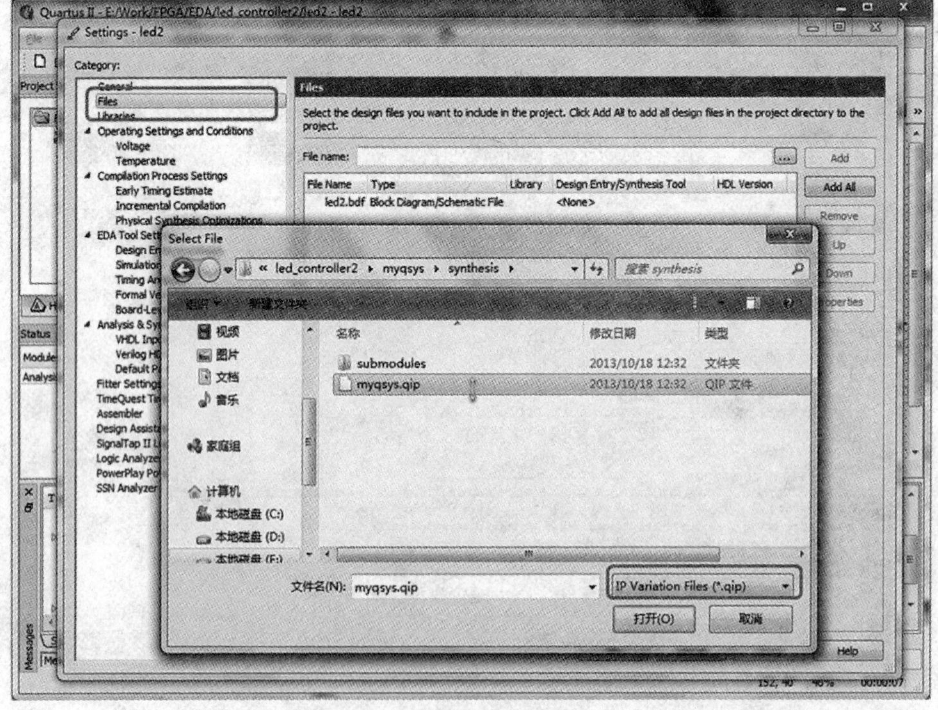

图 4.35　添加.qip 文件

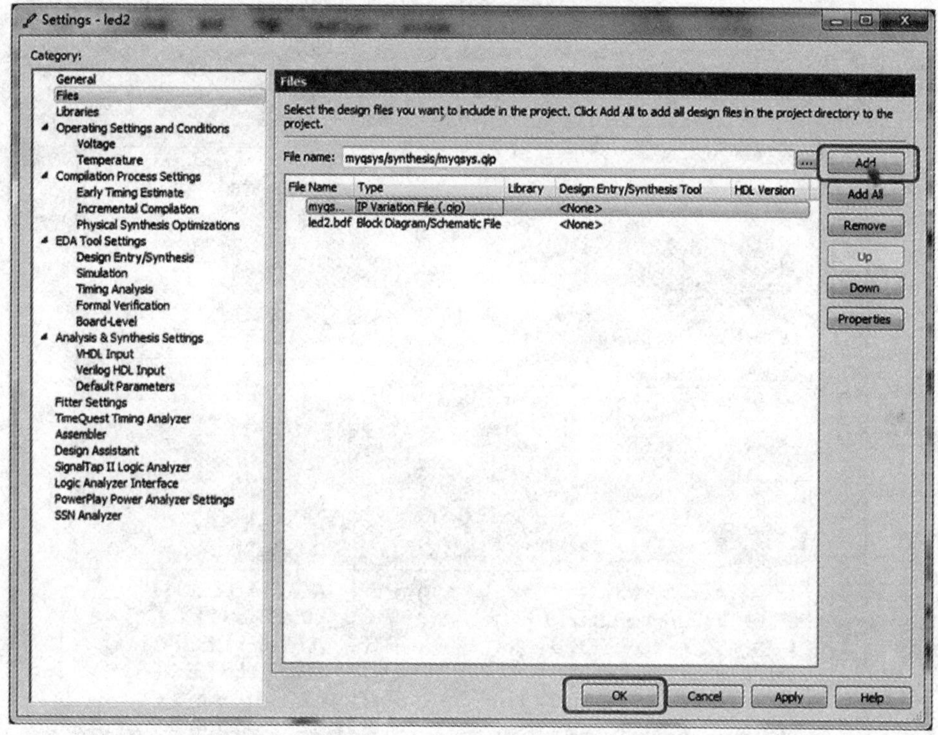

图 4.36　确认添加

(25)再次综合,没有错误,如图 4.37 所示。

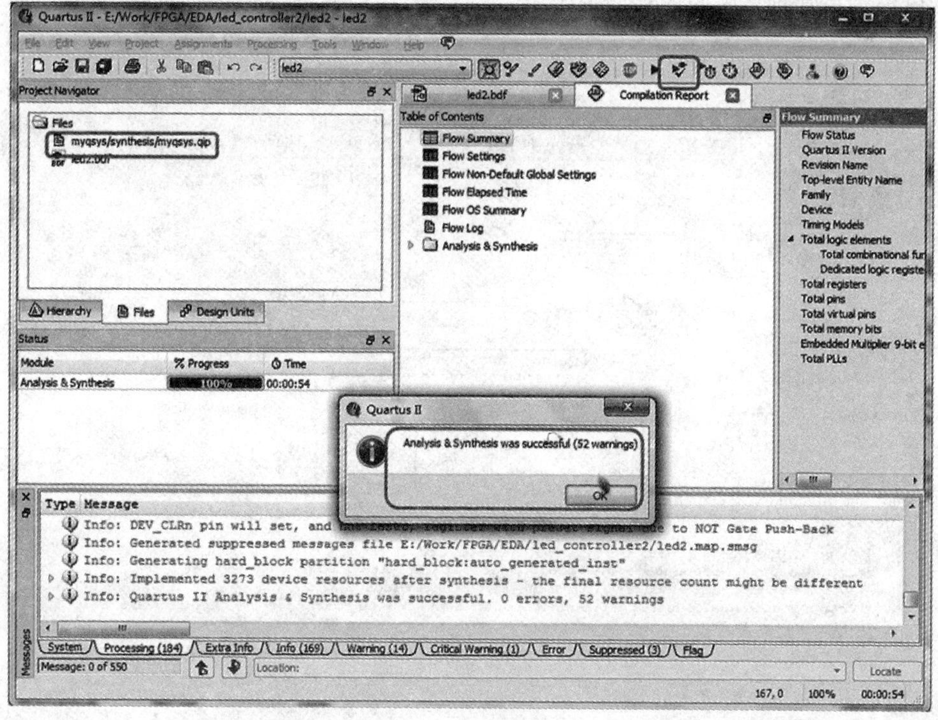

图 4.37　综合成功

(26)配置管脚。包括配置时钟、复位键以及 8 个 LED 等,配置如图 4.38 所示。

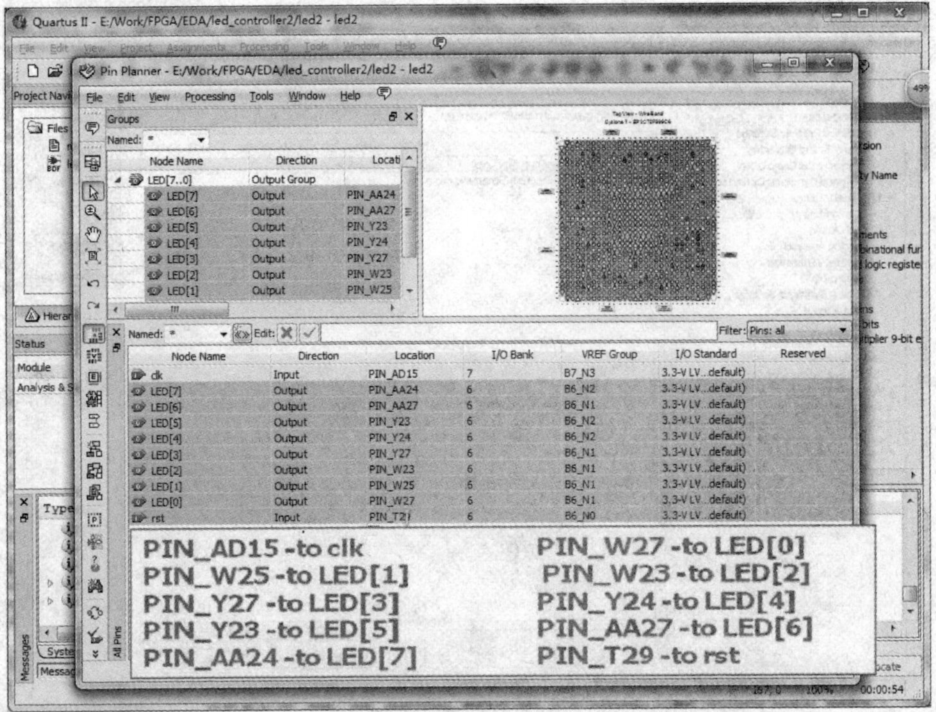

图 4.38　配置管脚信息

(27)设置完管脚之后的效果如图 4.39 所示。

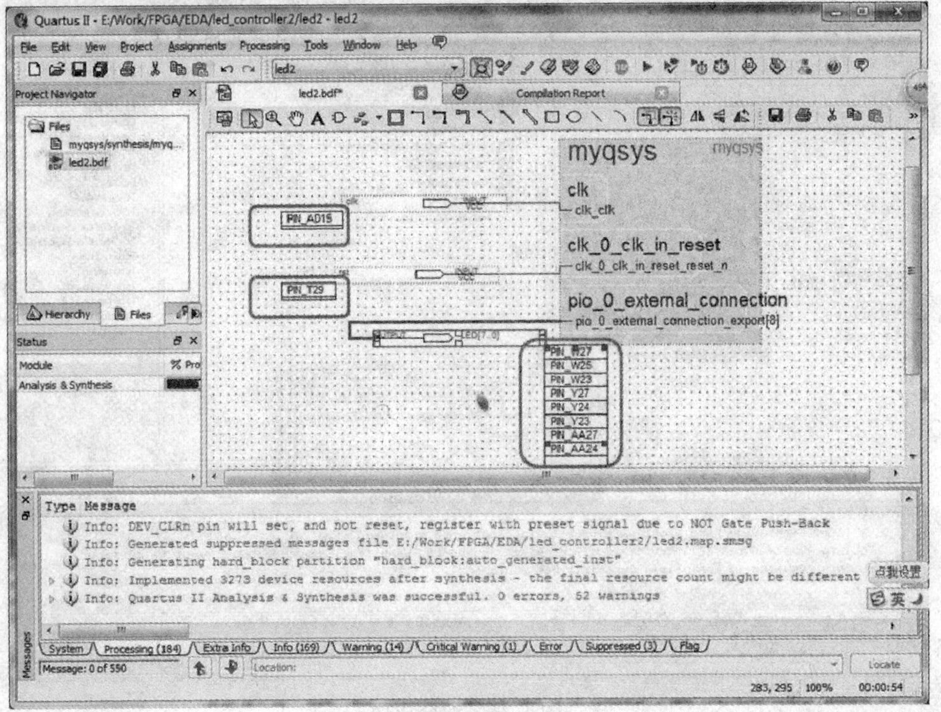

图 4.39　管脚配置完成

(28)编译。点击菜单选择编译功能或者直接点击工具栏上的按钮,如图 4.40 所示。编译过程中,可以观看编译状态信息,如图 4.41 所示。编译完成后,会生成对应于不同下载模式的下载文件,如图 4.42 所示。其中,后缀为. sof 的文件为 JTAG 模式下载文件,后缀名为 pof 的文件为 AS 模式下载文件。

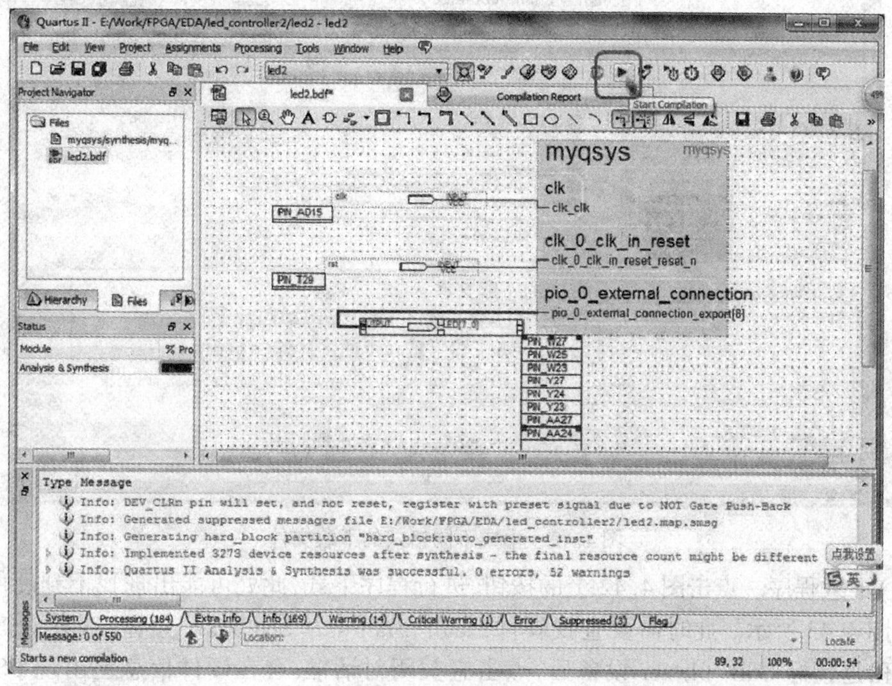

图 4.40　进行编译选择

图 4.41　观看编译状态

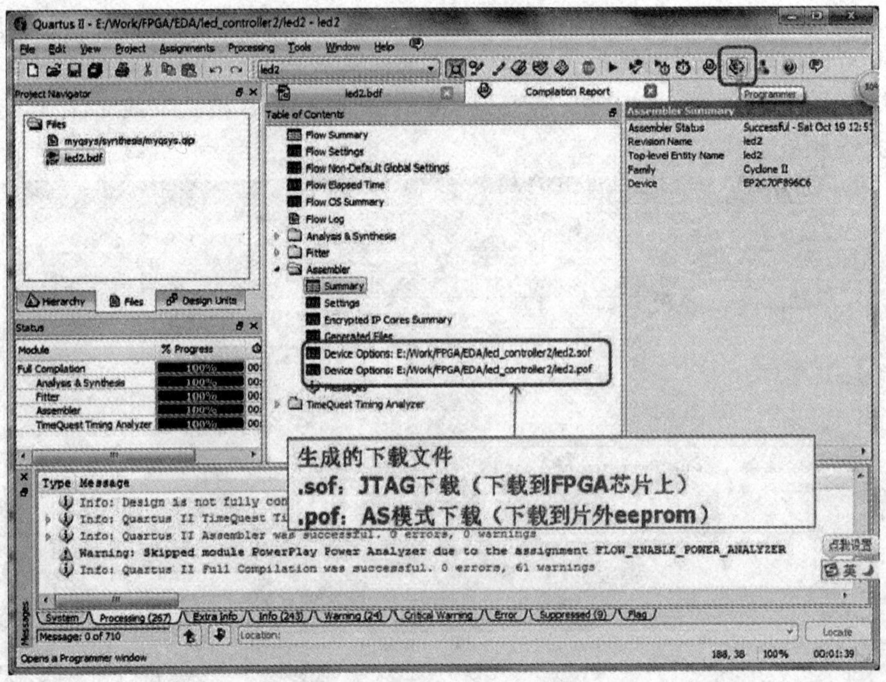

图 4.42　生成不同格式的下载文件

(29)下载程序。点击图 4.42 上的按钮,进行程序下载,此处可能出现找不到硬件的提示信息,如图 4.43 所示。此时需要查找硬件,点击“Hardware Setup...”按钮,查看 USB 设备是否连接好,连接好 USB-Blaster 设备后,点击它关闭对话框,会在硬件信息上出现 USB 设备。界面显示如图 4.44 所示。

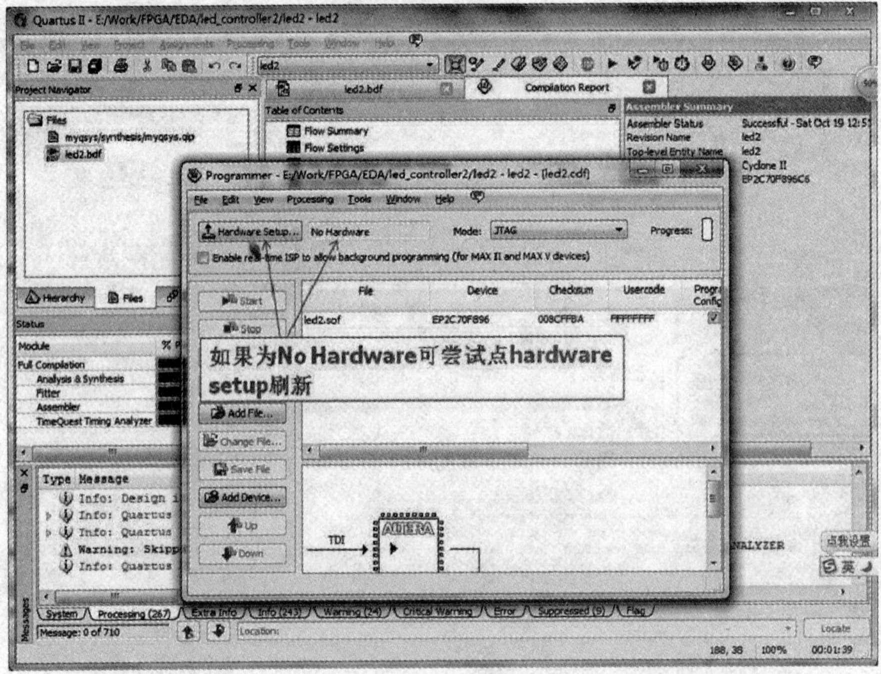

图 4.43　下载中硬件找不到

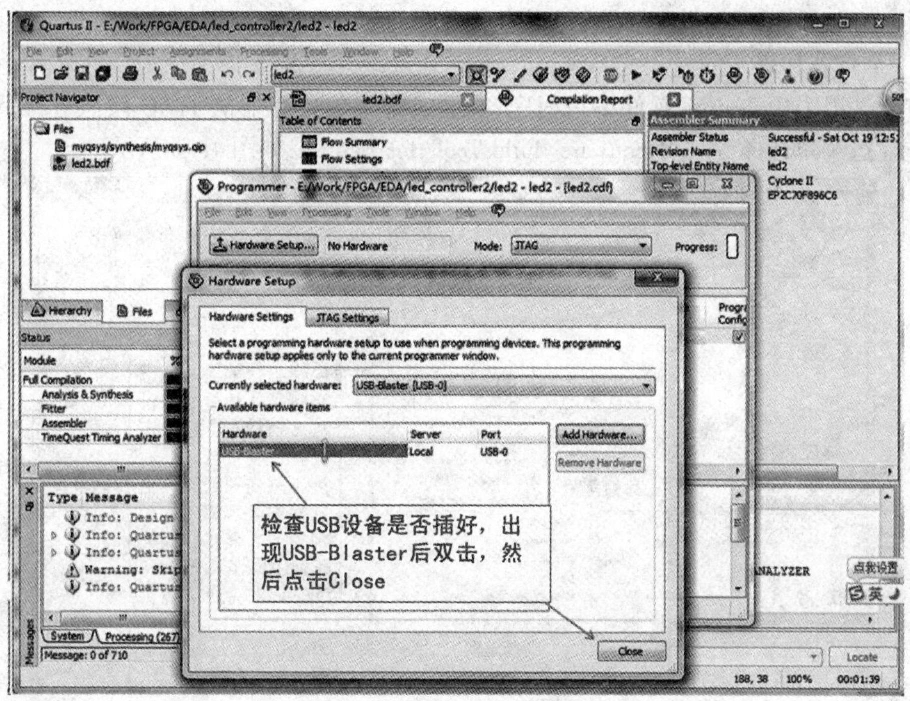

图 4.44　选择硬件 USB-Blaster

选择硬件成功后，点击界面上的“Start”按钮，进行程序下载，“Progress”处会显示程序下载进度，如图 4.45 所示，下载完成会提示成功信息。

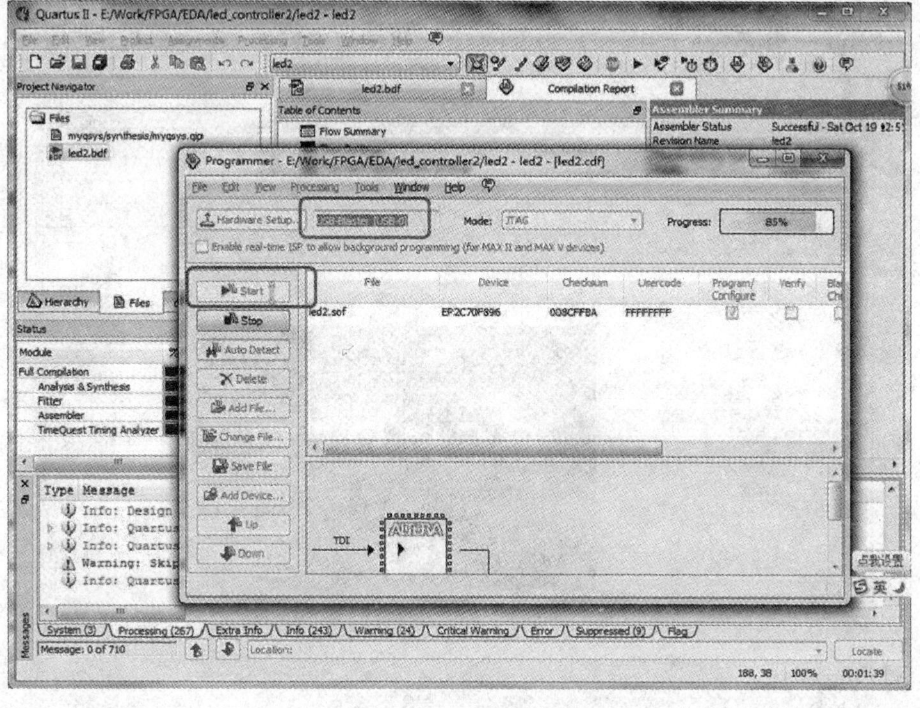

图 4.45　开始程序下载

(30)下载完程序,电路板状态没有任何变化,好像没有运行一样。这是因为只是把 FPGA 编程了一个带各种资源的嵌入式系统,像 ARM/DSP 芯片一样。接下来需要往芯片里下载可执行程序,这里采用 Eclipse 软件编写程序,并通过配置的处理器的 JTAG 接口进行下载和调试,首先通过菜单选择 Nios Ⅱ Software Build Tools for Eclipse,如图 4.46 所示。

图 4.46　选择菜单 Nios Ⅱ Software Build Tools for Eclipse

(31)Eclipse,相信不少人用过,Ti 最新的 CCS 软件与之同源,启动 Eclipse 界面如图 4.47 所示。

图 4.47　启动 Eclipse 软件

(32)在Eclipse中,首先选择工作路径,弹出如图4.48所示的界面。

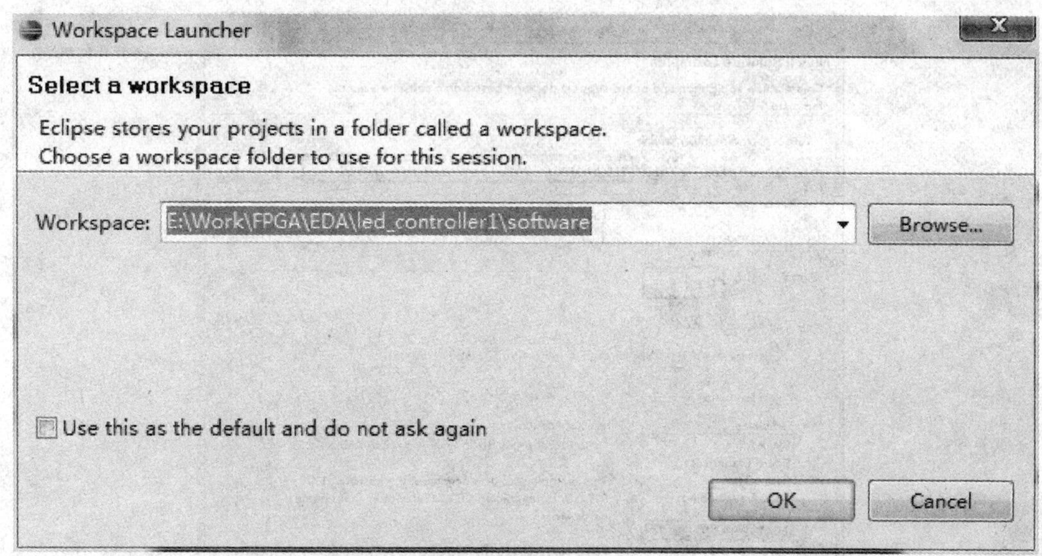

图4.48 在Eclipse中选择工作路径

(33)新建应用程序,选择基于Nios II应用及BSP模板进行开发,操作界面如图4.49所示。

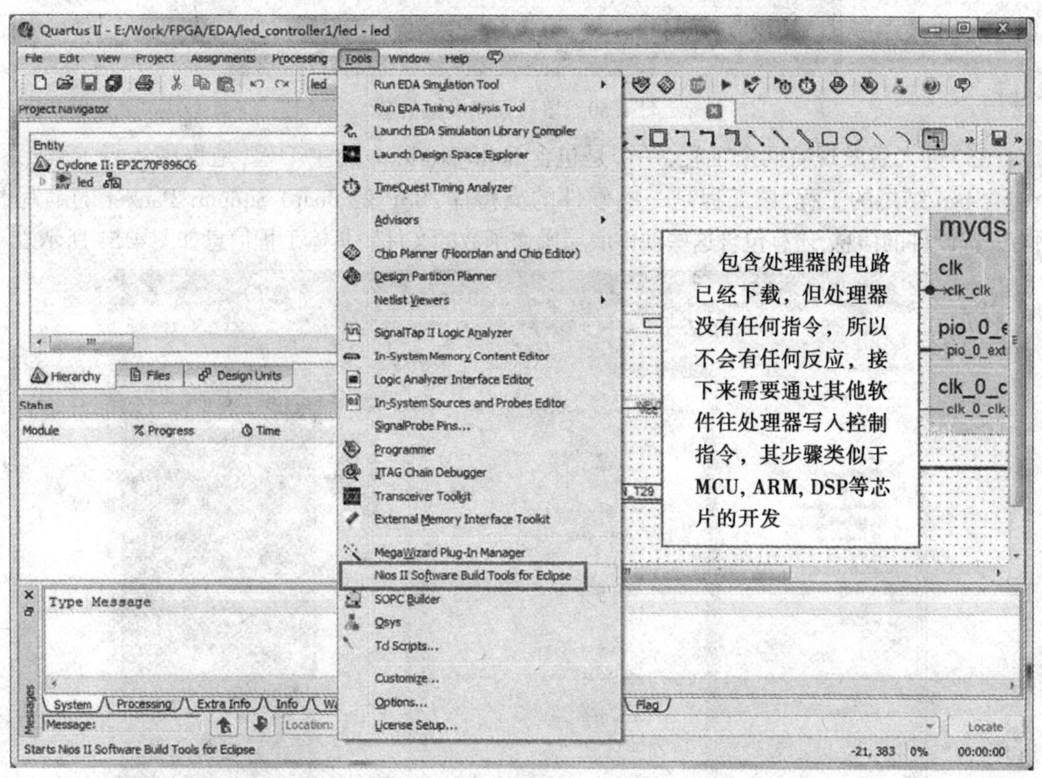

图4.49 新建应用程序

(34)为程序模板填写必要信息。首先选择SOPC信息文件名,开发ARM或者DSP都会选择芯片,不同芯片的外设资源是不同的,道理类似,CPU芯片名称选择nios2_qsys_0,最后设置工程名称和选择具体模板,如图 4.50 所示。

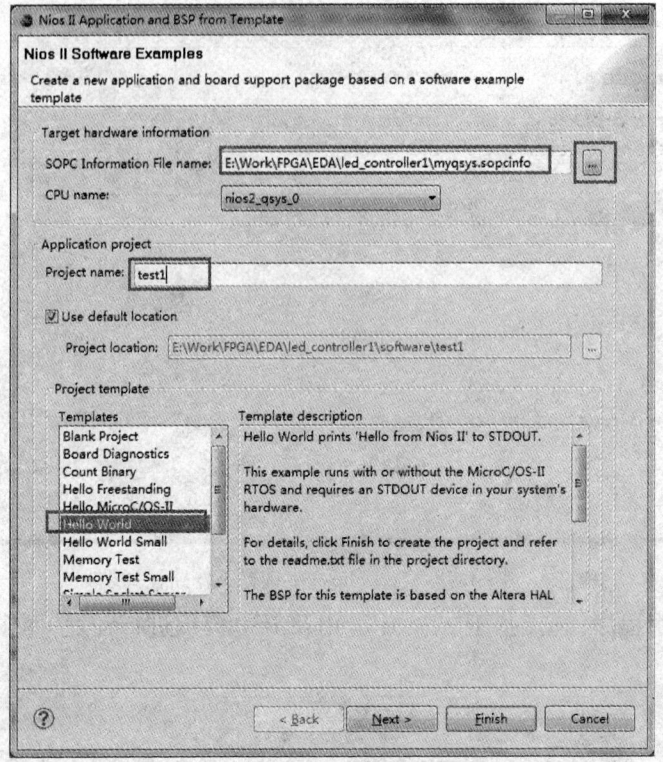

图 4.50　填写程序模板信息

(35)进入后发现有两个工程,一个是包含 hello_world. c 的主工程,是程序运行工程;另一个包含 bsp 结尾的工程,该工程是一些硬件的支持库,BSP 是 Board Support Packet 的缩写,里面有一些硬件的信息,还有包含这些硬件底层操作函数的文件。具体工程信息如图 4.51 所示。

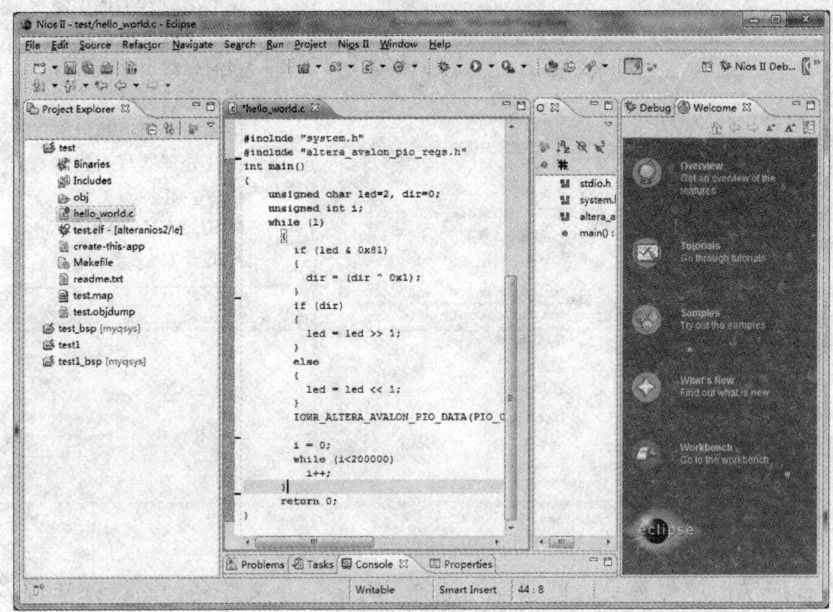

图 4.51　Eclipse 工程文件

输入程序代码,实现流水灯操作。不难看懂,其中,“IOWR_ALTERA_AVALON_PIO _DATA”函数在“altera_avalon_pio_regs. h”中有定义。

```
#include "system.h"
#include "altera_avalon_pio_regs.h"
int main( )
{
unsigned char led=2, dir=0;
unsigned int i;
while (1)
  {
    if (led & 0x81)
    {
      dir = (dir ^ 0x1);
    }
    if (dir)
    {
      led = led >> 1;
    }
    else
    {
      led = led << 1;
    }
    IOWR_ALTERA_AVALON_PIO_DATA(PIO_0_BASE, led);
    i = 0;
    while (i<200000)
      i++;
  }
  return 0;
}
```

(36)编译工程,鼠标右键点击项目,弹出如图 4.52 所示的菜单,选择“Build Project”进行工程编译。

编译完成后,会显示提示信息,如图 4.53 所示。这里指用了多少存储单元。如果有错误,并且说存储器不够,请在 Qsys 中配置更多的存储器。

(37)调试或下载。选中工程,在右键菜单中找到对应“Debug As”选项,如图 4.54 所示。

(38)调试配置。新建配置,如图 4.55 所示,注意最上面的提示,说没有找到 Nios II,请确认板子连接好了,并且下载好了硬件程序。原理是:下载程序后,Qsys 处理器的 JTAG 模块就有了,Eclipse 正是通过 JTAG 模块与 FPGA 中的处理器交互。

(39)检查连接。鼠标点击“Target Connection”标签页面,在“Connections”下方会显示连接信息,并配置下方的“System ID Checks”,如图 4.56 所示。如果 USB 连接正常,但没有显示连

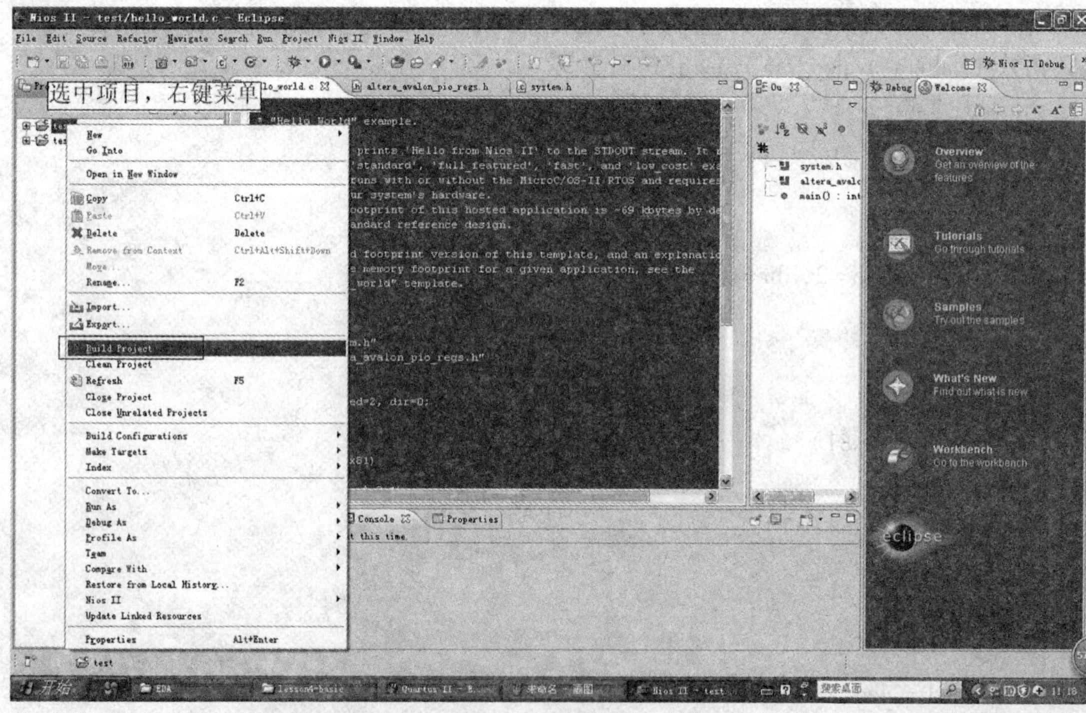

图4.52　编译工程

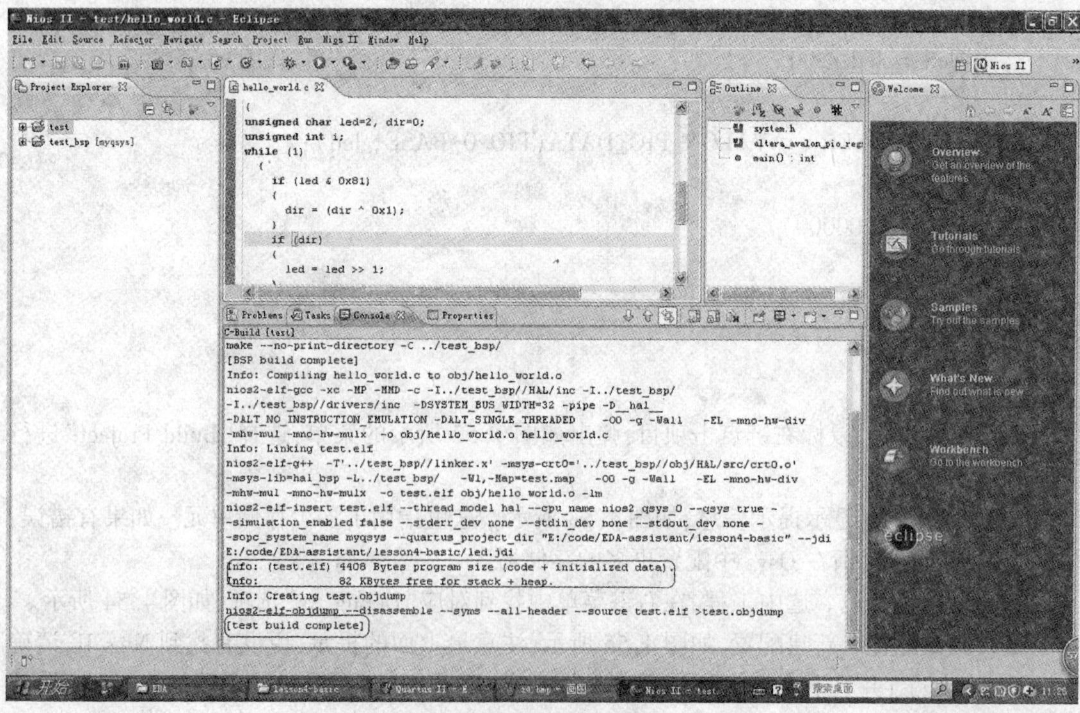

图4.53　编译提示信息

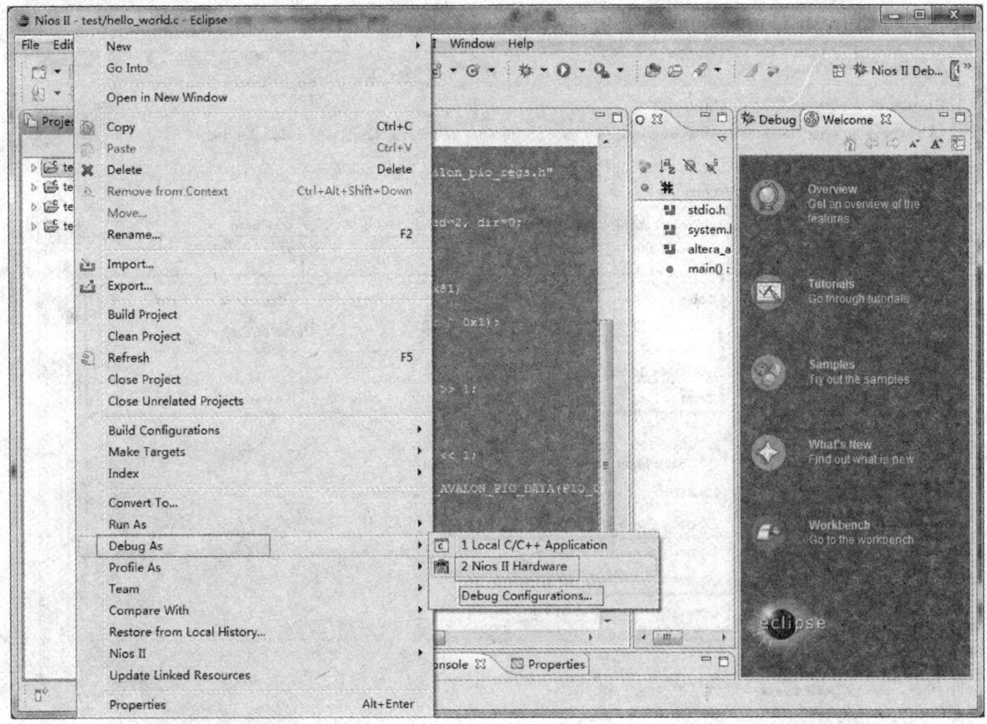

图 4.54 进行程序调试

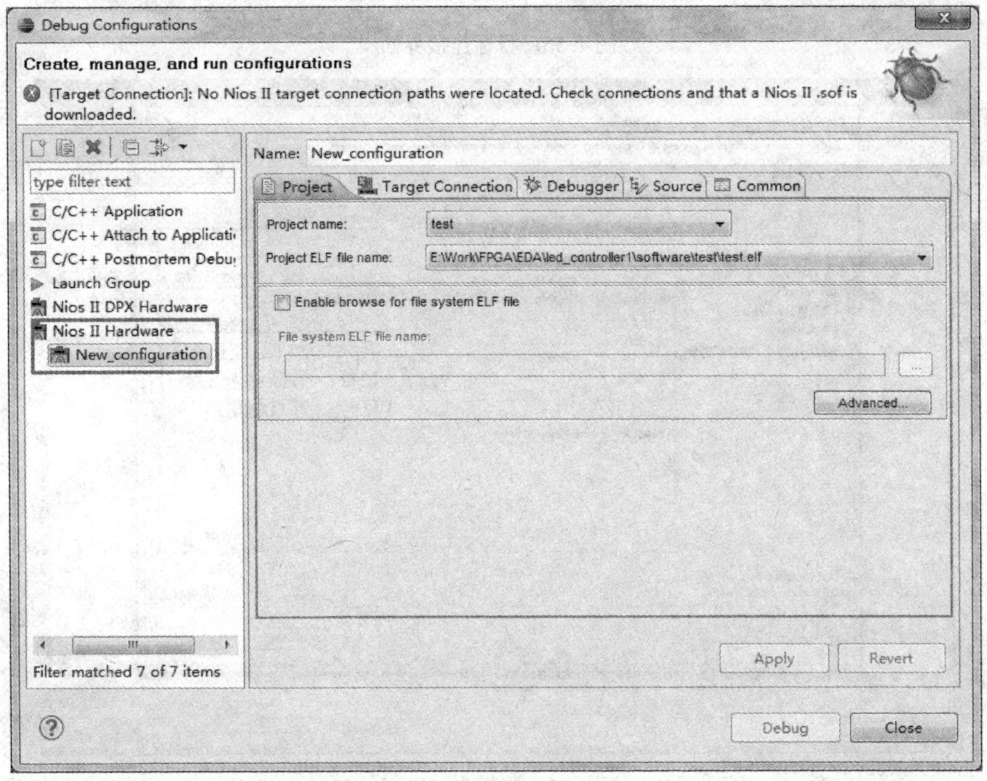

图 4.55 调试配置界面

接目标,点击“Refresh Connections”进行连接刷新,如图4.57所示。

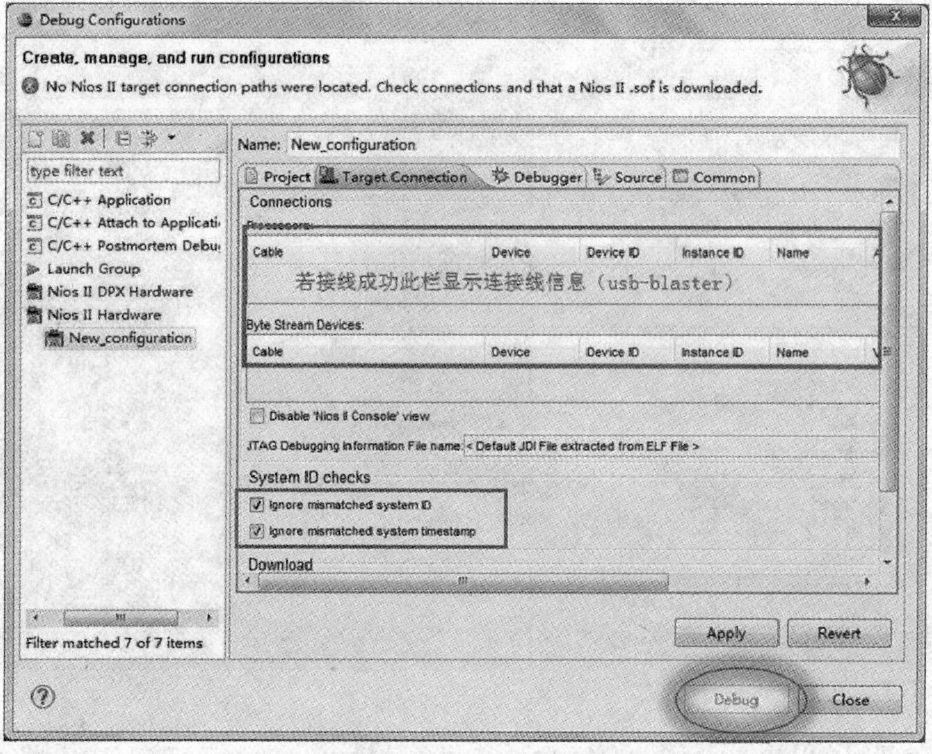

图4.56　目标连接界面

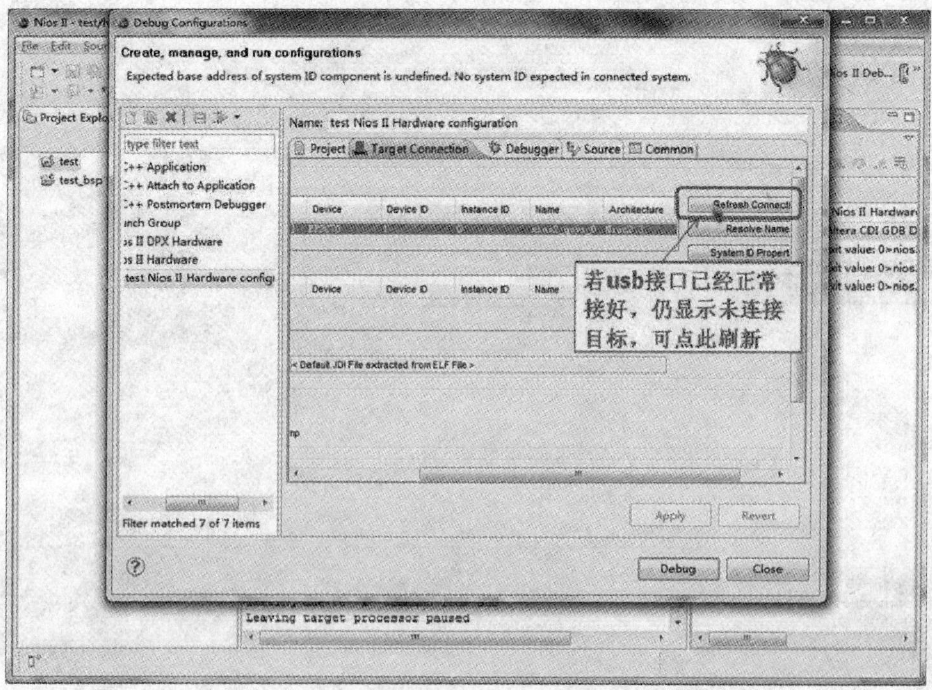

图4.57　刷新连接界面

(40)至此,可以成功实现调试,接下来出现如图 4.58 所示的界面,点击“Yes”按钮进行调试。

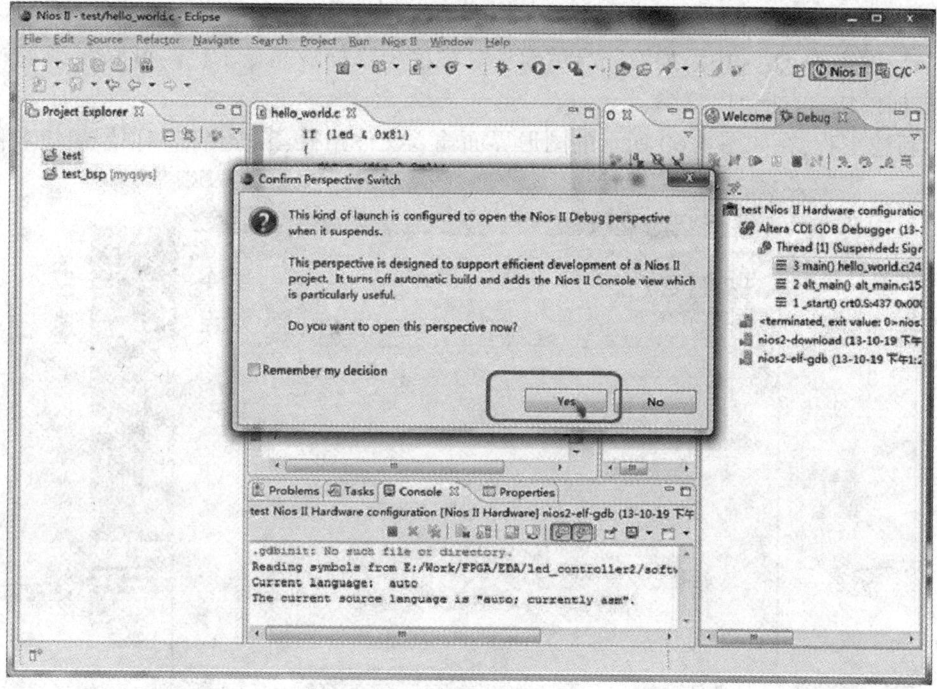

图 4.58　确认调试

(41)调试界面如图 4.59 所示,多看,多动手,逐步熟悉操作流程。

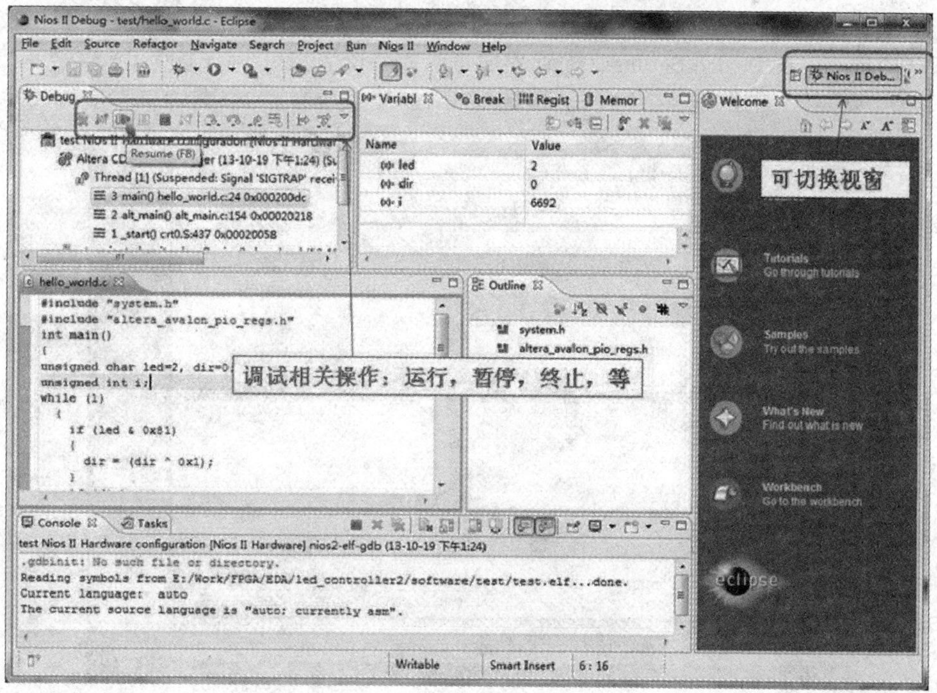

图 4.59　运行及调试界面

4.3　扩展实验

液晶显示实验:Qsys 中添加液晶显示模块。程序中添加液晶显示代码可以在流水灯工程上适当添加模块,可能会比较快。

(1)新建工程,在如图 4.60 所示的图形界面输入文件路径、工程名称和顶层模块名称。

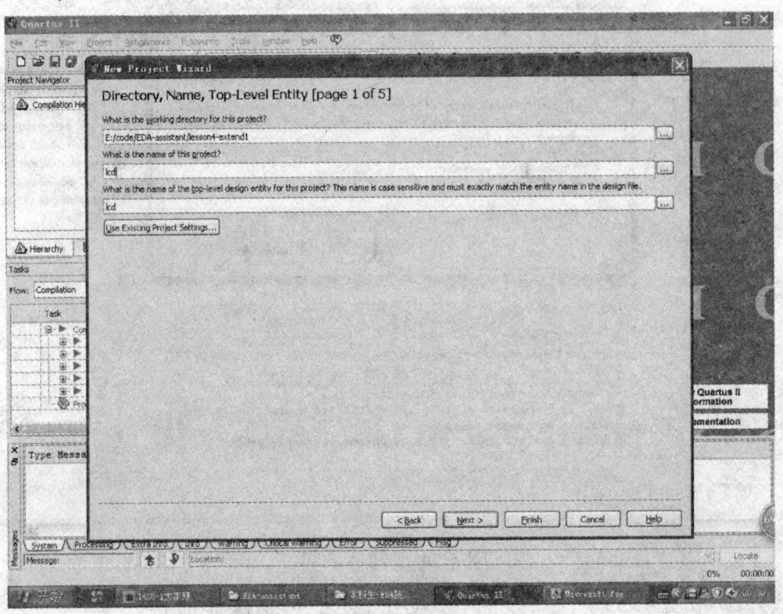

图 4.60　建立扩展试验新工程

(2)在“Family & Device Settings”配置界面进行器件配置,如图 4.61 所示。

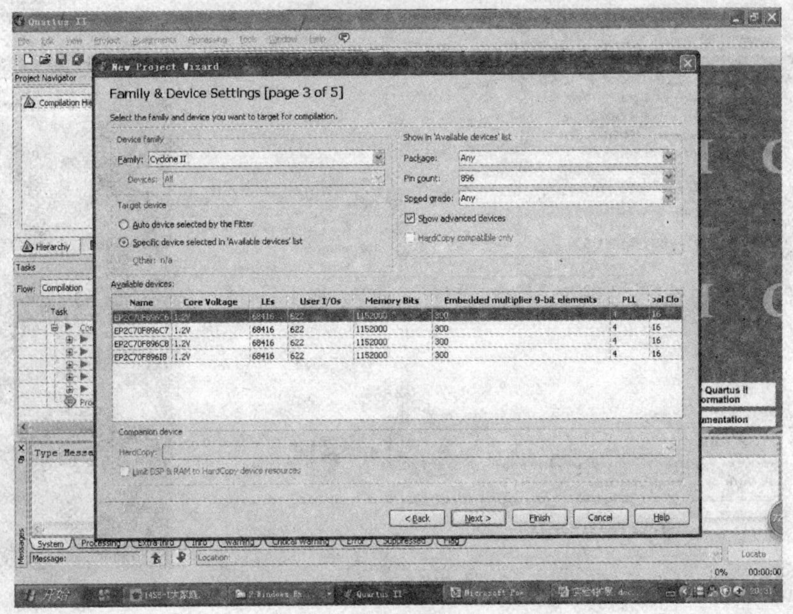

图 4.61　器件配置窗口

(3)用“Tools”→“Qsys”菜单在Quartus II中启动Qsys，如图4.62所示，并且弹出如图4.63所示的界面，继续添加所需硬件组件。

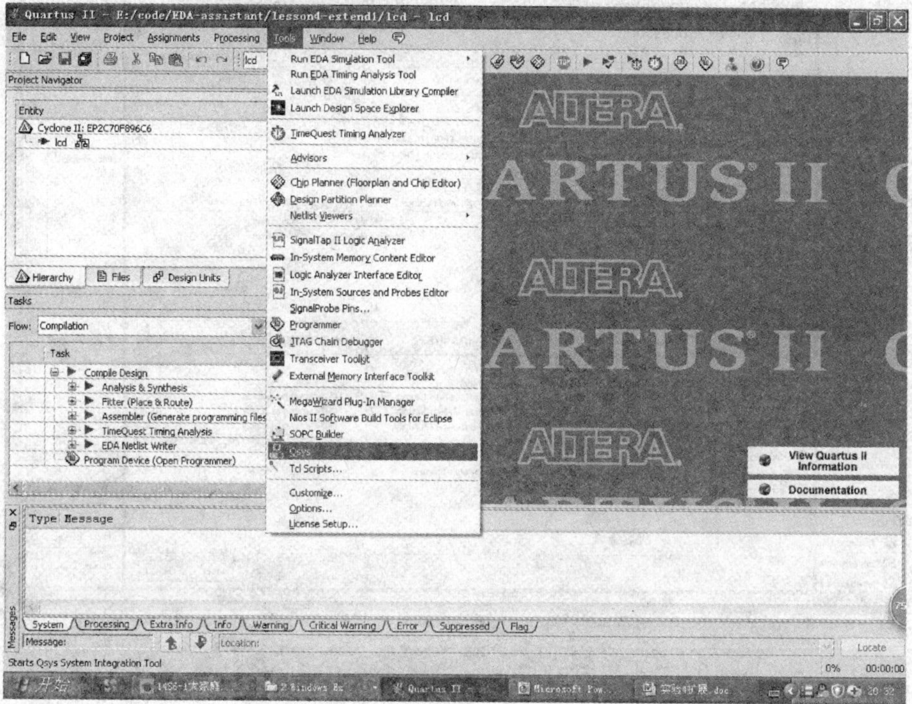

图4.62　启动Qsys界面

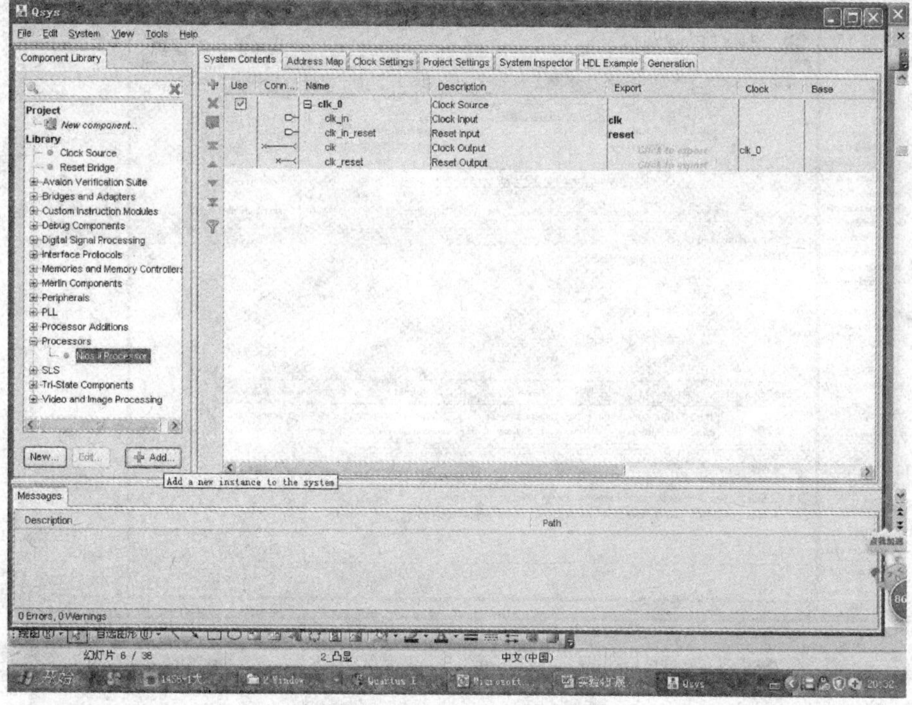

图4.63　Qsys弹出界面

(4)向系统中添加 Nios II 处理器,配置界面如图 4.64 和图 4.65 所示。

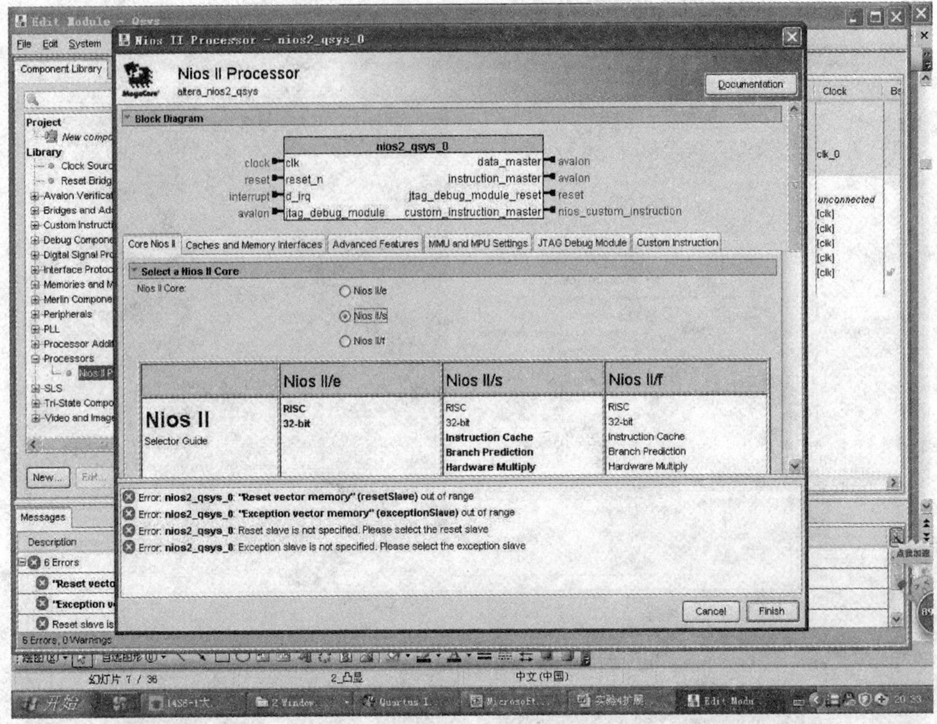

图 4.64　Core Nios II 配置界面

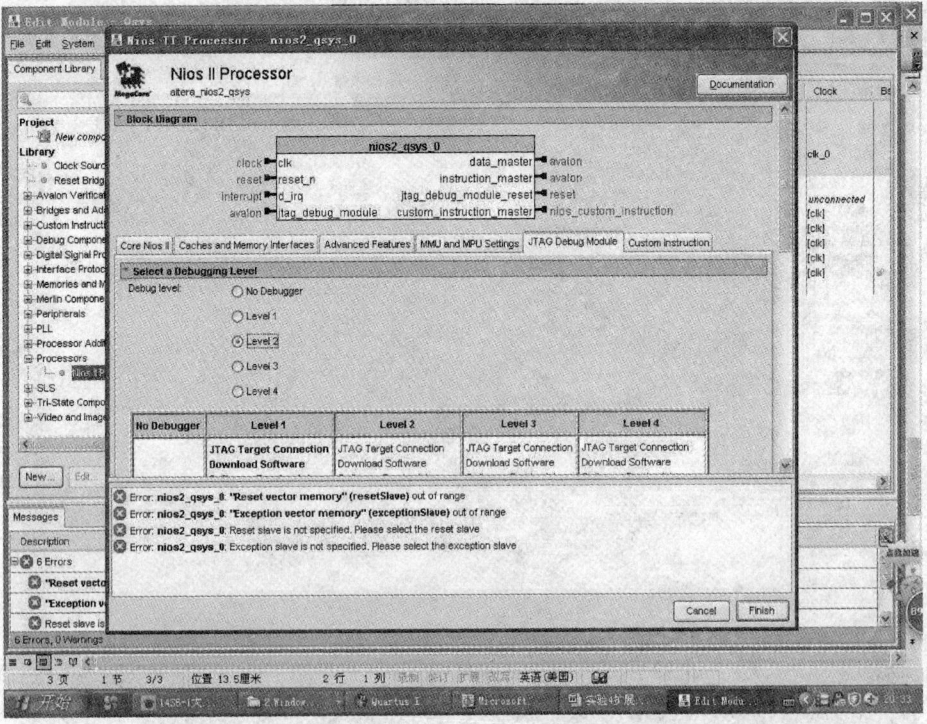

图 4.65　JTAG Debug Module 配置界面

(5)向系统中添加片上存储器,在主界面左侧的组件列表的“Memory”组中,选中“On-Chip Memory(RAM or ROM)”,按鼠标右键,在弹出的菜单中选择“Add New On-Chip Memory(RAM or ROM)”配置界面如图 4.66 所示。

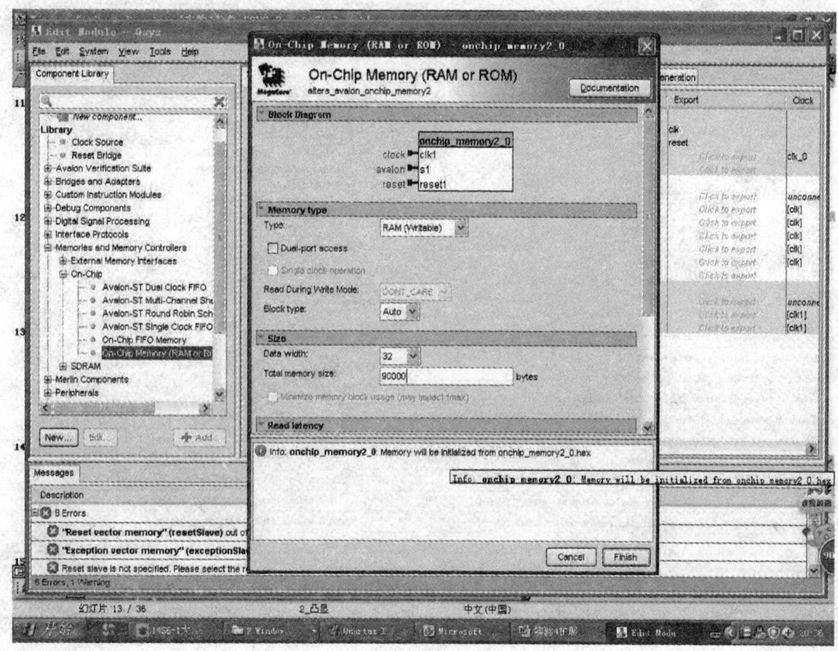

图 4.66 片上存储器配置界面

(6)向系统中添加 Character LCD 液晶组件,在主界面左侧的组件列表的“Peripherals”组中,选中“Display”组中的“Character LCD”,添加 LCD 组件,界面如图 4.67 所示。

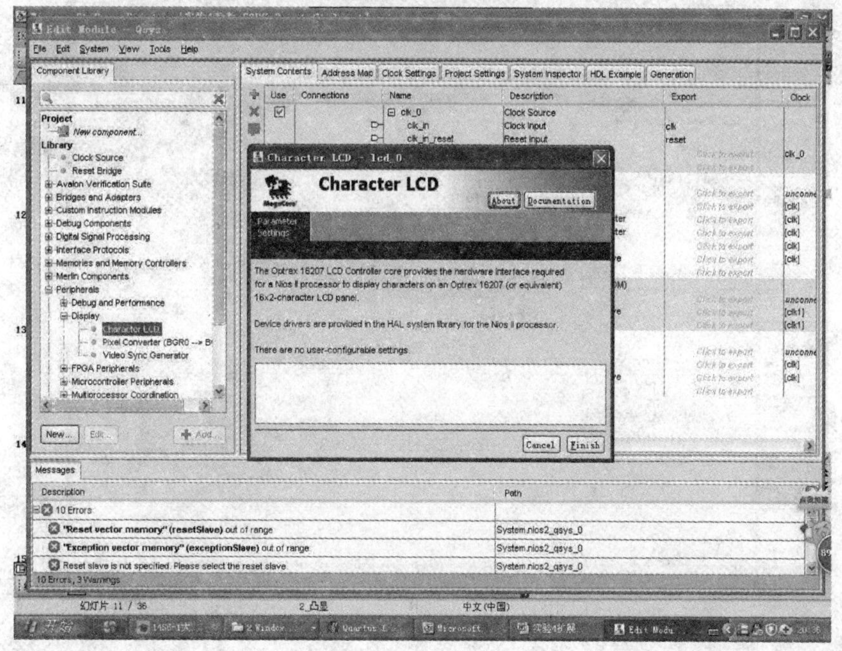

图 4.67 添加 LCD 界面

(7)添加完组件信息,会出现10个错误,如图4.68所示。

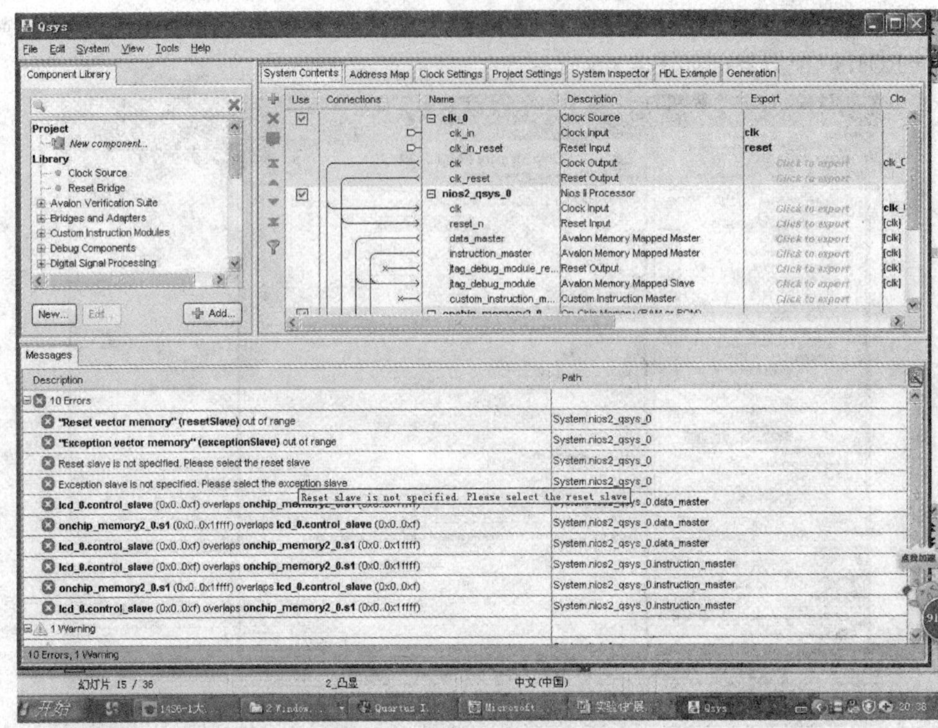

图4.68 系统中的组件信息

(8)加入所有组件后,设置Nios II处理器的复位地址和异常地址,如图4.69所示。

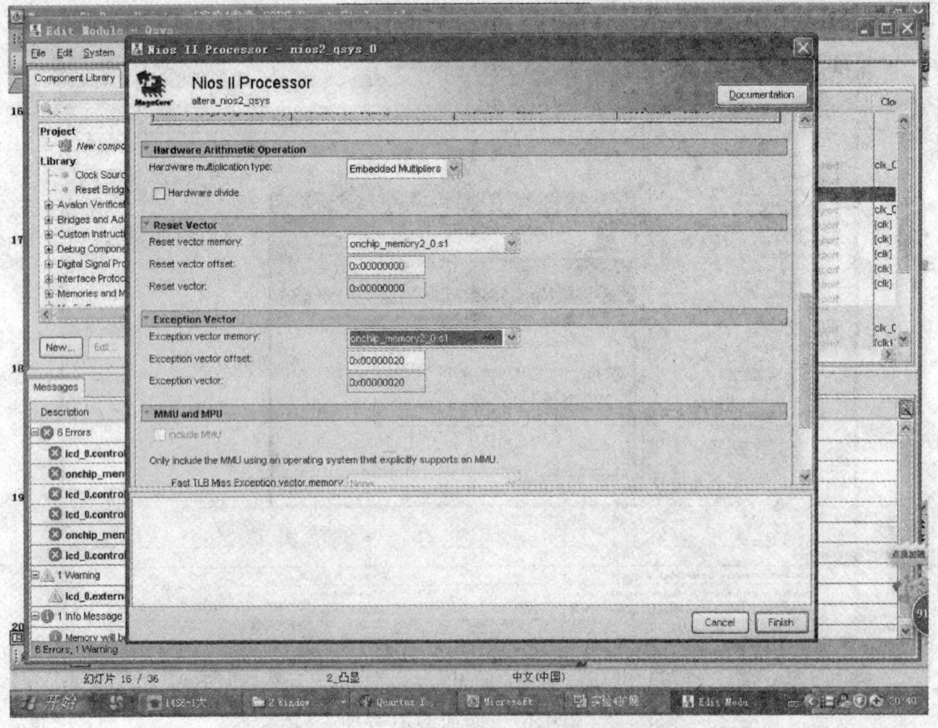

图4.69 设置Nios II处理器的复位地址和异常地址

(9)自动设置基地址,在“System”→“Assign Base Addresses”中自动为各个组件分配地址,如图4.70 所示,基地址分配完成后如图 4.71 所示。

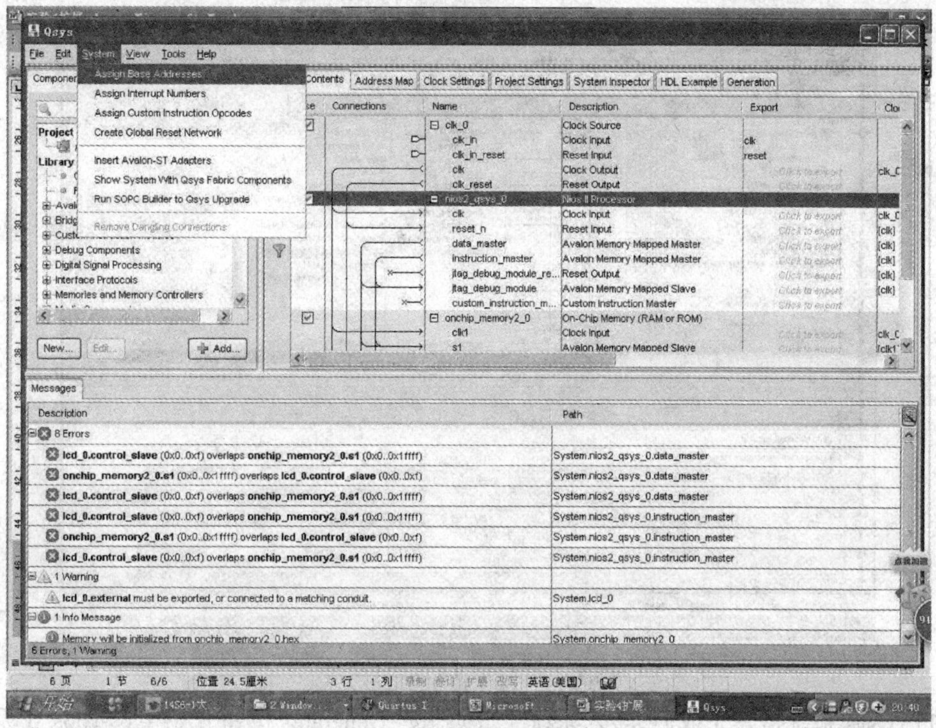

图 4.70　自动设置基地址

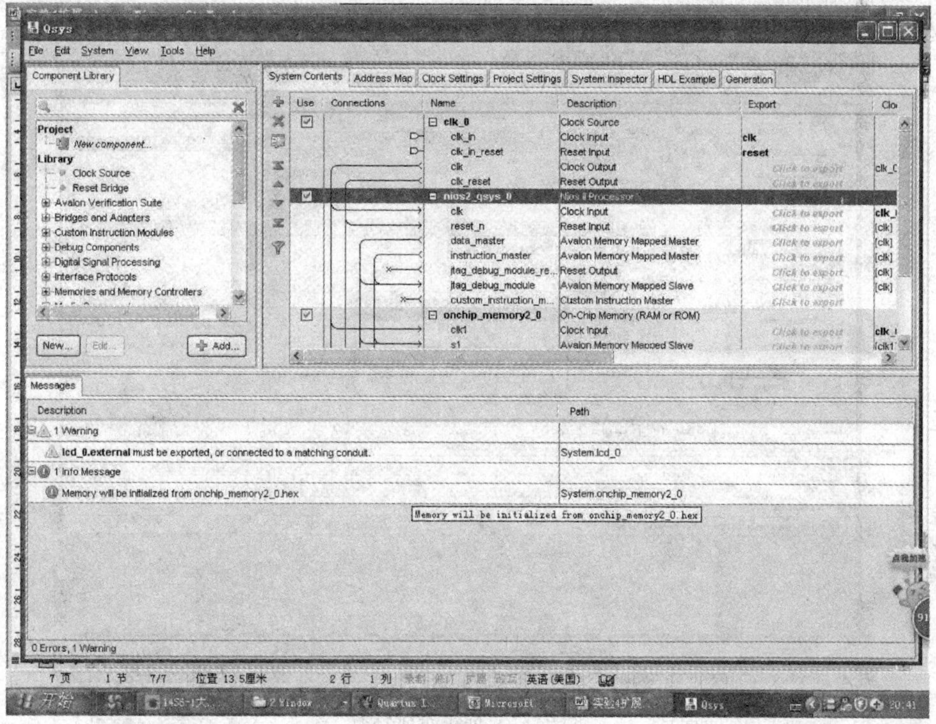

图 4.71　基地址分配后的界面

(10)基地址分配后,存在 lcd_0_external 连接的警告,对该警告进行处理,处理方式可按照图 4.72 所示。

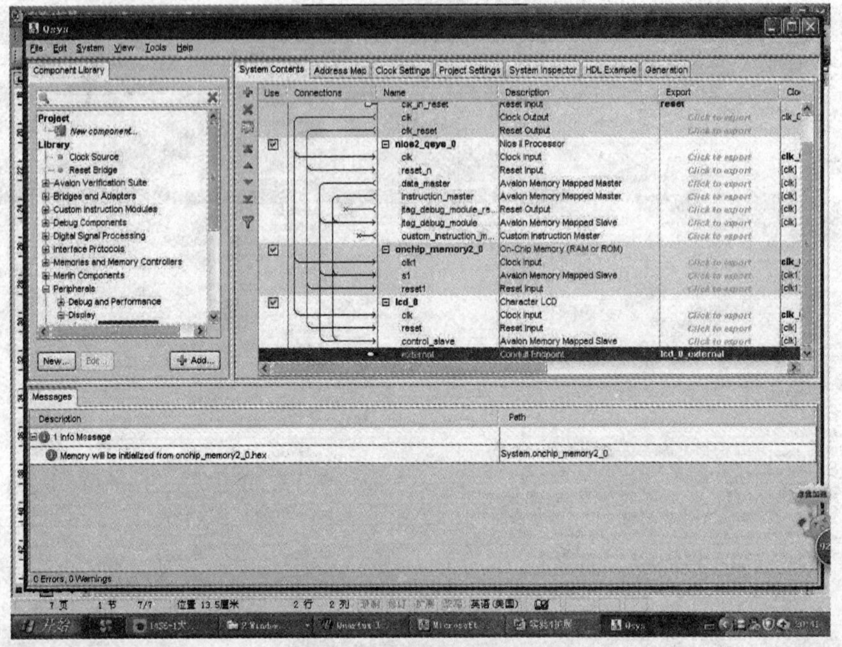

图 4.72　处理 lcd 的警告信息

(11)Qsys 系统搭建完成后,转入系统生成页,按"Generate"按钮开始生产 Nios II 系统,生成系统之前,会出现保存提示信息,并选定保存文件名和路径,如图 4.73 和图 4.74 所示,生成后的 Qsys 系统如图 4.75 所示。

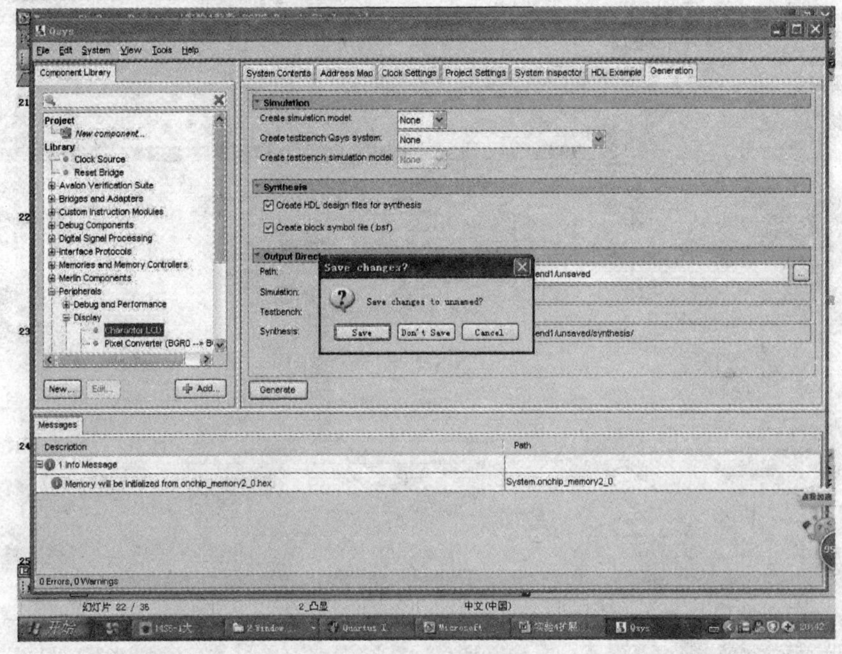

图 4.73　提示系统保存

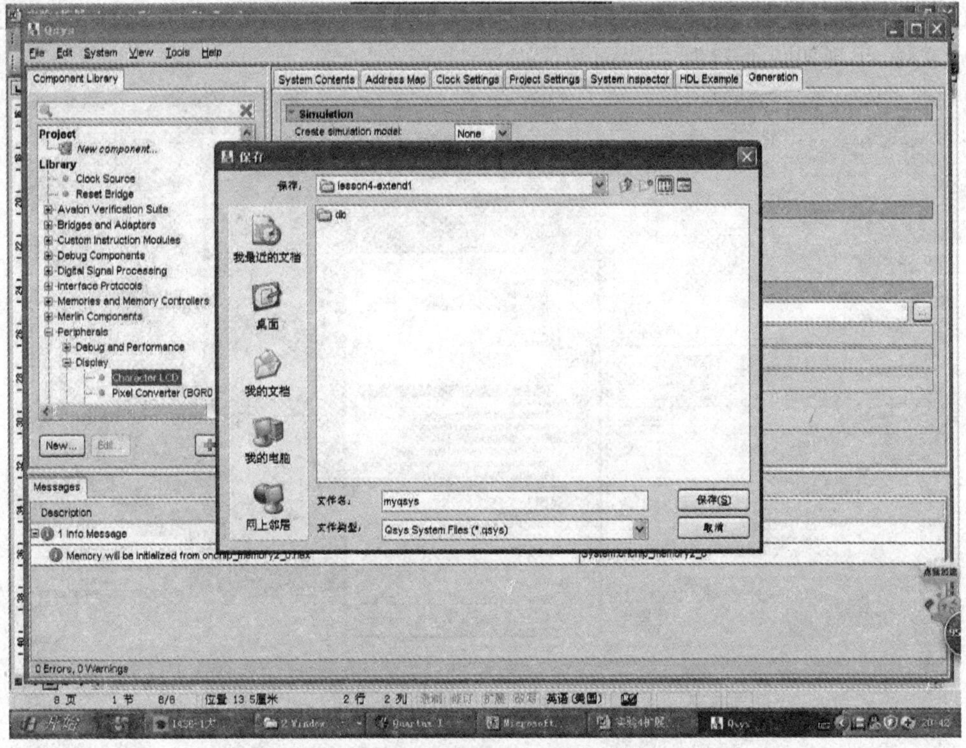

图 4.74　确定文件名称和保存路径

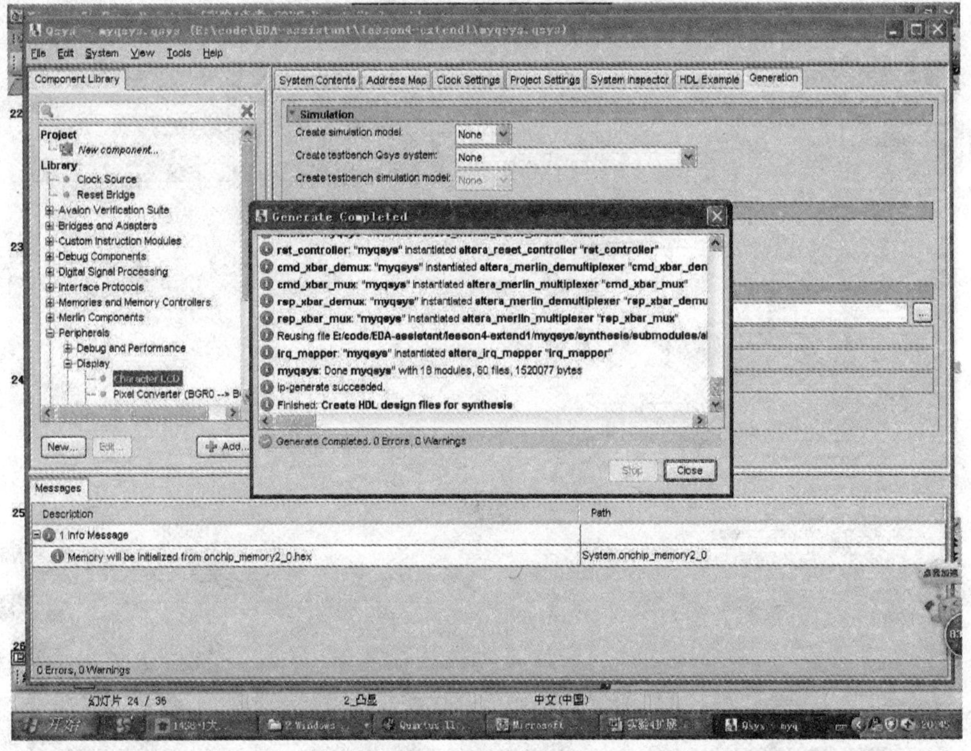

图 4.75　生产 Qsys 系统

(12)接下来,利用 Verilog 语言描述电路的方法进行设计,首先如图 4.76 所示创建新的 Verilog 文件,出现如图 4.77 所示界面和代码。

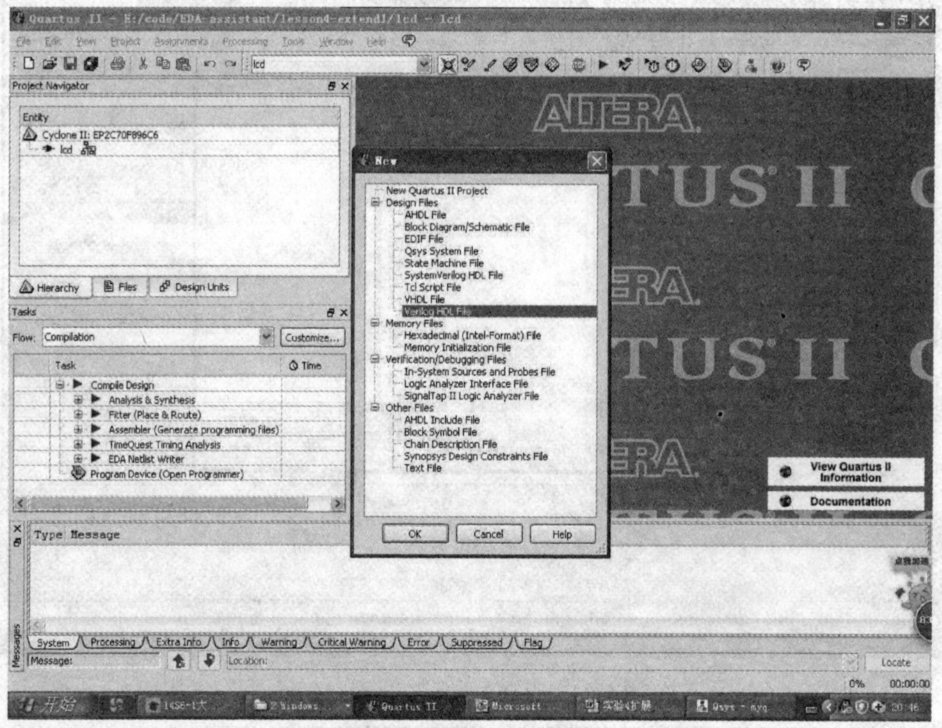

图 4.76 新建 Verilog 文件

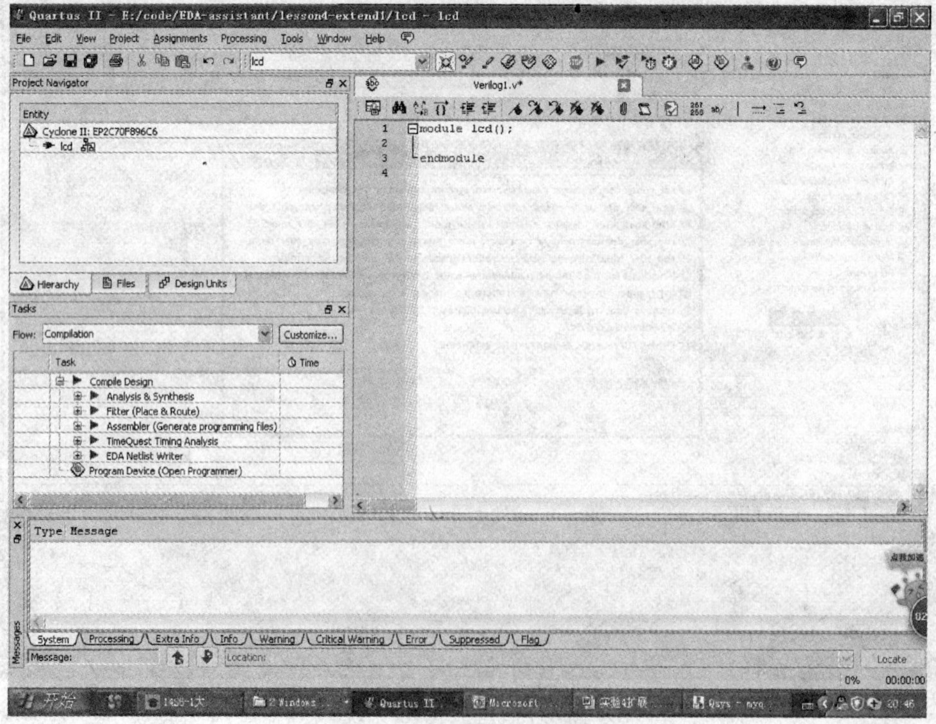

图 4.77 新建的 Verilog 文件

(13)保存新建的 Verilog 文件,如图 4.78 所示,并将该文件添加到工程中,如图 4.79 所示。

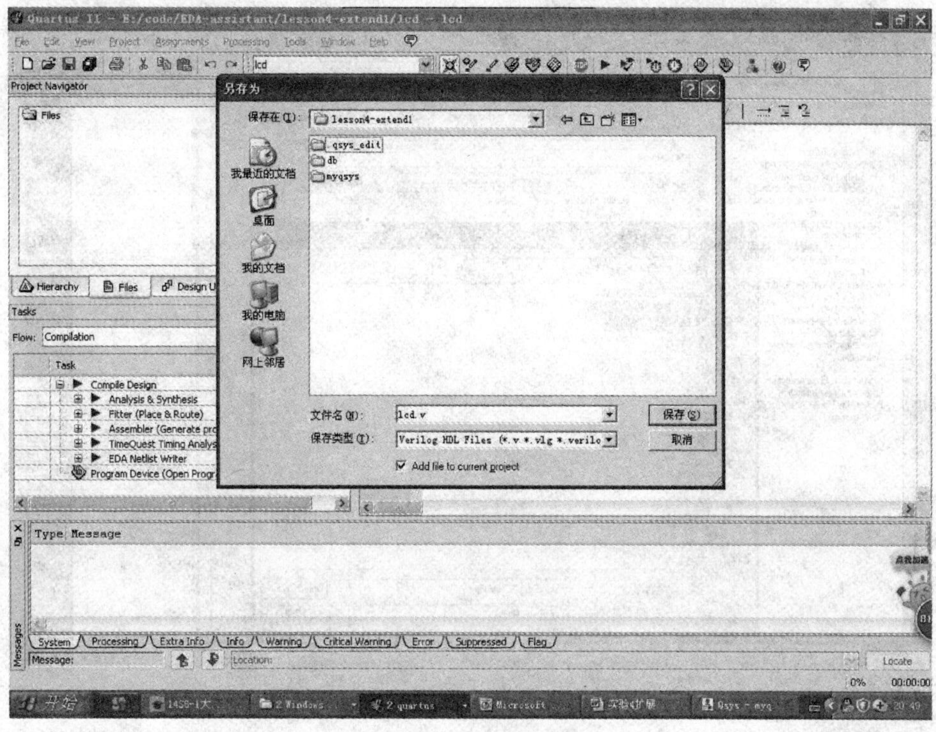

图 4.78　新建文件保存

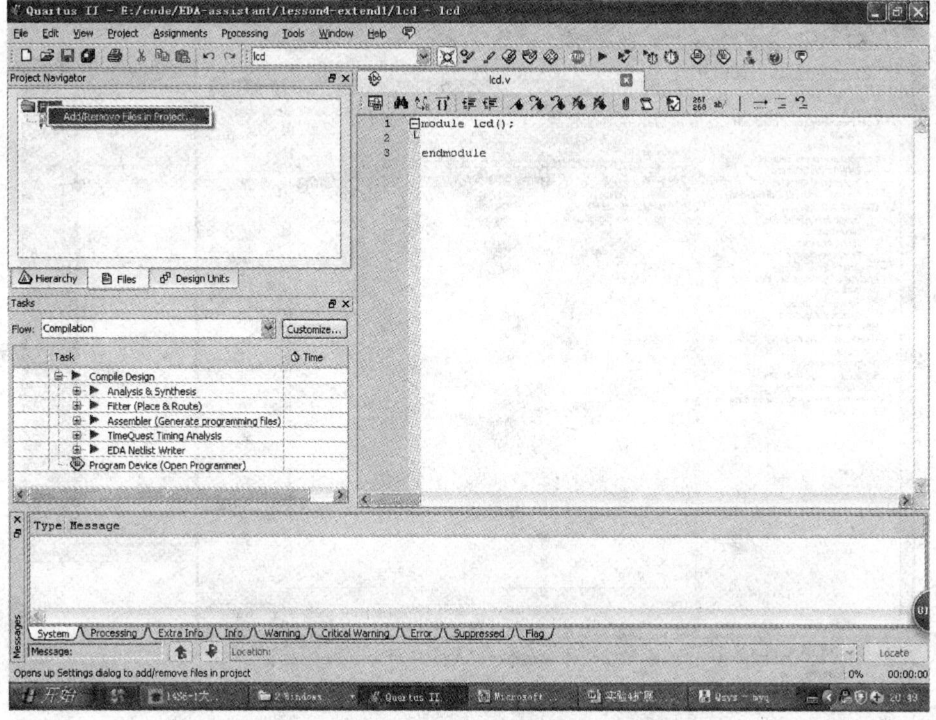

图 4.79　将 Verilog 代码文件添加到工程中

(14)将后缀名为.qip和.v的文件添加到工程中,如图4.80和图4.81所示。

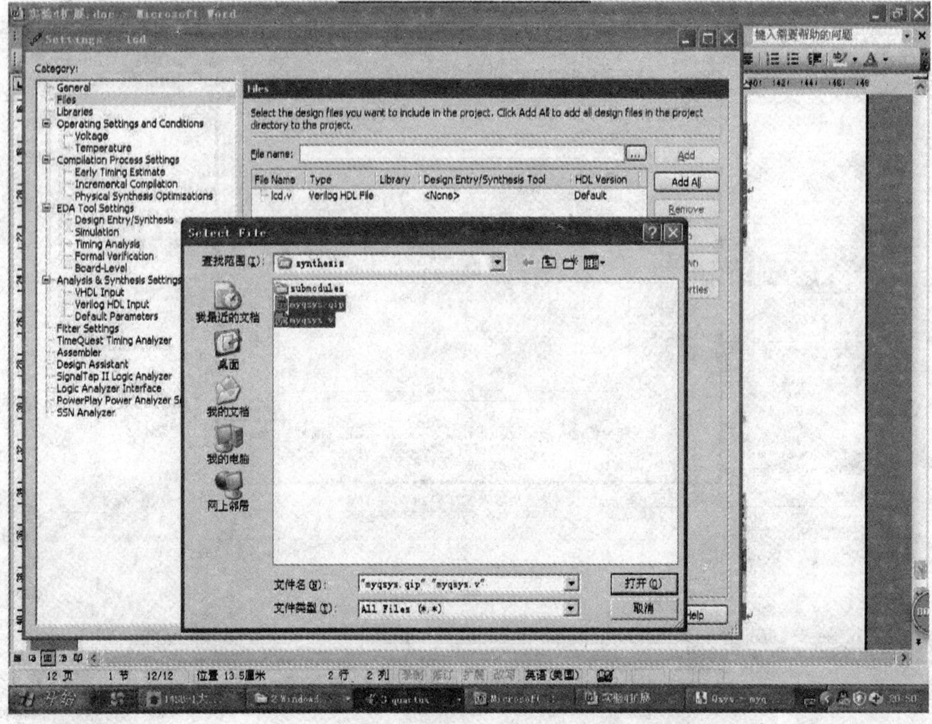

图4.80 选择.qip和.v文件

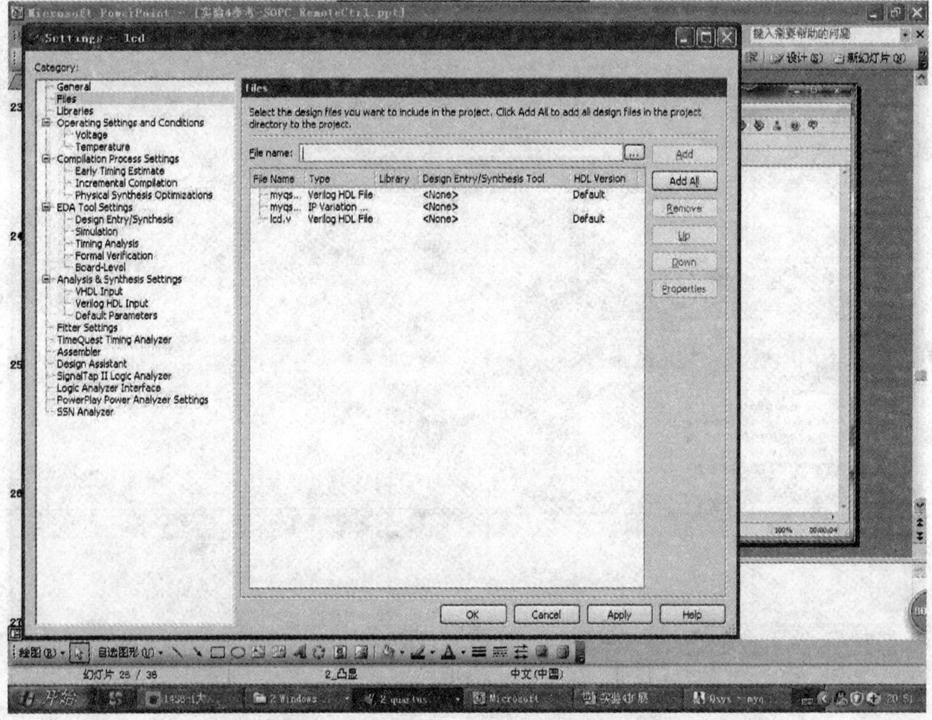

图4.81 添加.qip和.v文件到工程中

(15)编写 Verilog 代码,用于驱动 lcd,具体代码如图 4.82 所示,同样,打开 myqsys.v 可以查看之前完成的 Qsys 代码,如图 4.83 所示。

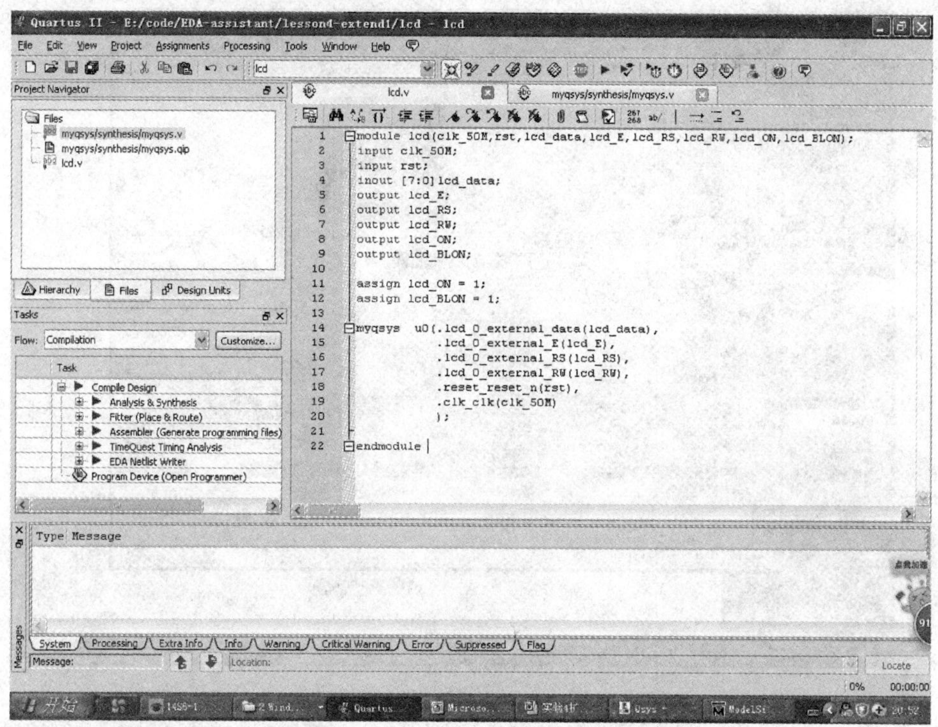

图 4.82　编写 lcd 模块代码

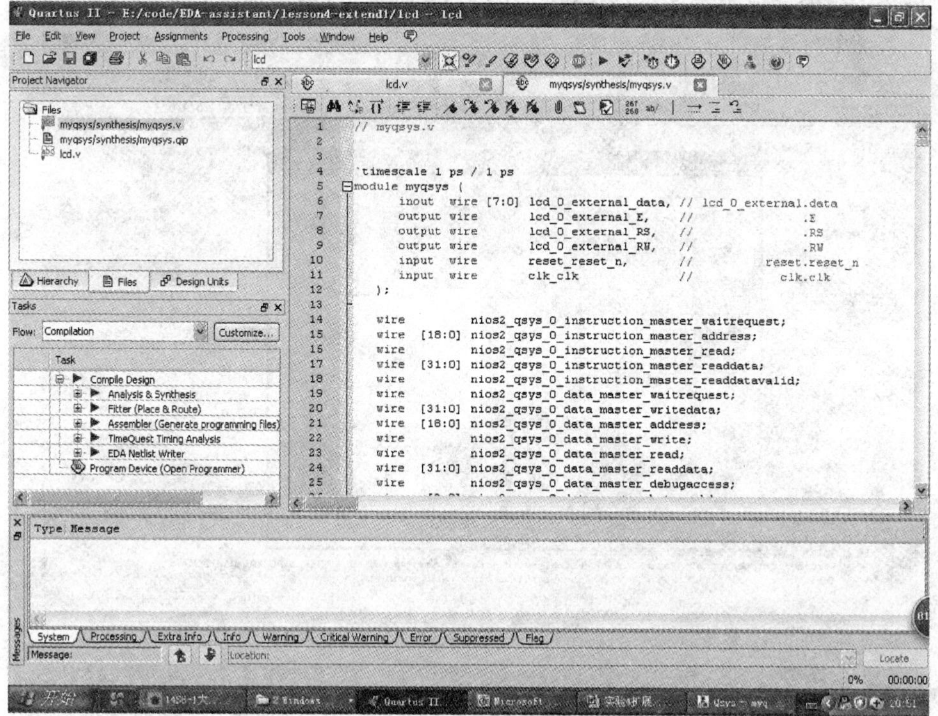

图 4.83　Qsys 模块对应的 Verilog 程序代码

(16)接下来需要为设计分配引脚,可以通过 DE2-70 手册提供的引脚进行分配,具体分配如图 4.84 所示。

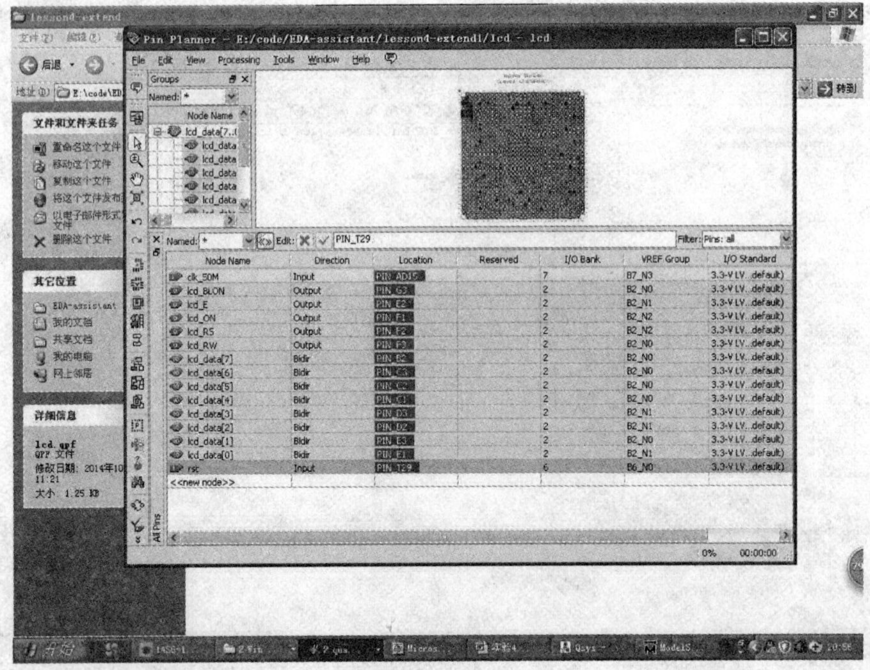

图 4.84　进行引脚分配

(17)下载程序。点击下载按钮,打开程序下载界面,点击界面上的"Start"按钮,进行程序下载,"Progress"处会显示程序下载进度,如图 4.85 所示,下载完成会提示成功信息。

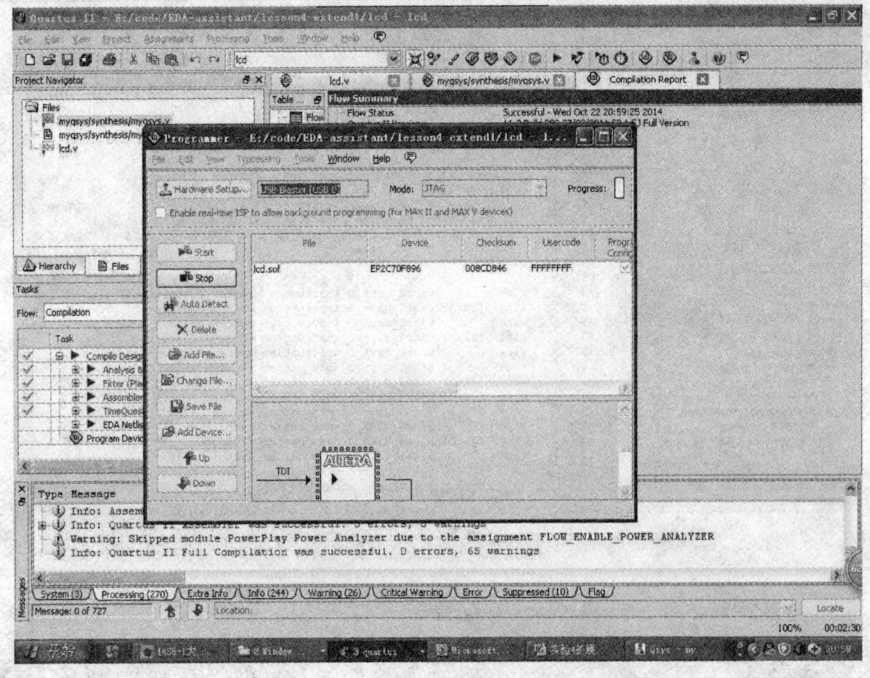

图 4.85　程序下载

(18)启动 Eclipse,通过菜单进行 Eclipse 启动,如图 4.86 ~ 4.89 所示。

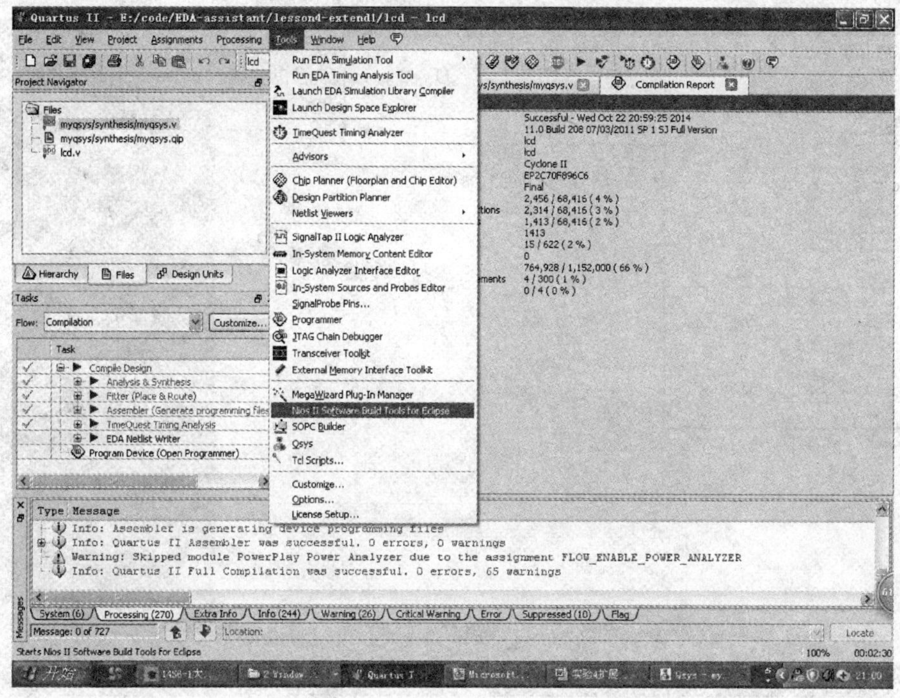

图 4.86　启动 Eclipse 软件

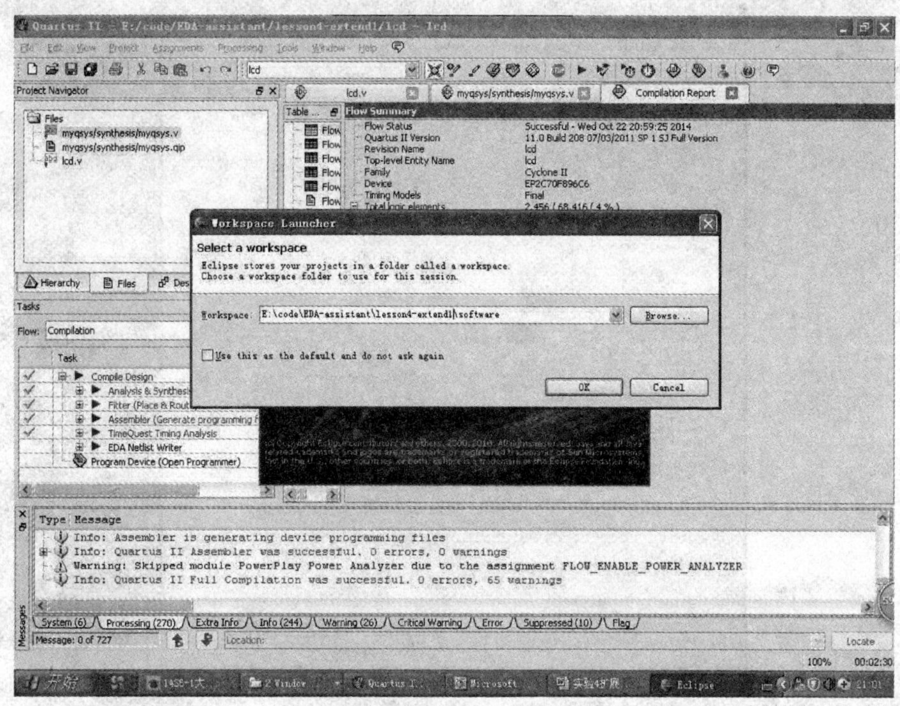

图 4.87　选择工作路径

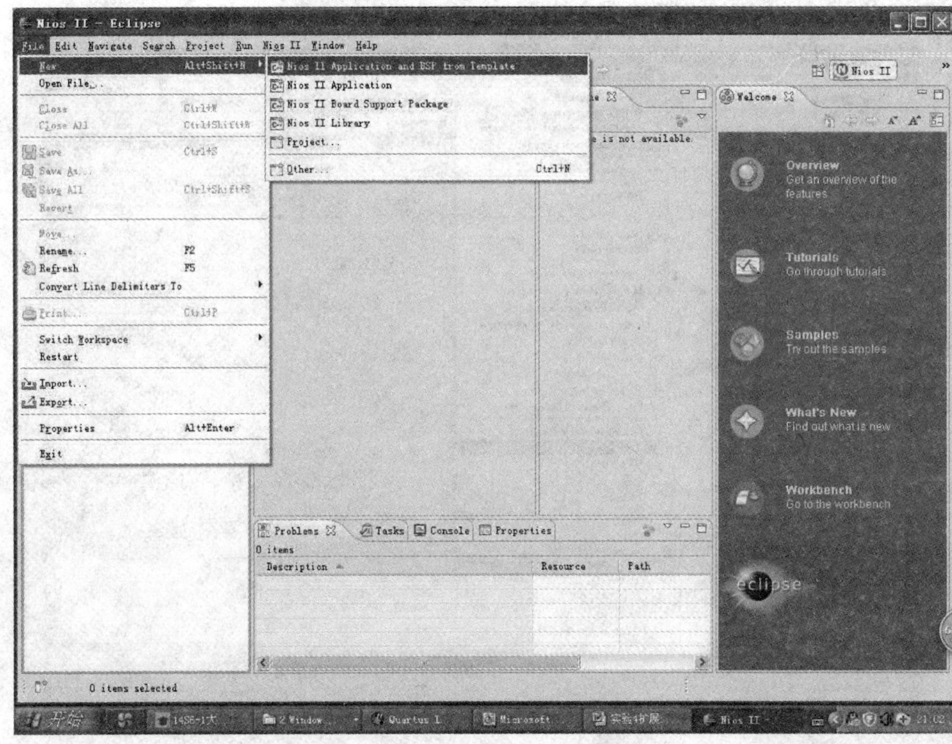

图 4.88　基于模板创建应用程序

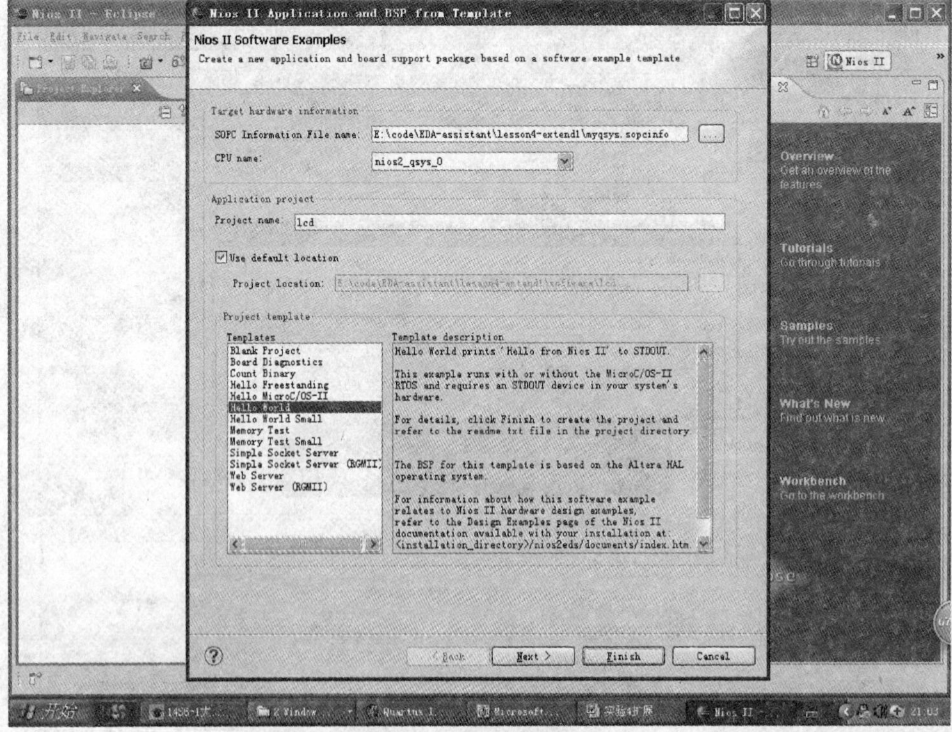

图 4.89　选择模板 Hello World

(19)编写程序代码,进行程序调试,代码如下面图所示,程序调试过程与基本实验相同,也可参照图 4.90 ~4.97。

图 4.90 编写的程序代码界面

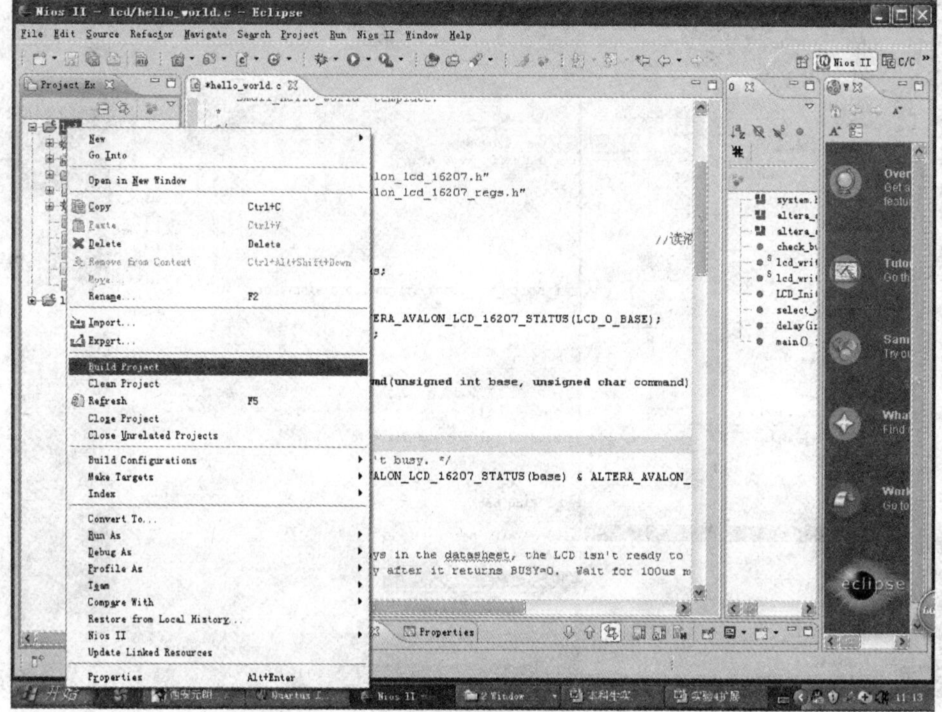

图 4.91 编译程序

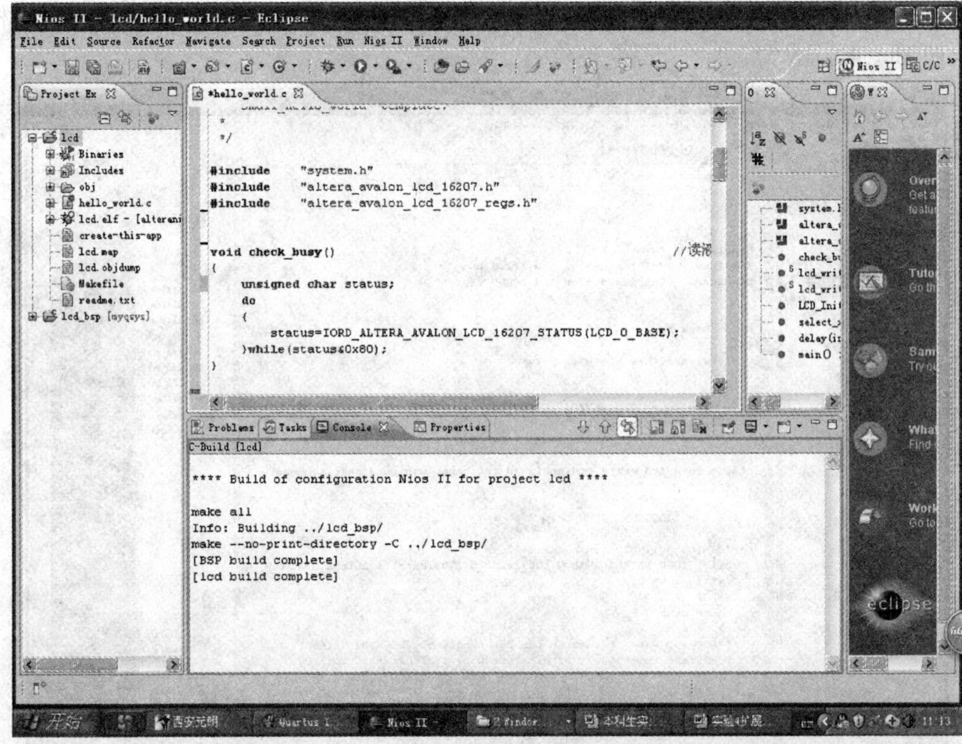

图 4.92　编译结束界面

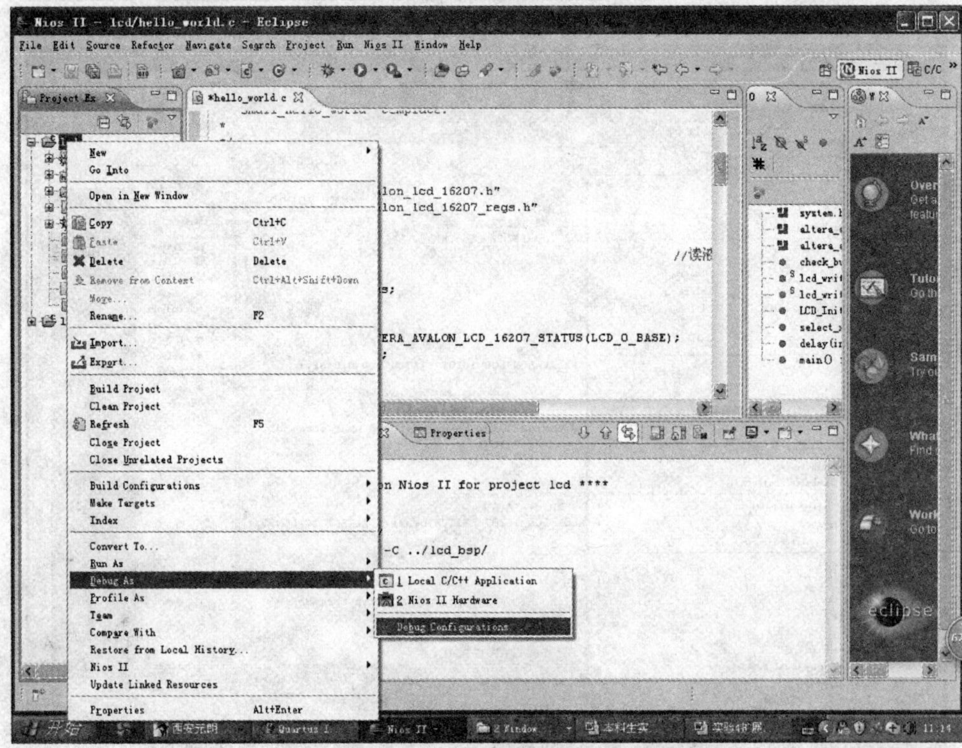

图 4.93　通过菜单选择调试

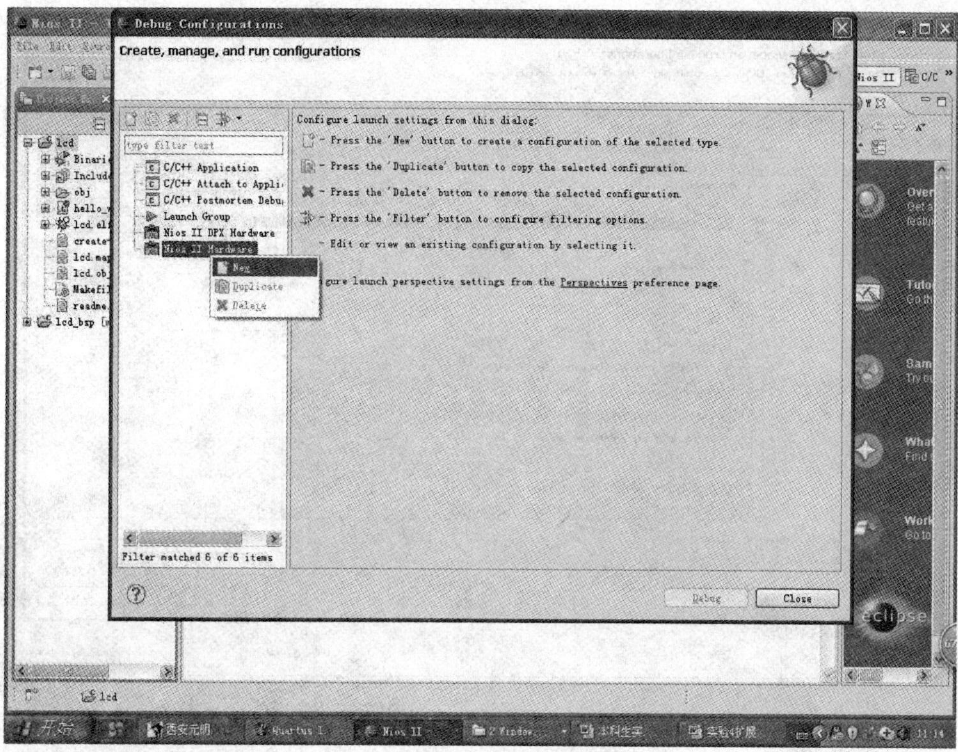

图 4.94　新建 Nios II 硬件配置

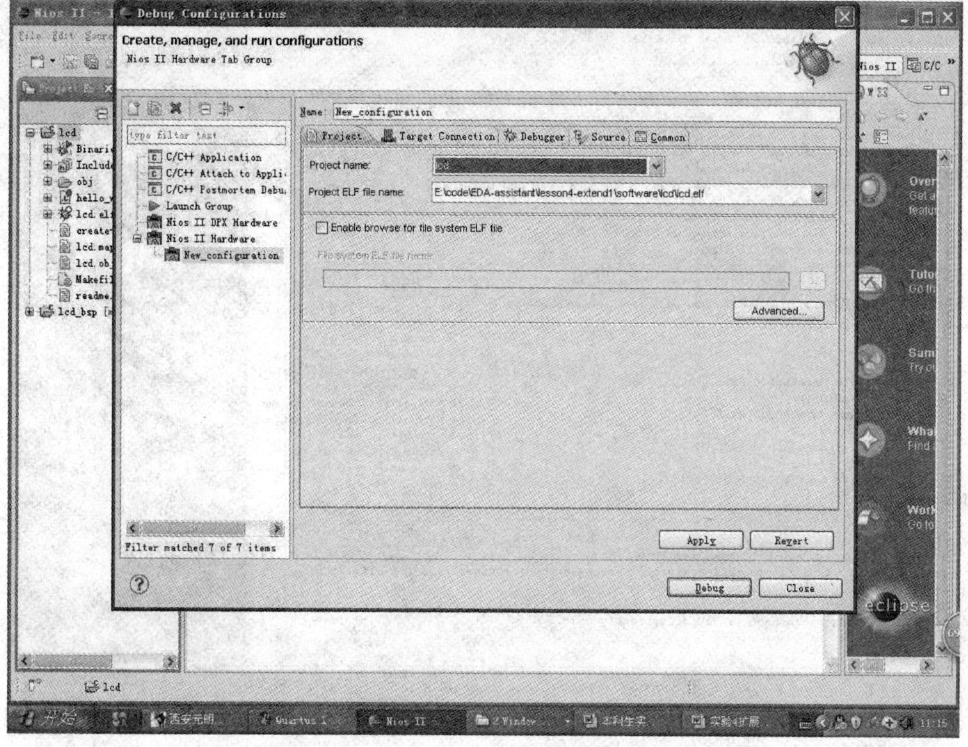

图 4.95　新建 Nios II 硬件配置 Project 界面

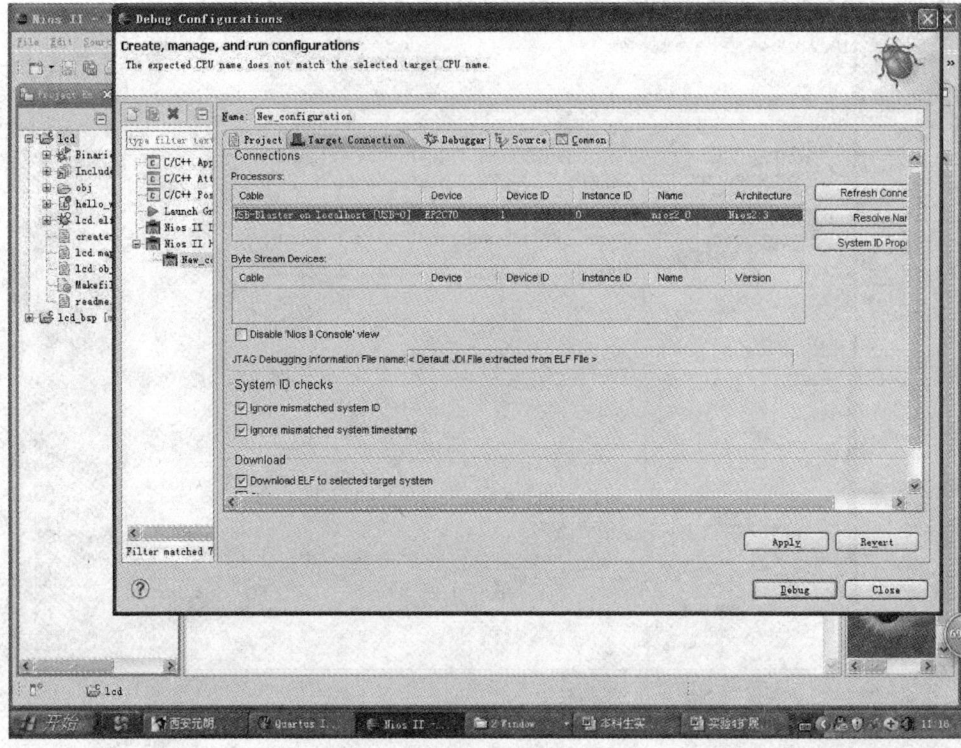

图 4.96　新建 Nios II 硬件配置 Target Connection 界面

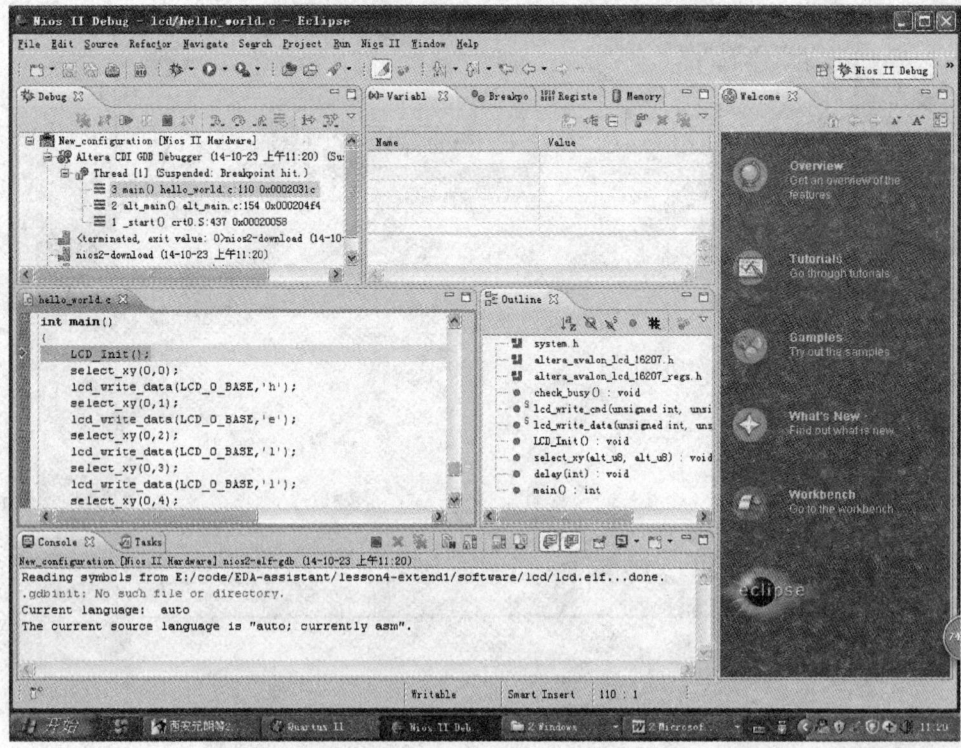

图 4.97　液晶显示调试界面

主程序中代码如下：

```
#include "system.h"
#include "altera_avalon_lcd_16207.h"
#include "altera_avalon_lcd_16207_regs.h"

void check_busy()                                  //读液晶的忙标志位并检测
{
  unsigned char status;
  do
    {
      status=IORD_ALTERA_AVALON_LCD_16207_STATUS(LCD_0_BASE);
    }while(status&0x80);
}

static void lcd_write_cmd(unsigned int base, unsigned char command)
{

    int i = 1000000;

    /* Wait until LCD isn't busy.  */
    while (IORD_ALTERA_AVALON_LCD_16207_STATUS(base) & ALTERA_AVALON_
LCD_16207_STATUS_BUSY_MSK)
    if (--i == 0)
    {
      return;
    }
  /* Despite what it says in the datasheet, the LCD isn't ready to accept
   * a write immediately after it returns BUSY=0. Wait for 100us more.
   */
  delay(100);

  IOWR_ALTERA_AVALON_LCD_16207_COMMAND(base, command);
}

static void lcd_write_data(unsigned int base, unsigned char data)
{
  int i = 1000000;
  /* Wait until LCD isn't busy.  */
  while (IORD_ALTERA_AVALON_LCD_16207_STATUS(base) & ALTERA_AVALON_
```

```
LCD_16207_STATUS_BUSY_MSK)
    if (--i == 0)
        {
          return;
        }

    /* Despite what it says in the datasheet, the LCD isn't ready to accept
     * a write immediately after it returns BUSY=0. Wait for 100us more.
     */
    delay(100);
    IOWR_ALTERA_AVALON_LCD_16207_DATA(base, data);
    // dev->address++;
}

void LCD_Init()
{
      lcd_write_cmd(LCD_0_BASE,0x38);    //初始化 LCD
      delay(2000);

      lcd_write_cmd(LCD_0_BASE,0x0C);    //关显示,光标闪烁方式
      delay(2000);

      lcd_write_cmd(LCD_0_BASE,0x01);    //清显示
      delay(2000);

      lcd_write_cmd(LCD_0_BASE,0x06);    //光标迁移方式不许整屏移动
      delay(2000);

      lcd_write_cmd(LCD_0_BASE,0x80);    //显示光标指示的位置
      delay(2000);

}

void select_xy(alt_u8 x,alt_u8 y)          //选择屏幕坐标,x=0 为第 1 行,x=1 为第 2 行
{ //y=0~15,分别对应第 1 列到第 16 列
      check_busy();
      if(x%2==0)
      {
          IOWR_ALTERA_AVALON_LCD_16207_COMMAND(LCD_0_BASE, 0x80+y);
```

```
    }
    else
    {
        IOWR_ALTERA_AVALON_LCD_16207_COMMAND(LCD_0_BASE, 0xc0+y);
    }
}
void delay(int x)
{
    int i,j;
    for(i=0;i<x;i++)
    {
        for(j=0;j<1000;j++);
    }
}

int main()
{
    LCD_Init();
    select_xy(0,0);
    lcd_write_data(LCD_0_BASE,'h');
    select_xy(0,1);
    lcd_write_data(LCD_0_BASE,'e');
    select_xy(0,2);
    lcd_write_data(LCD_0_BASE,'l');
    select_xy(0,3);
    lcd_write_data(LCD_0_BASE,'l');
    select_xy(0,4);
    lcd_write_data(LCD_0_BASE,'o');

    while(1);
    return 0;
}
```

第5章　趣味实验

5.1　乐曲演奏电路设计

5.1.1　实验要求

(1)掌握乐曲演奏电路设计方法;

(2)通过实验板和外置扬声器演奏梁祝音乐;

(3)扩展实验,任选一支乐曲,完成设计并演奏。

5.1.2　乐曲演奏电路设计原理

乐曲演奏的原理是这样的:组成乐曲的每个音符的频率值(音调)及其持续的时间(音长)是乐曲能连续演奏所需的两个基本数据,因此只要控制输出到扬声器的激励信号频率高低和持续时间,就可以使扬声器发出连续的乐曲声。以下是梁祝音乐简谱。

梁　祝

1=♭B 4/4
♩=82

何占豪、陈刚 曲
黄　霑 填词

(0 5 3 2 | 1 - - - | 1 2 7 6 | 5 - - - |

5 7 6 7 | 5. 6 #4 3 | 23 #43 5. 3 | 23 52 34 32 |

1 - - 5 | 7 2 6 1 | 5 - - 61 | 5 - - -) | 3 - 5. 6 |
无 言

1. 2 61 5 | 5. 1 65 35 | 2 - - - | 2. 3 7 6 |
到 面前 与 君分 杯 水, 清中有

5. 6 1 2 | 3 1 65 61 | 5 - - - | 3. 5 7 2 |
浓 意 流出心底 醉。 不 论冤

61 5 - 0 | 3 5 3 56 72 | 6 - - 56 | 1. 2 5 3 |
或 缘 莫说 蝴 蝶 梦, 还 你 此生

2 32 1 65 | 3 - 1 - | 6. 1 65 35 61 | 5 - - (35 |
此 世今世 前 世 双 双飞过万世千生 去。

23 21 7 6 | 5 - - -) ‖

(1)乐谱背景知识。

乐谱左上角乐谱说明语句 1 = ♭B $\frac{4}{4}$ ♩= 82 中第一行“♭B”代表这支乐曲是降 B 调的,4/4 中分母 4 表示乐曲以四分音符。为一拍,分子 4 表示每小节有 4 拍。简谱中 2 条竖线间的音符为一小节,例如,| 3· 5 7 2 不 论宽 |。

第二行乐谱说明语句的 82 表示这支乐曲每分钟演奏 82 拍。在本实验中为编程方便近似为每分钟演奏 120 拍,即每 0.5 s 演奏 1 拍,1 个小节为 2 s。

(2)每个音符时长的计算方法。

乐谱中某个小节如图 5.1 所示,没有标识的占 1 拍,称为四分音符,如“5”;“5.”中“.”占半拍,演奏时间为四分音符的 1/2;下划线占半拍,等效为 8 分音符。整个小节由 4 拍构成。一个小节为 2 s,半拍为 0.25 s。设本例最短的音符为半拍,即 0.25 s,实际上最短音符为 1/4 拍,即 0.125 s,但由于仅出现一次本例中忽略不计。因此只需要再提供一个 4 Hz 的时钟频率,这样每个音符的演奏时间都是 0.25 s 的整数倍,对于节拍较长的音符,如全音符,在记谱时将该音名连续记录 8 次即可。

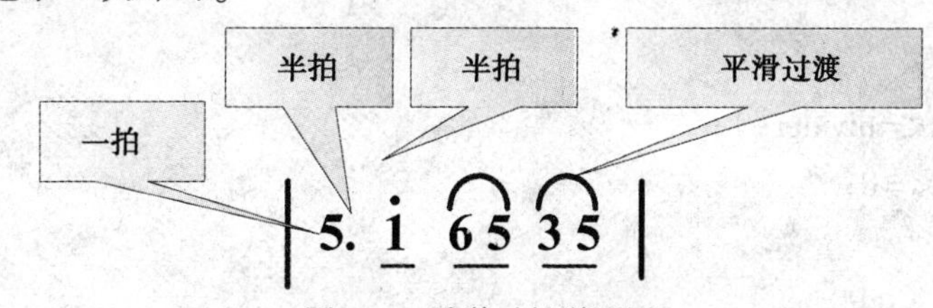

图 5.1　乐谱时长说明图

(3)音调的控制方法。

音符上面有“.”的为高音,下面有“.”为低音,否则为中音。如图 5.2 所示。频率的高低决定了音调的高低。表 5.1 给出了不同音调所对应的频率值。

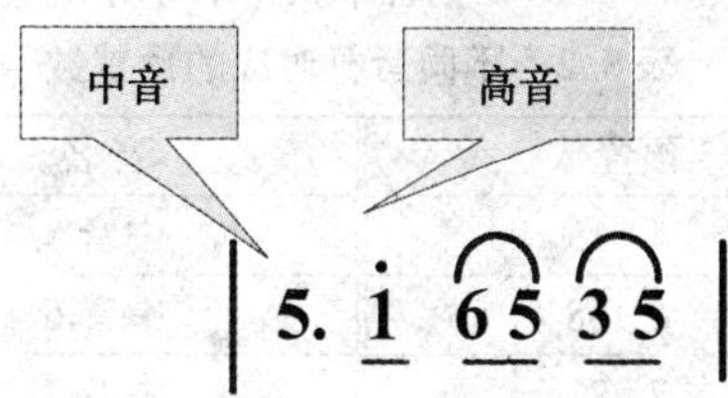

图 5.2　乐谱音调说明图

表 5.1　不同音调所对应的频率值

音名	频率/Hz	音名	频率/Hz	音名	频率/Hz
低音 1	261.6	中音 1	523.3	高音 1	1 046.5
低音 2	293.7	中音 2	587.3	高音 2	1 174.7
低音 3	329.6	中音 3	659.3	高音 3	1 318.5
低音 4	349.2	中音 4	698.5	高音 4	1 396.9
低音 5	392	中音 5	784	高音 5	1 568
低音 6	440	中音 6	880	高音 6	1 760
低音 7	493.9	中音 7	987.8	高音 7	1 975.5

所有不同频率的信号都是从同一个基准频率分频得到的。由于音阶频率多为非整数,而分频系数又不能为小数,故必须将计算得到的分频数四舍五入取整。若基准频率过低,则由于分频比太小,四舍五入取整后误差较大;若基准频率过高,虽然误差变小,但分频数将变大。实际设计综合考虑这两方面的因素,在尽量减小频率误差的前提下取合适的基准频率。本实验选取 6 MHz 为基准频率(实际为 6.25 MHz)。基准频率由实验板上 50 MHz 分频得到。不同音符分频系数不同。

本实验通过改变预置数获得不同的分频系数,具体程序如下:

```
always@(posedge clk)                    //通过置数,改变分频比
   begin
       if(divider==M)
   begin
     carry<=1;
     divider<=P;
   end
   else
     begin
     divider<=divider+1;
       carry<=0;
       end
end
```

程序中 M 为常数,P 为预置数,$M>P$,则输出信号 carry 与时钟 clk 间的分频数为 $N=M-P+1$。如 $M=5$,$P=2$,carry 与时钟 clk 之间为 4 分频。

若 clk=6 MHz,M=16 383,对于不同音调,在本实验中只要加载不同的预置数,即可得到表 5.1 各个音符对应的频率信号。表 5.2 为不同音符对应的预置数。

表 5.2　不同音符对应的预置数

音名	预置数	音名	预置数
低音 1	4 915	中音 5	12 556
低音 2	6 168	中音 6	12 974
低音 3	7 281	中音 7	11 346
低音 4	7 792	高音 1	13 516
低音 5	8 730	高音 2	13 829
低音 6	9 565	高音 3	14 109
低音 7	10 310	高音 4	14 235
中音 1	10 647	高音 5	14 470
中音 2	11 272	高音 6	14 678
中音 3	11 831	高音 7	14 864
中音 4	12 094	休止符	14 383

5.3　程序及说明

本程序框图如图 5.3 所示。

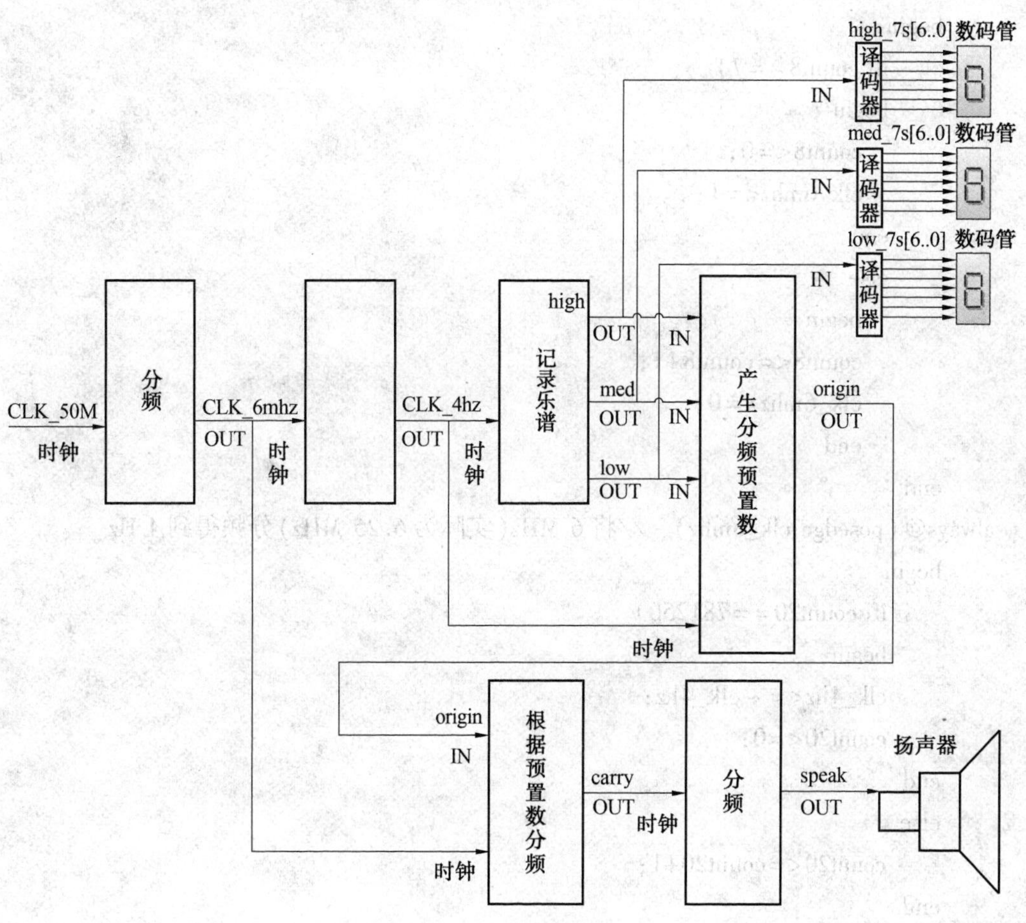

图 5.3　乐谱演奏电路框图

```
module song(clk50m,speaker,high_7s,med_7s,low_7s);
    input clk50m;
    outputreg speaker;              //锁定 GPIO_0 引脚
    output [6:0] high_7s;           //用数码管 hex2 显示高音音符
    output [6:0] med_7s;            //用数码管 hex1 显示高音音符
    output [6:0] low_7s;            //用数码管 hex0 显示高音音符
reg clk_6mhz;                       //产生音频的基准频率
reg clk_4hz;                        //控制音长的时钟频率
reg [13:0] divider,origin;
reg carry;
reg[7:0] counter;
reg [3:0]high,med,low;
```

```
reg [2:0] count8;
reg [19:0] count20;

always@ (posedge clk50m)           //50 MHz 分频得到 6.25 MHz
    begin
        if(count8==7)
        begin
          count8<=0;
          clk_6mhz<=1;
        end
        else
          begin
          count8<=count8+1;
          clk_6mhz<=0;
          end
    end
always@ (posedge clk_6mhz)   //将 6 MHz(实际为 6.25 MHz)分频得到 4 Hz
    begin
        if(count20==781250)
        begin
        clk_4hz<= ~clk_4hz;
        count20<=0;
    end
    else
        count20<=count20+1;
    end
always@ (posedge clk_6mhz)         //通过置数,改变分频比
    begin
        if(divider==16383)
        begin
        carry<=1;
        divider<=origin;
      end
      else
      begin
        divider<=divider+1;
        carry<=0;
      end
    end
```

```
always@(posedge carry)                //2 分频得到方波
    begin
    speaker= ~speaker;
    end
always@(posedge clk_4hz)              //根据不同的音符,设置分频比
        begin case({high,med,low})
          'h001:origin<=4915;
          'h002:origin<=6168;
          'h003:origin<=7281;
          'h004:origin<=7792;
          'h005:origin<=8730;
          'h006:origin<=9565;
          'h007:origin<=10310;
          'h010:origin<=10647;
          'h020:origin<=11272;
          'h030:origin<=11831;
          'h040:origin<=12094;
          'h050:origin<=12556;
          'h060:origin<=12974;
          'h070:origin<=13346;
          'h100:origin<=13516;
          'h200:origin<=13829;
          'h300:origin<=14109;
          'h400:origin<=14235;
          'h500:origin<=14470;
          'h600:origin<=14678;
          'h700:origin<=14864;
          'h000:origin<=16383;
        endcase
        end
always@(posedge clk_4hz)
        begin
        if(counter==135)
        counter<=0;                       //计时,实现循环演奏
        else counter<=counter+1;
    case(counter)

  0:{high,med,low}<='h003;    //低音 3,持续 4 个节拍    | 3 — 5. 6 |  无 言
```

```
1:{high,med,low}<='h003;
2:{high,med,low}<='h003;
3:{high,med,low}<='h003;
```

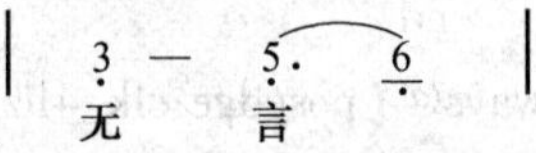

3 — 5· 6 无 言

```
4:{high,med,low}<='h005;    //低音5,持续3个节拍
5:{high,med,low}<='h005;
6:{high,med,low}<='h005;
7:{high,med,low}<='h006;
```

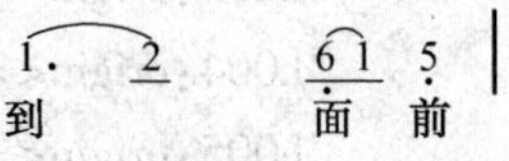

1· 2 6 1 5 到 面 前

```
8:{high,med,low}<='h010;    //中音1,持续3个节拍
9:{high,med,low}<='h010;
10:{high,med,low}<='h010;
11:{high,med,low}<='h020;
12:{high,med,low}<='h006;
13:{high,med,low}<='h010;
14:{high,med,low}<='h005;
15:{high,med,low}<='h005;
16:{high,med,low}<='h050;
17:{high,med,low}<='h050;
18:{high,med,low}<='h050;
19:{high,med,low}<='h100;
20:{high,med,low}<='h060;
21:{high,med,low}<='h050;
22:{high,med,low}<='h030;
23:{high,med,low}<='h050;
24:{high,med,low}<='h020;
25:{high,med,low}<='h020;
26:{high,med,low}<='h020;
27:{high,med,low}<='h020;
28:{high,med,low}<='h020;
29:{high,med,low}<='h020;
30:{high,med,low}<='h020;
31:{high,med,low}<='h020;
32:{high,med,low}<='h020;
33:{high,med,low}<='h020;
34:{high,med,low}<='h020;
35:{high,med,low}<='h030;
36:{high,med,low}<='h007;
```

```
37:{high,med,low}<='h007;
38:{high,med,low}<='h006;
39:{high,med,low}<='h006;
40:{high,med,low}<='h005;
41:{high,med,low}<='h005;
42:{high,med,low}<='h005;
43:{high,med,low}<='h006;
44:{high,med,low}<='h010;
45:{high,med,low}<='h010;
46:{high,med,low}<='h020;
47:{high,med,low}<='h020;
48:{high,med,low}<='h003;
49:{high,med,low}<='h003;
50:{high,med,low}<='h010;
51:{high,med,low}<='h010;
52:{high,med,low}<='h006;
53:{high,med,low}<='h005;
54:{high,med,low}<='h006;
55:{high,med,low}<='h001;
56:{high,med,low}<='h005;
57:{high,med,low}<='h005;
58:{high,med,low}<='h005;
59:{high,med,low}<='h005;
60:{high,med,low}<='h005;
61:{high,med,low}<='h005;
62:{high,med,low}<='h005;
63:{high,med,low}<='h005;
64:{high,med,low}<='h030;
65:{high,med,low}<='h030;
66:{high,med,low}<='h030;
67:{high,med,low}<='h050;
68:{high,med,low}<='h007;
69:{high,med,low}<='h007;
70:{high,med,low}<='h020;
71:{high,med,low}<='h020;
72:{high,med,low}<='h006;
73:{high,med,low}<='h010;
74:{high,med,low}<='h005;
75:{high,med,low}<='h005;
```

```
76:{high,med,low}<='h005;
77:{high,med,low}<='h005;
78:{high,med,low}<='h000;
79:{high,med,low}<='h000;
80:{high,med,low}<='h003;
81:{high,med,low}<='h005;
82:{high,med,low}<='h005;
83:{high,med,low}<='h003;
84:{high,med,low}<='h005;
85:{high,med,low}<='h006;
86:{high,med,low}<='h007;
87:{high,med,low}<='h020;
88:{high,med,low}<='h006;
89:{high,med,low}<='h006;
90:{high,med,low}<='h006;
91:{high,med,low}<='h006;
92:{high,med,low}<='h006;
93:{high,med,low}<='h006;
94:{high,med,low}<='h005;
95:{high,med,low}<='h006;
96:{high,med,low}<='h010;
97:{high,med,low}<='h010;
98:{high,med,low}<='h010;
99:{high,med,low}<='h020;
100:{high,med,low}<='h050;
101:{high,med,low}<='h050;
102:{high,med,low}<='h030;
103:{high,med,low}<='h030;
104:{high,med,low}<='h020;
105:{high,med,low}<='h020;
106:{high,med,low}<='h030;
107:{high,med,low}<='h020;
108:{high,med,low}<='h010;
109:{high,med,low}<='h010;
110:{high,med,low}<='h006;
111:{high,med,low}<='h005;
112:{high,med,low}<='h003;
113:{high,med,low}<='h003;
114:{high,med,low}<='h003;
```

```
115:{high,med,low}<='h003;
116:{high,med,low}<='h010;
117:{high,med,low}<='h010;
118:{high,med,low}<='h010;
119:{high,med,low}<='h010;
120:{high,med,low}<='h006;
121:{high,med,low}<='h010;
122:{high,med,low}<='h006;
123:{high,med,low}<='h005;
124:{high,med,low}<='h003;
125:{high,med,low}<='h005;
126:{high,med,low}<='h006;
127:{high,med,low}<='h001;

128:{high,med,low}<='h005;  //演奏到此小节结束 | 5 — — < 3 5 | 去。
129:{high,med,low}<='h005;
130:{high,med,low}<='h005;
131:{high,med,low}<='h005;
132:{high,med,low}<='h005;
133:{high,med,low}<='h005;
134:{high,med,low}<='h003;
135:{high,med,low}<='h005;

default:{high,med,low}<='h000;
endcase
end
led7s u1 (high,high_7s);//译码器的实例化
led7s u2 (med,med_7s);
led7s u3 (low,low_7s);
endmodule


//译码器
module led7s(datain,ledout);
    input[3:0]datain;
    outputreg[6:0] ledout;
always begin case(datain)
    0:ledout<=7'b1000000;
    1:ledout<=7'b1111001;
```

```
        2:ledout<=7'b0100100;
        3:ledout<=7'b0110000;
        4:ledout<=7'b0011001;
        5:ledout<=7'b0010010;
        6:ledout<=7'b0000010;
        7:ledout<=7'b1111000;

            default:ledout<=7'b1000000;
        endcase end
endmodule
```

5.1.4 实验步骤

本实验中用到了 DE2-70 实验板上左侧扩展引脚(EXPANSION HEADER)中的 GPIO 0,引脚结构如图 5.4 所示,本实验可将扬声器的两个引脚连接到 GPIO 0 的第 2 和第 12 引脚。第 12 引脚为地。

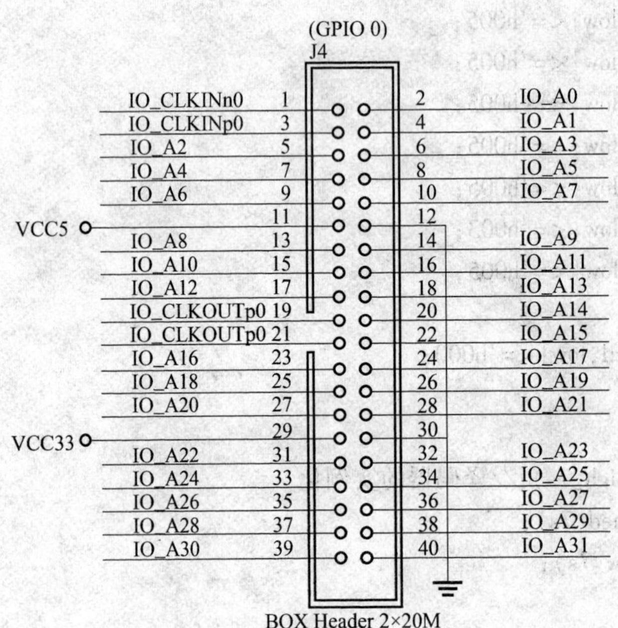

图 5.4 DE2-70 实验板中的 GPIO 0 引脚结构图

GPIO 0 与 FPGA 引脚对应关系见表 5.3。

表5.3 GPIO 0与FPGA引脚对应关系表

Signal Name	FPGA Pin No.	Description
IO_A[0]	PIN_C30	GPIO Connection 0 IO[0]
IO_A[1]	PIN_C29	GPIO Connection 0 IO[1]
IO_A[2]	PIN_C28	GPIO Connection 0 IO[2]
IO_A[3]	PIN_C29	GPIO Connection 0 IO[3]
IO_A[4]	PIN_C27	GPIO Connection 0 IO[4]
IO_A[5]	PIN_C28	GPIO Connection 0 IO[5]
IO_A[6]	PIN_C29	GPIO Connection 0 IO[6]
IO_A[7]	PIN_C25	GPIO Connection 0 IO[7]
IO_A[8]	PIN_C30	GPIO Connection 0 IO[8]
IO_A[9]	PIN_C26	GPIO Connection 0 IO[9]
IO_A[10]	PIN_C29	GPIO Connection 0 IO[10]
IO_A[11]	PIN_C29	GPIO Connection 0 IO[11]
IO_A[12]	PIN_C30	GPIO Connection 0 IO[12]
IO_A[13]	PIN_C30	GPIO Connection 0 IO[13]
IO_A[14]	PIN_C29	GPIO Connection 0 IO[14]
IO_A[15]	PIN_C30	GPIO Connection 0 IO[15]
IO_A[16]	PIN_C29	GPIO Connection 0 IO[16]

```
//具体引脚锁定
clk50m        Input     PIN_AD15
high_7s[6]    Output    PIN_AE19
high_7s[5]    Output    PIN_AB19
high_7s[4]    Output    PIN_AB18
high_7s[3]    Output    PIN_AG4
high_7s[2]    Output    PIN_AH5
high_7s[1]    Output    PIN_AF7
high_7s[0]    Output    PIN_AE7
low_7s[6]     Output    PIN_AD12
low_7s[5]     Output    PIN_AD11
low_7s[4]     Output    PIN_AF10
low_7s[3]     Output    PIN_AD10
low_7s[2]     Output    PIN_AH9
low_7s[1]     Output    PIN_AF9
low_7s[0]     Output    PIN_AE8
med_7s[6]     Output    PIN_AD17
```

med_7s[5]	Output	PIN_AF17
med_7s[4]	Output	PIN_AE17
med_7s[3]	Output	PIN_AG16
med_7s[2]	Output	PIN_AF16
med_7s[1]	Output	PIN_AE16
med_7s[0]	Output	PIN_AG13
speaker	Output	PIN_C30

5.2 数字钟设计

5.2.1 实验要求

要求完成一个数字钟设计。

(1)基本要求:完成分、秒显示电路设计;

(2)扩展要求:完成时、分、秒显示电路设计。

5.2.2 分秒显示电路设计

分秒显示电路由分频器、计数器和译码器组成。分频器也称时基电路,产生周期为 1 s、频率为 1 Hz 的计数脉冲信号。

分频器及译码器与第 1 章实验相同。程序清单如下:

```
//分频器模块
module clk_1Hz(clk,clk_1);
inputclk;
output clk_1;
reg clk_1;
reg [24:0] count;
always@ (posedge clk)
    begin
        if(count>=24999999)
            begin
                count<=0;
                clk_1<= ~clk_1;
            end
        else count<=count+1;
    end
endmodule

//译码器模块
module decode(data,hex);
```

```
input [3:0]data;
output [7:0]hex;
reg [7:0]hex;
always @ (data)
    begin
        case(data)
        4'b0000:hex=8'b11000000;
        4'b0001:hex=8'b11111001;
        4'b0010:hex=8'b10100100;
        4'b0011:hex=8'b10110000;
        4'b0100:hex=8'b10011001;
        4'b0101:hex=8'b10010010;
        4'b0110:hex=8'b10000010;
        4'b0111:hex=8'b11111000;
        4'b1000:hex=8'b10000000;
        4'b1001:hex=8'b10011000;
        default:hex=8'b11111111;
        endcase
    end
endmodule

//计数器模块,可根据输入信号 cnt 改变计数长度
module counter (clk,cnt,out,out_carry);
input clk;
input [3:0]cnt;
output [3:0]out;
outputout_carry;
reg[3:0]out;
reg out_carry;

always@ (posedge clk)
begin
    if(out==cnt)
        begin
            out_carry<=1;
            out<=0;
        end
    else
        begin
```

```
            out<=out+1;
            out_carry<=0;
        end
end
endmodule

//顶层模块
module shiyan2(clk,hex0,hex1,hex2,hex3);
inputclk;
output[7:0] hex0,hex1,hex2,hex3;
wire[7:0] hex0,hex1,hex2,hex3;
wire clk_1;
wire[7:0] segment0,segment1,segment2,segment3;

wire [3:0] cnt_second0=4'b1001;
wire [3:0] cnt_second1=4'b0101;
wire [3:0] cnt_minute0=4'b1001;
wire [3:0] cnt_minute1=4'b0101;

wire second0_carry;
wire second1_carry;
wire minute0_carry;
wire minute1_carry;

clk_1Hz M1(.clk(clk),.clk_1(clk_1));
counter second0(.clk(clk_1),.cnt(cnt_second0),.out(segment0),.out_carry(second0_car-
ry));
counter second1(.clk(second0_carry),.cnt(cnt_second1),
        .out(segment1),.out_carry(second1_carry));
counter minute0(.clk(second1_carry),.cnt(cnt_minute0),
        .out(segment2),.out_carry(minute0_carry));
counter minute1(.clk(minute0_carry),.cnt(cnt_minute1),.out(segment3),
        .out_carry(minute1_carry));
decode  s0(.data(segment0),.hex(hex0));
decode  s1(.data(segment1),.hex(hex1));
decode  m0(.data(segment2),.hex(hex2));
decode  m1(.data(segment3),.hex(hex3));
endmodule
```

程序说明：

(1)分秒显示电路由 4 个计数器组成,分别对应分的个位和十位,秒的个位和十位,个位为十进制,十位为六进制。

(2)模块实例化通过参数传递改变计数长度,例如,秒计数器参数 cnt_second0 = 4′b1001 构成六进制计数器,语句实例化如下：

counter second0(. clk(clk_1),. cnt(cnt_second0),. out(segment0),. out_carry(second0_carry));

out_carry 为进位端。

图 5.5 为本实验室的 RLT 级原理图。

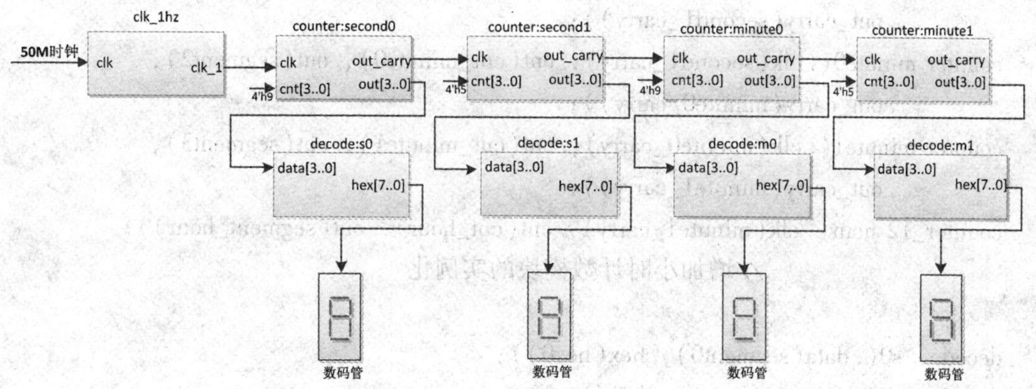

图 5.5　分秒显示电路

5.2.3　时分秒显示电路设计

这里提供两种写法。

写法 1：模仿分秒显示电路实现小时显示。

将顶层模块更改为：

```
module shiyan2(clk,hex0,hex1,hex2,hex3,hex4,hex5);//多使用两个数码管来显示小时
inputclk;
output[7:0] hex0,hex1,hex2,hex3,hex4,hex5;
wire  [7:0] hex0,hex1,hex2,hex3,hex4,hex5;
wire clk_1;
wire  [7:0] segment0,segment1,segment2,segment3,segment_hour;

wire [3:0] cnt_second0 = 4'b1001;
wire [3:0] cnt_second1 = 4'b0101;
wire [3:0] cnt_minute0 = 4'b1001;
wire [3:0] cnt_minute1 = 4'b0101;
wire [3:0]cnt_hour = 4'b1011;//这里小时选择为 12 进制
```

```
wire second0_carry;
wire second1_carry;
wire minute0_carry;
wire minute1_carry;

clk_1Hz M1(.clk(clk),.clk_1(clk_1));
counter second0(.clk(clk_1),.cnt(cnt_second0),.out(segment0),.out_carry(second0_carry));
counter second1(.clk(second0_carry),.cnt(cnt_second1),.out(segment1),
        .out_carry(second1_carry));
counter minute0(.clk(second1_carry),.cnt(cnt_minute0),.out(segment2),
        .out_carry(minute0_carry));
counter minute1(.clk(minute0_carry),.cnt(cnt_minute1),.out(segment3),
        .out_carry(minute1_carry));
counter_12 hour(.clk(minute1_carry),.cnt(cnt_hour),.out(segment_hour));
                        //增加小时计数模块的实例化

decode   s0(.data(segment0),.hex(hex0));
decode   s1(.data(segment1),.hex(hex1));
decode   m0(.data(segment2),.hex(hex2));
decode   m1(.data(segment3),.hex(hex3));
decode_12 h1(.data(segment_hour),.hex1(hex4),.hex2(hex5)) ;
                        //增加小时译码模块的实例化
endmodule

//小时计数模块
module counter_12(clk,cnt,out);
inputclk;
input [3:0]cnt;
output [3:0]out;
reg [3:0] out;
always @ (posedge clk)
begin
    if(out==cnt)
        out<=0;
    else
    out<=out+1;
end
endmodule
```

小时译码模块通过小时计数模块的计数结果控制小时的个位与十位两个数码管显示时间，程序如下：

```
//小时译码模块
module decode_12(data,hex1,hex2);
input [3:0]data;
output [7:0]hex1;
output [7:0]hex2;
reg [7:0]hex1;
reg [7:0]hex2;
always @ (data)
    begin
        case(data)
        4'b0000:begin
                    hex1=8'b11000000;
                    hex2=8'b11000000;
            end
        4'b0001:begin
                    hex1=8'b11111001;
                    hex2=8'b11000000;
            end
        4'b0010:begin
                    hex1=8'b10100100;
                    hex2=8'b11000000;
            end
        4'b0011:begin
                    hex1=8'b10110000;
                    hex2=8'b11000000;
            end
        4'b0100:begin
                    hex1=8'b10011001;
                    hex2=8'b11000000;
                    end
        4'b0101:begin
                    hex1=8'b10010010;
                    hex2=8'b11000000;
            end
        4'b0110:begin
                    hex1=8'b10000010;
                    hex2=8'b11000000;
```

```
            end
        4'b0111:begin
                            hex1 = 8'b11111000;
                            hex2 = 8'b11000000;
            end
        4'b1000:begin
                            hex1 = 8'b10000000;
                            hex2 = 8'b11000000;
            end
        4'b1001:begin
                            hex1 = 8'b10011000;
                            hex2 = 8'b11000000;
            end
        4'b1010:begin
                            hex1 = 8'b11000000;
                            hex2 = 8'b11111001;
            end
        4'b1011:begin
                            hex1 = 8'b11111001;
                            hex2 = 8'b11111001;
            end
        default:begin
                            hex1 = 8'b11111111;
                            hex2 = 8'b11111111;
            end

        endcase
    end
endmodule
```

图 5.6 为时、分、秒显示电路的 RLT 级原理图。

这个程序显示时间范围为 00:00:00 ~ 11:59:59。

写法 2:

```
module timer( clk_50,second_s2,hour_s2,minute_s2,hour_s1, minute_s1, second_s1);

inputclk_50;                //50 MHz 时钟

output[6:0]hour_s1;
output[6:0]minute_s1;
```

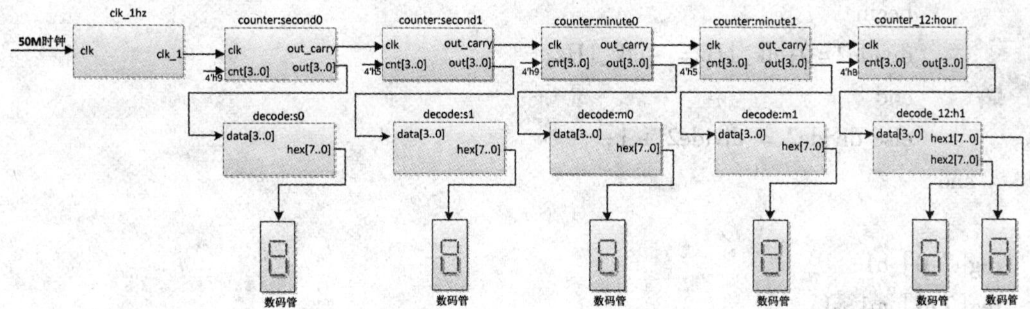

图 5.6　时、分、秒显示电路

```
output[6:0]second_s1;
output[6:0]hour_s2;
output[6:0]minute_s2;
output[6:0]second_s2;


reg[7:0]hour,minute,second;
reg [17:0]divide1;          //50 MHz 信号分频得 100 Hz
reg [5:0]divide2;           //100 Hz 信号分频得 1 Hz

reg clk_1Hz;
reg clk_100Hz;

//产生 clk_100Hz
always@(posedge clk_50)
  begin
    if(divide1==249999)
      begin
      divide1=0;
        clk_100Hz=~clk_100Hz;
      end
      else
        divide1 = divide1 + 1;
end


//Generate clk_1Hz
always@(posedge clk_100Hz)
  begin
    if(divide2==49)
```

```
        begin
        divide2 =0;clk_1Hz= ~clk_1Hz;
        end
        else divide2 = divide2 + 1;
    end

  reg[7:0] h1;
  reg[7:0] m1,s1;

  always@(posedge clk_1Hz )
  begin

        begin          //23:59:59'时变为00:00:00
         if(h1[5]&h1[1]&h1[0]&m1[6]&m1[4]&m1[3]&m1[0]&s1[6]&s1[4]
&s1[3]&s1[0])
                              {h1,m1,s1}=0;
            else  if(h1[3]&h1[0]&m1[6]&m1[4]&m1[3]&m1[0]&s1[6]&s1[4]
&s1[3]&s1[0])
                    begin        //*9:59:59'时小时加7,分、秒变为0
                    h1=h1+7;m1=0;s1=0;
                    end
            else  if(m1[6]&m1[4]&m1[3]&m1[0]&s1[6]&s1[4]&s1[3]&s1[0])
                    begin                       //59:59'时分、秒为0,小时加1
                    h1=h1+1;m1=0;s1=0;
                    end
            else  if(m1[3]&m1[0]&s1[6]&s1[4]&s1[3]&s1[0])
                   begin                     //*9:59'时秒为0,分加7
                    m1=m1+7; s1=0;
                   end
            else if(s1[6]&s1[4]&s1[3]&s1[0])
                          begin                      //59秒时秒为0,分加1
                           m1=m1+1;s1=0;
                          end
            else if(s1[3]&s1[0])    s1=s1+7;      //*9秒时秒加7
                           else s1=s1+1;             //秒加1
        end

  end
```

```
SEG7_LUTu1(hour_s1,h1[7:4]);
SEG7_LUTu2(hour_s2,h1[3:0]);
SEG7_LUTu3(minute_s1,m1[7:4]);
SEG7_LUTu4(minute_s2,m1[3:0]);
SEG7_LUTu5(second_s1,s1[7:4]);
SEG7_LUTu6(second_s2,s1[3:0]);

endmodule
```

数码管译码模块如下：

```
module SEG7_LUT(oSEG,iDIG);
input[3:0]iDIG;
output[6:0]oSEG;
reg[6:0]oSEG;

always @ (iDIG)
begin
case(iDIG)
      4'h1: oSEG = 7'b1111001;// ---0----
      4'h2: oSEG = 7'b0100100; // |   |
      4'h3: oSEG = 7'b0110000; // 5   1
      4'h4: oSEG = 7'b0011001; // |   |
      4'h5: oSEG = 7'b0010010; // ---6----
      4'h6: oSEG = 7'b0000010; // |   |
      4'h7: oSEG = 7'b1111000; // 4   2
      4'h8: oSEG = 7'b0000000; // |   |
      4'h9: oSEG = 7'b0011000; // ---3----共阳极
      4'ha: oSEG = 7'b0001000;
      4'hb: oSEG = 7'b0000011;
      4'hc: oSEG = 7'b1000110;
      4'hd: oSEG = 7'b0100001;
      4'he: oSEG = 7'b0000110;
      4'hf: oSEG = 7'b0001110;
      4'h0: oSEG = 7'b1000000;
      endcase
end
endmodule
```

程序说明：

(1)50 MHz 分频为 1 Hz，采用两级分频器，先分频为 100 Hz，再分频为 1 Hz，这种写法具有占用资源少，速度快的优点；

(2)程序有 3 个计数器，分别为小时计数器 h1[7:0]、分钟计数器 m1[7:0]和秒计数器 s1[7:0]，显示的时间范围为 00:00:00 至 23:59:59。本程序的框图如图 5.7 所示。

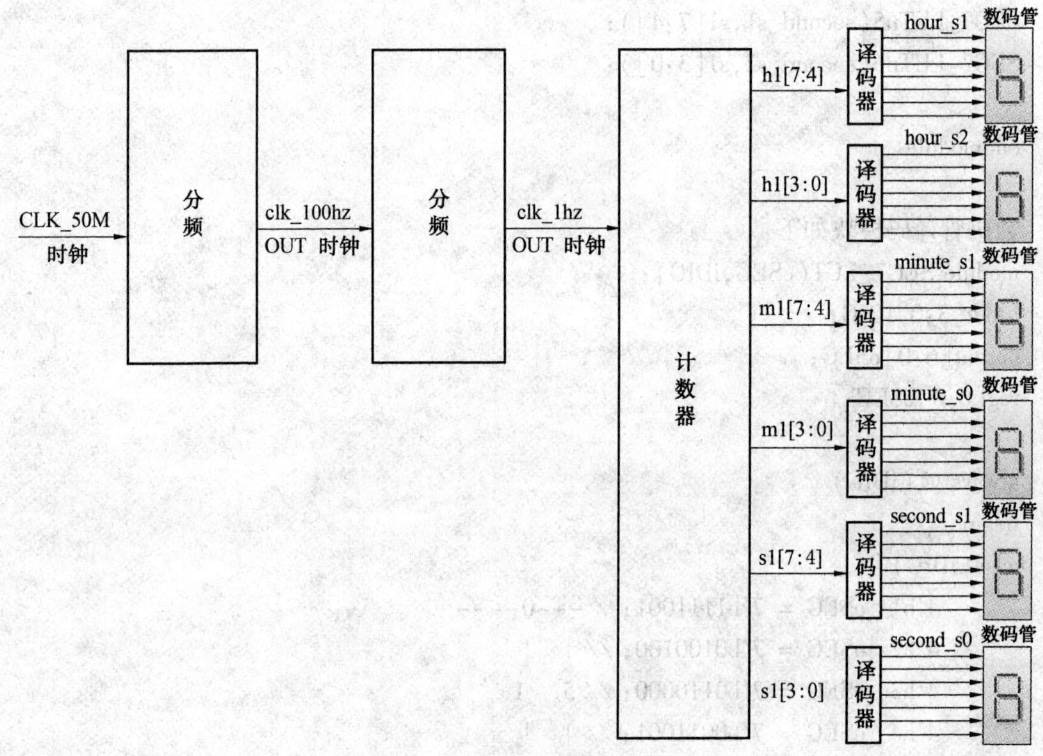

图 5.7　时、分、秒显示电路框图

5.3　基于 VGA 的桌面弹球屏保与游戏实验

5.3.1　实验要求

利用硬件描述语言在 FPGA 开发板 DE2-70 上实现桌面弹球游戏，实验要求如下：

(1)基本实验：利用硬件描述语言控制小球在 VGA 显示器上移动，并且通过编程控制改变小球颜色和 VGA 显示的背景颜色。

(2)扩展实验：通过按键控制小球运动速度和方向，增加滑动块控制小球的落地位置实现弹球游戏。

5.3.2　硬件外设介绍

(1) VGA 接口。

VGA 是一种 D 型接口，上面共有 15 个针孔，分成 3 排，每排 5 个，VGA 接口是显卡应用最为广泛的接口类型，多数的显卡都带有此接口，如图 5.8 所示。VGA 管脚定义见表 5.4。

(a) 显示器端公插头

(b) PC 机端母插座

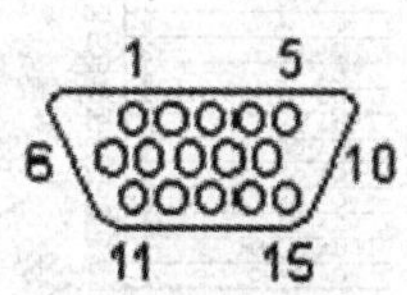

(c) VGA 插头编码

图 5.8　VGA 接口

表 5.4　VGA 管脚说明

管脚	定义
1	红色基 red
2	绿色基 green
3	蓝色基 blue
4	地址码 ID Bit（也有部分是 RES，或者为 ID2 显示器标示位 2）
5	自测试（各家定义不同）（一般为 GND）
6	红地
7	绿地
8	蓝地
9	保留（各家定义不同）
10	数字地
11	地址码（ID0 显示器标示位 0）
12	地址码（ID1 显示器标示位 1）
13	行同步
14	场同步
15	地址码（各家定义不同）（ID3 或显示器标示位 3）

(2) VGA 接口控制芯片及外围电路。

VGA 接口控制芯片及外围电路如图 5.9 所示。DB15-RA-F2 为上述的 VGA 输出接口。其中，ADV7123 为 VGA 接口控制芯片，其内部原理框图如图 5.10 所示。

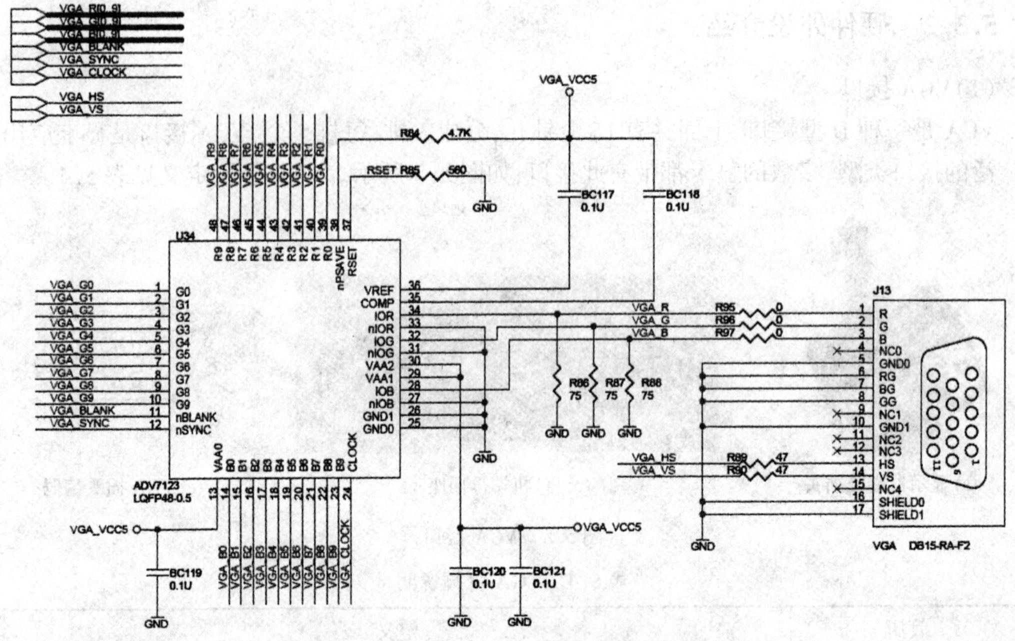

图 5.9 VGA 接口芯片及外围电路

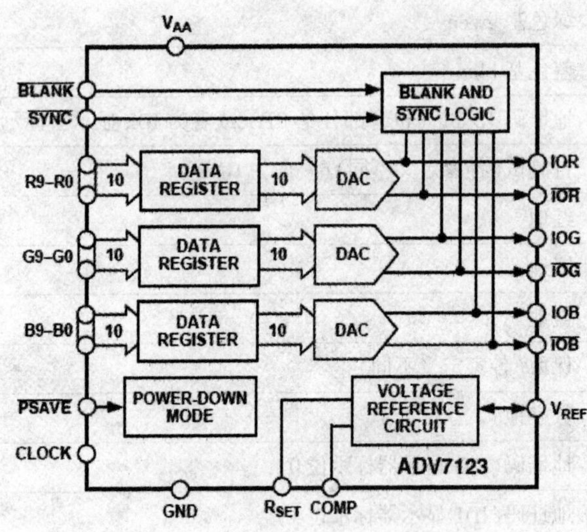

图 5.10 ADV7123 内部原理框图

5.3.3 VGA 信号控制时序

VGA 信号时序目前存在很多种不同 VGA 模式,在此选一种最常用的 VGA(640×480,60Hz)图像格式的信号时序图,结合该图来分析解释。

1. 场扫描时序

场扫描(又称为“垂直扫描”)周期 T_{VSYNC} 是指显示器扫描一帧完整画面需要的时间。该周期通过 V_SYNC 场同步信号来同步。每场有一个低电平场同步脉冲,该脉冲的宽度 V_SYNC_CYC=2 行。场周期为 1 s/60 Hz≈16.683 ms,每场 525 行(line)。其中 480 行为有效显示行,45 行为场消隐期。

场消隐期包括场同步时间(低电平场同步脉冲)V_SYNC_CYC(2 行)、场消隐前肩(又称"前沿")V_SYNC_FRONT(13 行)、场消隐后肩(又称"后沿")V_SYNC_BACK (32 行),共 45 行。以 640×480 模式为例的各个参数见表 5.5。

表 5.5 场时序参数

分辨率	刷新速率 /Hz	场周期	同步脉冲	后肩(后沿)	有效时间	前肩(前沿)
		V_SYNC_TOTAL	H_SYNC_CYC	H_SYNC_BACK	H_SYNC_ACT	H_SYNC_FRONT
		O	P	Q	R	S
		(lin)	(lin)	(lin)	(lin)	(lin)
640×480	60	525	2	32	480	11

图 5.11 所示为场扫描时序图,其中 P 代表场同步脉冲,Q 代表场消隐后肩,R 代表有效显示时间,S 代表场消隐前肩。BLANK 为场消隐信号。V_SYNC 代表场同步信号。

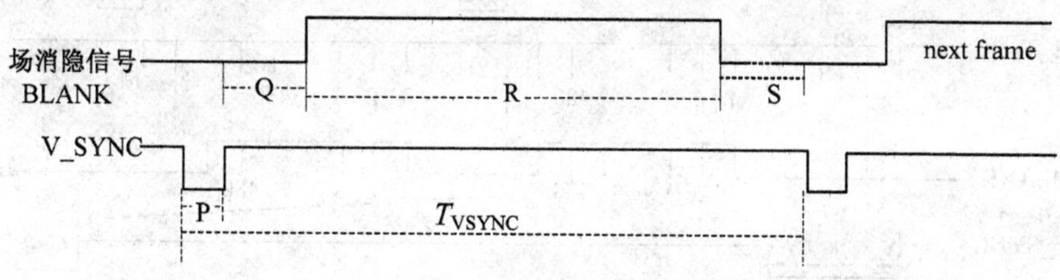

图 5.11 场扫描时序图

2. 行扫描时序

行扫描(又称为"水平扫描")周期 T_{HSYNC} 是指显示器扫描一行需要的时间,该周期通过 H_SYNC 行同步信号来同步。每一行有一个低电平行同步脉冲,该脉冲的宽度 H_SYNC_CYC = 96 像素(3.81 μs)。行周期为 16.683 ms/525 行≈31.78 μs,每行 800 像素(pix)。其中 640 像素为有效显示区,160 像素为行消隐期。

行消隐区包括行同步时间(低电平行同步脉冲)H_SYNC_CYC(96 像素),行消隐前肩(又称"前沿")H_SYNC_FRONT(13 像素)和行消隐后肩(又称"后沿")H_SYNC_BACK(45 像素),共 160 像素。以 640×480 模式为例的各个区间相关参数见表 5.6。

表 5.6 行时序参数

分辨率	刷新速率 /Hz	场周期	同步脉冲	后肩(后沿)	有效时间	前肩(前沿)
		V_SYNC_TOTAL	H_SYNC_CYC	H_SYNC_BACK	H_SYNC_ACT	H_SYNC_FRONT
		O	P	Q	R	S
		(lin)	(lin)	(lin)	(lin)	(lin)
640×480	60	800	96	48	64	16

特别注意,有效显示区的数据在不同资料中不同。因为在每个行扫描周期中有 6 列为过

扫描边界列,有些资料把这 6 列归入消隐期,所以同一参数在不同资料中数据会不一样。

图 5.12 所示为行扫描时序,其中 B 表示行同步脉冲,C 代表行消隐后肩,D 代表有效显示时间,E 代表行消隐信号前肩。BLANK 为消隐信号,H_SYNC 代表行同步信号。

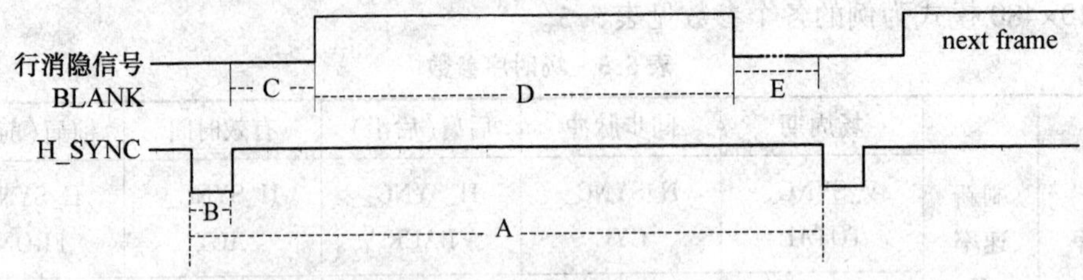

图 5.12　行扫描时序

图 5.13 为以 640×480 为例的控制信号时序图。H_SYNC 代表行同步信号,V_SYNC 代表场同步信号,BLANK 为复合消隐信号。CLOCK 为工作时钟。T_{VSYNC} 为场周期,T_{HSYNC} 为行周期,V_SYNC_CYC,H_SYNC_CYC 分别为场、行同步脉冲,BACK,FRONT 分别为后肩和前肩。

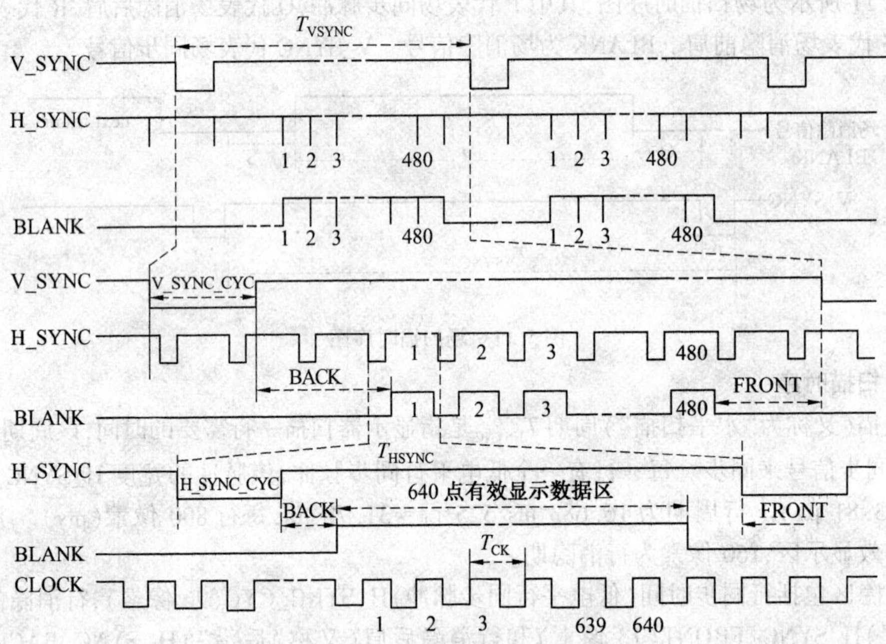

图 5.13　场行信号控制时序图

图 5.14 为 VGA 显示的原理图,阴影区为有效显示区,白色为消隐区。图 5.15 为场行同步信号的脉冲计数器计数示意图。

5.3.4　基本实验

利用 FPGA 实现 VGA 屏幕显示控制总体结构框图如图 5.16 所示。CLOCK_50 为 DE2-70 开发板上系统时钟,经分频后作为控制器的输入频率。系统的顶层模块为 BouncingBall,3 底层模块包括VGA_Controller 模块,Ball 模块和 color_gen 模块。

各个模块的输入输出端口及功能在下文进行说明。

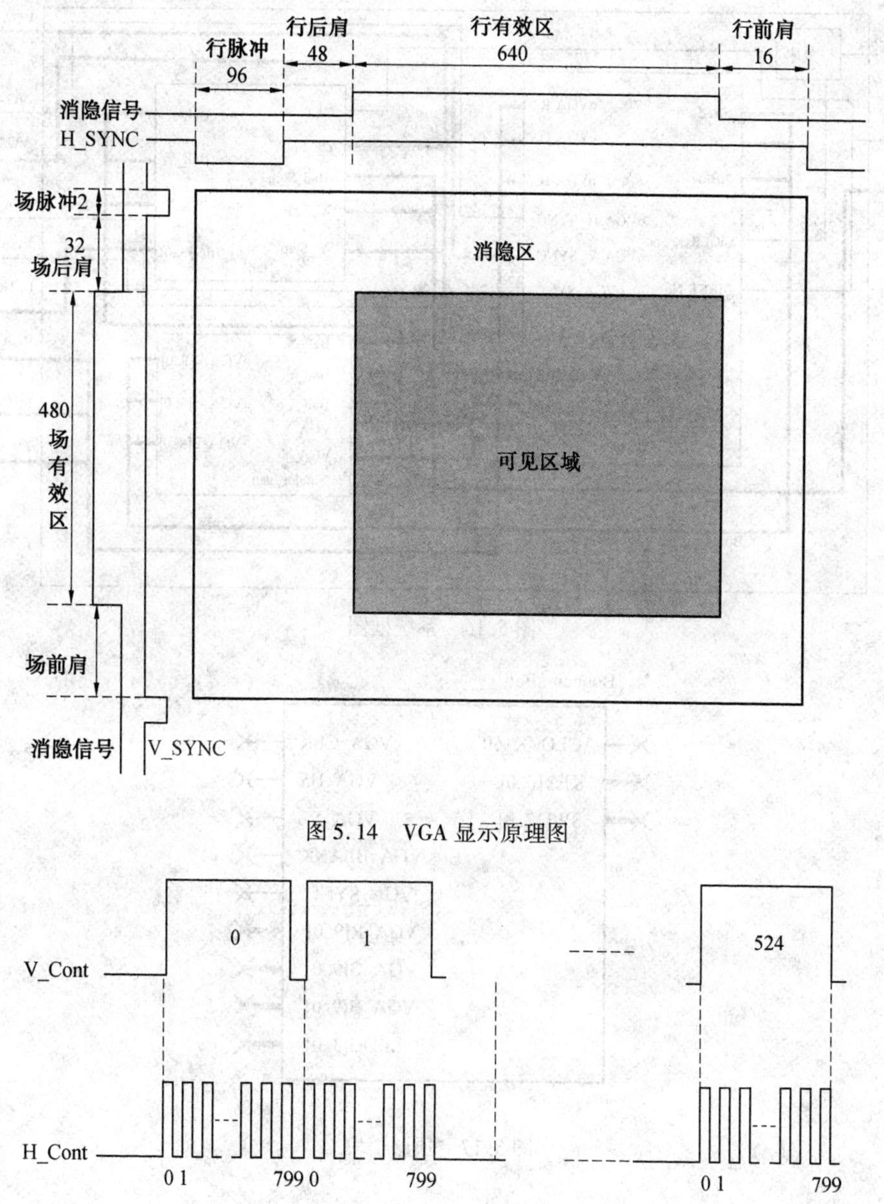

图 5.14　VGA 显示原理图

图 5.15　场行同步脉冲计数器计数示意图

1. 顶层模块

顶层模块的输入为 DE2-70 开发板系统时钟、按键开关作为系统复位信号、SW[4:1]设置小球大小、SW[8:5]设置小球水平移动步长、SW[12:9]设置小球垂直移动步长,其他闲置,如图 5.17 所示。输出为 VGA 相关信号及状态显示灯 LEDG[3..0],顶层模块中实现的是对各个子模块的调用,从而实现弹球的屏幕保护 VGA 显示输出,顶层模块的程序如下:

```
//顶层模块
moduleBouncingBall(
CLOCK_50,
```

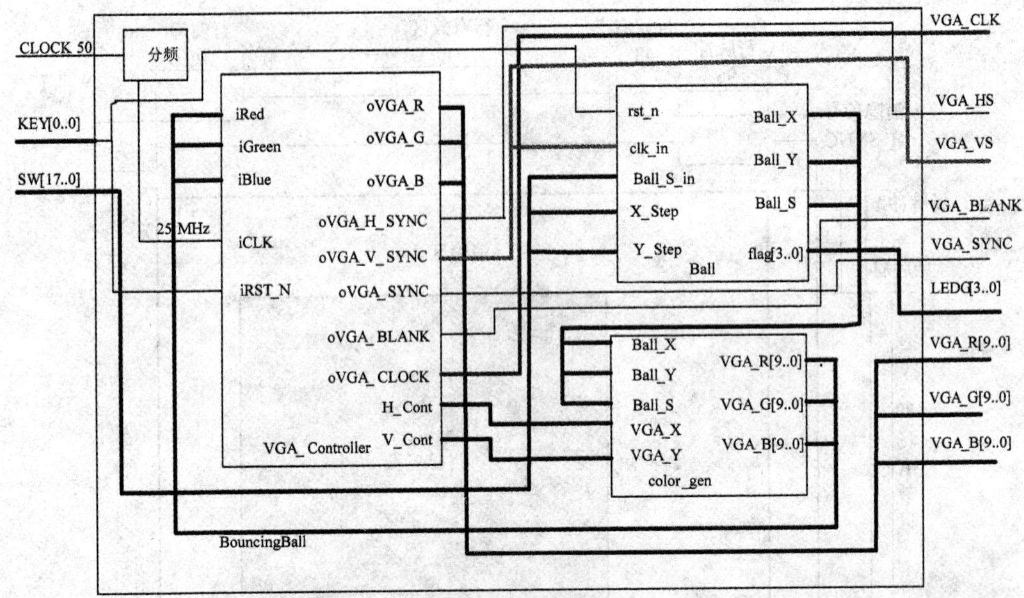

图 5.16　系统框图

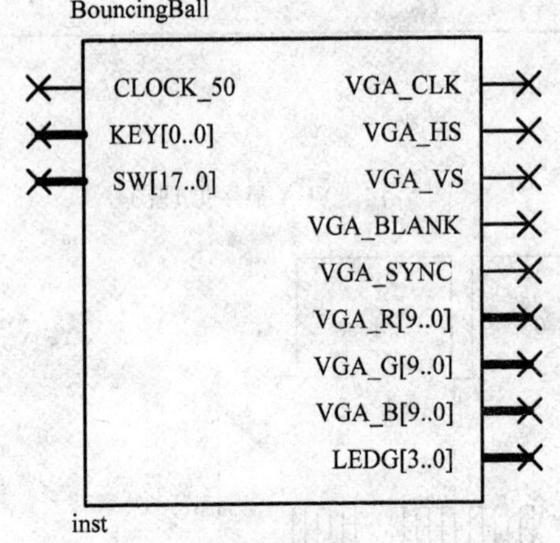

图 5.17　顶层模块

```
KEY,
SW,
VGA_CLK,          //  VGA Clock----VGA 时钟
VGA_HS,           //  VGA H_SYNC---VGA 水平同步
VGA_VS,           //  VGA V_SYNC---VGA 垂直同步
VGA_BLANK,        //  VGA BLANK---VGA 消隐信号
VGA_SYNC,         //  VGA SYNC----VGA 同步信号
VGA_R,            //  VGA Red[9:0]----VGA 红色基数据
VGA_G,            //  VGA Green[9:0] ---VGA 绿色基数据
VGA_B,            //  VGA Blue[9:0])----VGA 蓝色基数据
LEDG,             //---------------------------小球运动状态指示灯
```

```
);

input CLOCK_50;
input [0:0] KEY;
input [17:0] SW;
output          VGA_CLK;        //  VGA Clock 均同上
output          VGA_HS;         //  VGA H_SYNC
output          VGA_VS;         //  VGA V_SYNC
output          VGA_BLANK;      //  VGA BLANK
output          VGA_SYNC;       //  VGA SYNC
output  [9:0]   VGA_R;          //  VGA Red[9:0]
output  [9:0]   VGA_G;          //  VGA Green[9:0]
output  [9:0]   VGA_B;          //  VGA Blue[9:0]
output  [3:0]   LEDG;


//registers and wires
wire [9:0] Red, Green, Blue;            //三原色数据线
wire [9:0] VGA_X, VGA_Y;                //显示屏位置
wire [9:0]Ball_X, Ball_Y,Ball_S;        //小球中心位置及球的大小参数
reg clk_25;

always@(posedge CLOCK_50)
  clk_25 <= ~clk_25;                    //25 MHz 时钟----VGA 工作时钟


VGA_Controller U0(//Host Side           //主控制器方面
               .iRed(Red),
               .iGreen(Green),
               .iBlue(Blue),
//VGA Side                              //VGA 方面
               .H_Cont(VGA_X),
               .V_Cont(VGA_Y),
               .oVGA_R(VGA_R),
               .oVGA_G(VGA_G),
               .oVGA_B(VGA_B),
               .oVGA_H_SYNC(VGA_HS),
               .oVGA_V_SYNC(VGA_VS),
               .oVGA_SYNC(VGA_SYNC),
```

```
            .oVGA_BLANK(VGA_BLANK),
            .oVGA_CLOCK(VGA_CLK),
            //Control Signal   ------控制信号
            .iCLK(clk_25),
            .iRST_N(KEY[0]));

Ball U1(
.rst_n(KEY[0]),
.clk_in(VGA_VS),// keep track of the vertical signal to updata---场同步作为时钟输入
.Ball_S_in(SW[4:1]),//SW[4:1]  control the size of the ball-----SW[4..1]输入控制
                    球大小
.X_Step(SW[8:5]),//SW[8:5] control the horizontal step of the ball---SW[8..5]控制
                    球水平步速
.Y_Step(SW[12:9]),//SW[12:9] control the vertical step of the ball----SW[12..9]控
                    制球垂直步速
.Ball_X(Ball_X),
.Ball_Y(Ball_Y),
.Ball_S(Ball_S),
.flag(LEDG[3:0]));

color_gen U2
(
.Ball_X(Ball_X),
.Ball_Y(Ball_Y),
.VGA_X(VGA_X),
.VGA_Y(VGA_Y),
.Ball_S(Ball_S),
.VGA_R(Red),
.VGA_G(Green),
.VGA_B(Blue));

endmodule
```

2. VGA 显示控制模块 VGA_Controller

该模块的输入信号是红绿蓝的 3 路数据(iRed,iGreen,iBlue),时钟信号 iCLK 和控制复位信号 iRST_N。输出信号是输出给 VGA 控制芯片 ADV7123 的 3 路红绿蓝信号(oVGA_R,oVGA_G,oVGA_B)以及同步信号 oVGA_SYNC,消隐信号 oVGA_BLANK,时钟输出 oVGA_CLOCK,输出到 VGA 接口的水平同步信号 oVGA_H_SYNC,垂直同步信号 oVGA_V_SYNC。该控制模块的框图如图 5.18 所示。

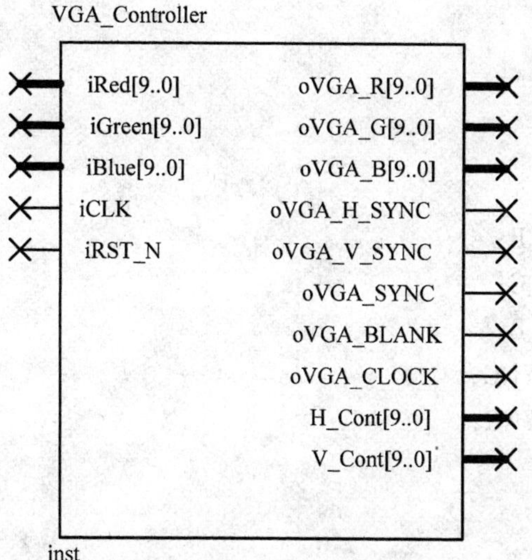

图 5.18　VGA_Controller 模块

程序代码如下。

```
moduleVGA_Controller(
  //   Host Side              ----主控器方面
  iRed,
  iGreen,
  iBlue,
    //   VGA Side
  oVGA_R,
  oVGA_G,
  oVGA_B,
  oVGA_H_SYNC,
  oVGA_V_SYNC,
  oVGA_SYNC,
  oVGA_BLANK,
  oVGA_CLOCK,
  H_Cont,
  V_Cont,
  //   Control Signal-------控制信号
  iCLK,
  iRST_N
);

'include "VGA_Param.h"                //调用 VGA 参数

//   Host Side 端口声明
```

```
input [9:0]iRed;
input [9:0]iGreen;
input [9:0]iBlue;

//  VGA Side
output  [9:0]oVGA_R;
output  [9:0]oVGA_G;
output  [9:0]oVGA_B;
outputreg oVGA_H_SYNC;
outputreg oVGA_V_SYNC;
outputoVGA_SYNC;
outputoVGA_BLANK;
outputoVGA_CLOCK;
output      [9:0]H_Cont;
output      [9:0]V_Cont;
//  Control Signal
inputiCLK;
inputiRST_N;

//  Internal Registers and Wires 内部寄存器和网表型变量声明
reg [9:0] H_Cont;
reg [9:0] V_Cont;

assignoVGA_BLANK=oVGA_H_SYNC & oVGA_V_SYNC;
assignoVGA_SYNC=1'b0;
assignoVGA_CLOCK=iCLK;
//有效显示区
assignoVGA_R=(H_Cont>=X_START && H_Cont<X_START+H_SYNC_ACT &&
V_Cont>=Y_START && V_Cont<Y_START+V_SYNC_ACT )
? iRed:0;
assignoVGA_G=(H_Cont>=X_START && H_Cont<X_START+H_SYNC_ACT &&
V_Cont>=Y_START && V_Cont<Y_START+V_SYNC_ACT )
? iGreen:0;
assignoVGA_B=(H_Cont>=X_START && H_Cont<X_START+H_SYNC_ACT &&
V_Cont>=Y_START && V_Cont<Y_START+V_SYNC_ACT )
? iBlue:0;
//H_Sync Generator, Ref. 25.175 MHz Clock----产生行同步信号
always@(posedge iCLK or negedge iRST_N)
begin
```

```
    if(! iRST_N)
    begin
        H_Cont<=0;
        oVGA_H_SYNC<=0;
    end
    else
    begin
        //H_Sync Counter------行计数器
        if( H_Cont < H_SYNC_TOTAL )
        H_Cont<=H_Cont+1;
        else
        H_Cont<=0;
        //H_Sync Generator
        if( H_Cont < H_SYNC_CYC )
        oVGA_H_SYNC<=0;                    //行同步脉冲
        else
        oVGA_H_SYNC<=1;
    end
end

//V_Sync Generator, Ref. H_Sync------产生场同步信号
always@(posedge iCLK or negedge iRST_N)
begin
    if(! iRST_N)
    begin
        V_Cont<=0;
        oVGA_V_SYNC<=0;
    end
    else
    begin
        //When H_Sync Re-start------每行开始时刻及 H_Cont==0 场计数器动作
        if(H_Cont==0)
        begin
            //V_Sync Counter---------场计数器
            if( V_Cont < V_SYNC_TOTAL )
            V_Cont<=V_Cont+1;
            else
            V_Cont<=0;
            //V_Sync Generator----------场脉冲信号
```

```
            if( V_Cont < V_SYNC_CYC )
            oVGA_V_SYNC<=0;
            else
            oVGA_V_SYNC<=1;
        end
    end
end

endmodule
```

其中包含的头文件为参数设置文件,相关参数在代码中以 parameter 的形式给出。控制器的输入频率应为 25 MHz,产生控制 VG 工作的时序及数据信号,代码如下:

```
//Horizontal Parameter( Pixel )------行参数
parameterH_SYNC_CYC=96;    //行同步脉冲
parameterH_SYNC_BACK=45+3;    //行后肩
parameterH_SYNC_ACT=640;//646    //有效显示区
parameterH_SYNC_FRONT=13+3;    //行前肩
parameterH_SYNC_TOTAL=800;    //行总数
//Virtical Parameter( Line )-------场参数
parameterV_SYNC_CYC=2;    //场同步脉冲
parameterV_SYNC_BACK=30+2;    //场后肩
parameterV_SYNC_ACT=480;//484    //场有效区
parameterV_SYNC_FRONT=9+2;    //场前肩
parameterV_SYNC_TOTAL=525;    //场总数
//Start Offset    -----------开始显示区值
parameterX_START=H_SYNC_CYC+H_SYNC_BACK;
parameterY_START=V_SYNC_CYC+V_SYNC_BACK;
```

3. 小球控制模块 Ball

该模块的输入信号为复位信号,时钟信号(25 MHz,与场同步时间周期相同)和球大小控制信号以及球 x,y 方向移动步长控制量。输出信号为球中心坐标位置,球大小控制量和状态显示灯。该功能模块(图 5.19)用于控制小球运动及显示小球的运动状态。程序代码如下:

```
module Ball(
rst_n,
clk_in,
Ball_S_in,
X_Step,
Y_Step,
Ball_X,
Ball_Y,
```

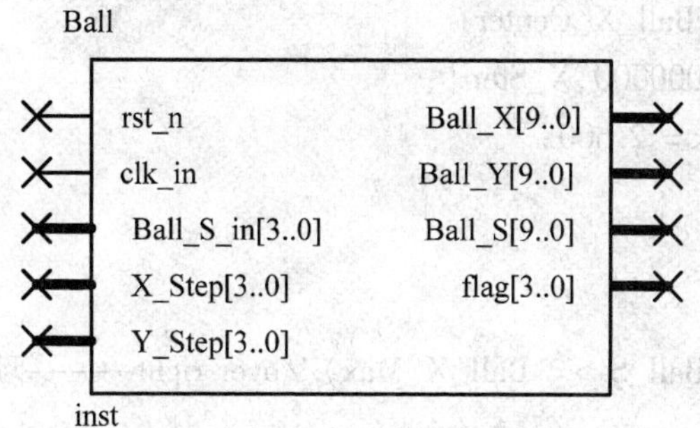

图 5.19　Ball 模块

```
Ball_S,
flag);
inputrst_n;
inputclk_in;
input [3:0]Ball_S_in;// input ball size------球大小设置
input [3:0]X_Step;// input x step-------水平步速
input [3:0]Y_Step;// input y step------垂直步速
output [9:0]Ball_X;// ball x coordinate------球中心水平坐标
output [9:0]Ball_Y;// ball y coordinate---------球中心垂直坐标
output [9:0]Ball_S;// ball size----------------球的大小
output [3:0] flag;

//begin at the rising edge ofVSyn, so parameters have to be offsetted-------球运动区域参
                                                                              数设置
parameterBall_X_Center = 463, Ball_Y_Center = 273; //  --------运动区域中心坐标
parameterBall_X_Min = 144, Ball_Y_Min = 34;    //   运动区 x,y 方向最小值
parameterBall_X_Max = 784, Ball_Y_Max = 514;//---运动区 x,y 方向最大值

//wires and registers        -----内部变量定义
wire[9:0]Ball_S;
reg [9:0] X, Y;
reg [9:0] Ball_X, Ball_Y;
reg [3:0] flag;

assignBall_S = {6'b0,Ball_S_in};

always@ (posedge clk_in or negedge rst_n)
begin
    if(! rst_n)                //初始球置水平中心
    begin
```

```
            Ball_X <= Ball_X_Center;
            X <= {6'b000000,X_Step};
            flag[1:0] <= 2'b00;
        end
        else
        begin
            if(Ball_X+Ball_S >= Ball_X_Max)//over right-----球碰右壁
            begin
            X <=    ~{6'b000000,X_Step}+1'b1;
            flag[1:0] <= 2'b01;
        end
        else
        begin
             if(Ball_X-Ball_S <= Ball_X_Min)// over left ----球碰左壁
             begin
                X <= {6'b000000,X_Step};
                flag[1:0] <= 2'b10;
            end
        end
        Ball_X <= Ball_X + X;
      end
    end

    always@(posedge clk_in or negedge rst_n)
    begin
        if(! rst_n)
        begin
            Ball_Y <= Ball_Y_Center;
            Y <= {6'b000000,Y_Step};
            flag[3:2] <= 2'b00;
        end
        else
        begin
            if(Ball_Y+Ball_S >= Ball_Y_Max)// over bottom----球碰下壁
            begin
                Y <=    ~{6'b000000,Y_Step}+1'b1;
                flag[3:2] <= 2'b01;
            end
            else
```

```
        begin
            if(Ball_Y-Ball_S <= Ball_Y_Min)//over top----球碰上壁
            begin
                Y <= {6'b000000,Y_Step};
                flag[3:2] <= 2'b10;
            end
        end
        Ball_Y <= Ball_Y + Y;
    end
end
endmodule
```

4. 显示颜色产生模块 color_gen(图5.20)

图5.21实现了小球的和背景色的生成方法。当屏幕上点的位置到球中心坐标的距离 *Delta* 小于球的半径 *R* 时显示白色,当距球心的距离 *Delta* 大于半径 *R* 时显示背景色。该模块的输入为小球中心坐标位置,屏幕上扫描点的位置,小球大小控制量。输出为 RGB 三原色数据量。程序代码如下:

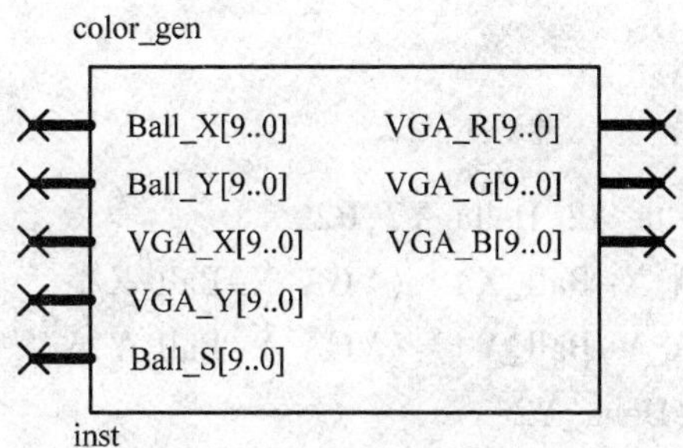

图5.20 color_gen 模块

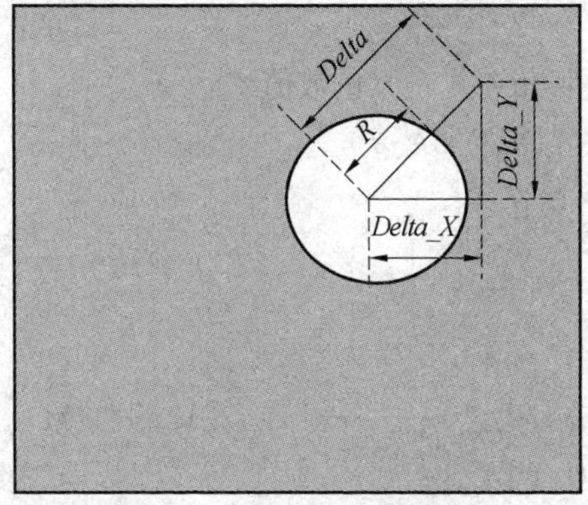

图5.21 球和背景色显示图

```
//功能:To generate color to VGA according the ball cordinates and the scan cordiate of VGA
    ---产生球的白色和背景色
```

```
// All function using combinational logic------纯组合逻辑
modulecolor_gen(
Ball_X,
Ball_Y,
VGA_X,
VGA_Y,
Ball_S,
VGA_R,
VGA_G,
VGA_B);

input [9:0]Ball_X;// the x cordinate of the ball          球中心 x 坐标
input [9:0]Ball_Y;// the y cordinate of the ball          球中心 y 坐标
input [9:0] VGA_X;// thevga current scan x coordinate    VGA 显示器 x 坐标
input [9:0] VGA_Y;// thevga current scan y cordiante      VGA 显示器 y 坐标
input [9:0]Ball_S;// the size of the ball          球大小
outputreg [9:0] VGA_R;// the red compent to vga -------三原色值
outputreg [9:0] VGA_G;
outputreg [9:0] VGA_B;
wireBall_Show;
wire [19:0] Delta2 , Delta_X2,Delta_Y2,R2;
assign Delta_X2 = (VGA_X-Ball_X) * (VGA_X-Ball_X);       //判断 VGA 上某一点到
assign Delta_Y2 = (VGA_Y-Ball_Y) * (VGA_Y-Ball_Y);         球心的距离
assign Delta2=Delta_X2+Delta_Y2;
assign R2 = (Ball_S * Ball_S);      //球半径的平方
assign Ball_Show = (Delta2<= R2)? 1'b1:1'b0;      //由比较得出 VGA 上某一点是否在
                                                     球的范围内
generate RGB------产生 RGBA 三原色数值
always@(Ball_Show, VGA_X, VGA_Y)
begin
    if(Ball_Show)
    begin
        VGA_R <= {10{1'b1}};
        VGA_G <= {10{1'b1}};              //球的白色
        VGA_B <= {10{1'b1}};
    end
    else
    begin
        VGA_R <= {1'b0,VGA_X[4:0],{4{1'b1}}};
```

```
        VGA_G <= {1'b0,VGA_Y[5:0],{3{1'b1}}};      //背景彩色
        VGA_B <= {1'b0,VGA_X[9:1]};
    end
end
endmodule
```

5.3.5 扩展实验设计

功能要求：

在 VGA 显示屏的下方设置一滑动块，如果小球落在滑动块上则小球能够重新弹起，如果小球没有落到滑动块上，则小球落下无法弹起，游戏结束。

功能分析：

(1)增加滑动块相当于增加另外一个控制模块。可以通过按键控制滑动块的大小长度与位置，此设计可以参照小球的设计方法。

(2)通过按键控制滑动块的位置和长度，当小球落下时，移动滑动块使得小球能够落到滑动块上弹起。如果小球落下时滑动块没有及时出现在小球落下位置，则游戏结束。

第 6 章　数字触屏综合实验

6.1　实验要求

利用 Altera 公司的 DE2-70 开发套件和友晶公司 MTL 7 寸数字触摸屏套件完成下列实验内容：

(1)基于锁相环的触摸屏时序控制；

(2)基于触摸屏的背景颜色触碰改变；

(3)基于触摸屏的弹球动画；

(4)扩展要求：基于触摸屏的弹球游戏。

6.2　MTL 数字触摸屏外设介绍

本书使用的触摸屏为台湾友晶公司生产的 MTL 7 寸数字触摸屏套件(图 6.1)，套件包括多点触控 LCD 模块、集成电路设备电缆(IDE cable)和 IDE-GPIO 适配器(ITG)。

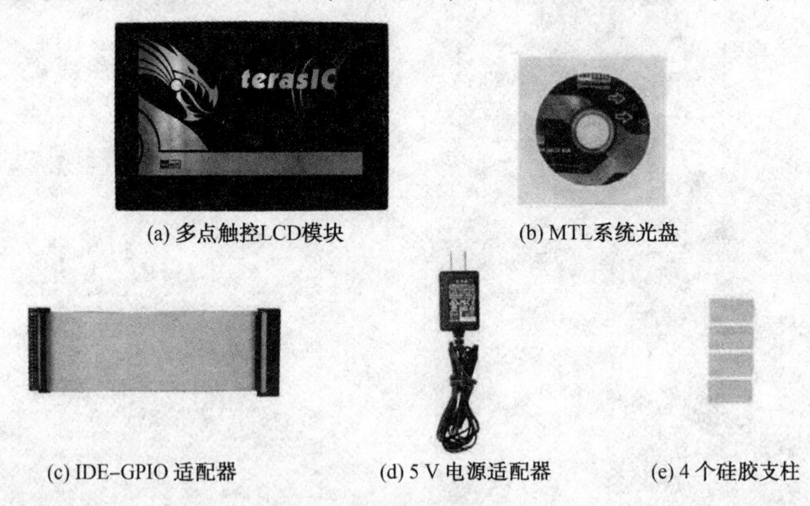

图 6.1　MTL 触摸屏套件

IDE cable 可实现 33 MHz 视频信号的高速信号传输。

ITG Adapter 用于映射标准 IDE 引脚至 FPGA 电路板 2×20 GPIO 接口上。

LCD 模块像素分辨率为 800×480，颜色分辨率为 3×8RGB，支持单点和两点触控手势。

本章利用 DE2-70 套件与 MTL 套件实现，连接实物图如图 6.2 所示。

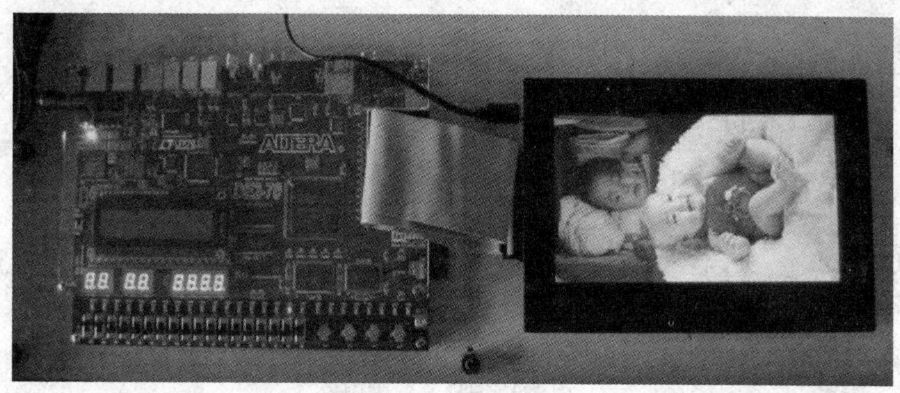

图 6.2　连接实物图

MTL 触摸屏与 VGA 显示屏的显示机理类似，均利用扫描显示原理，逐点扫描，刷新显示。触摸屏时序如图 6.3 所示。其中图 6.3(a)为水平方向时序，图 6.3(b)为垂直方向时序。

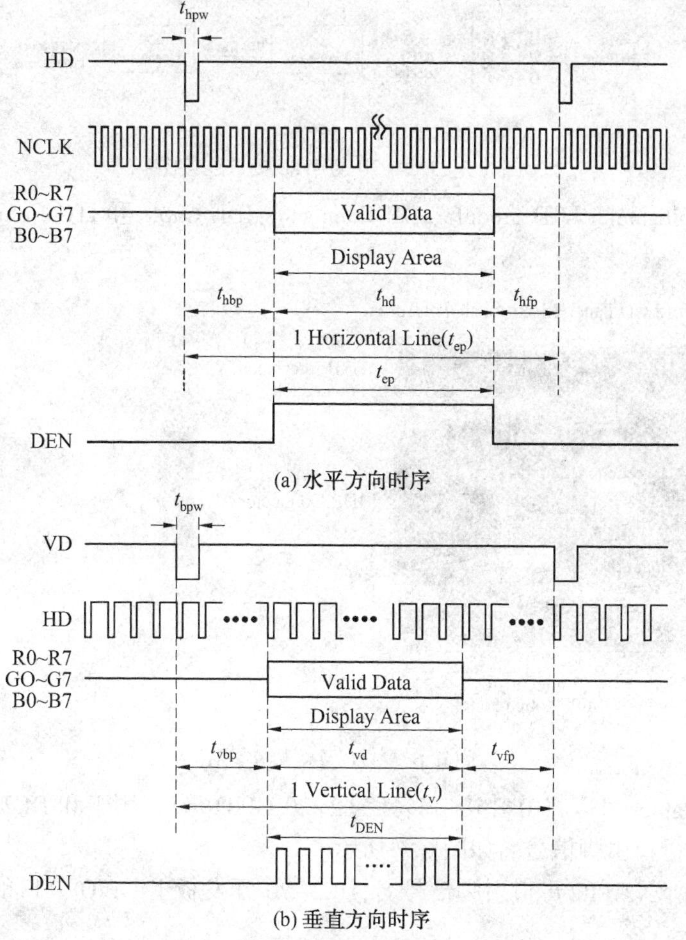

(a) 水平方向时序

(b) 垂直方向时序

图 6.3　触摸屏时序

MTL 包括了触摸屏、LCD、多点触摸控制器和 IDE 接口，MTL 利用 IDE 接口上 HD，VD，NCLK 和 24 位 RGB 引脚实现 LCD 显示，使用 I2C 协议传输触控信号，具体实现框图如图 6.4 所示。

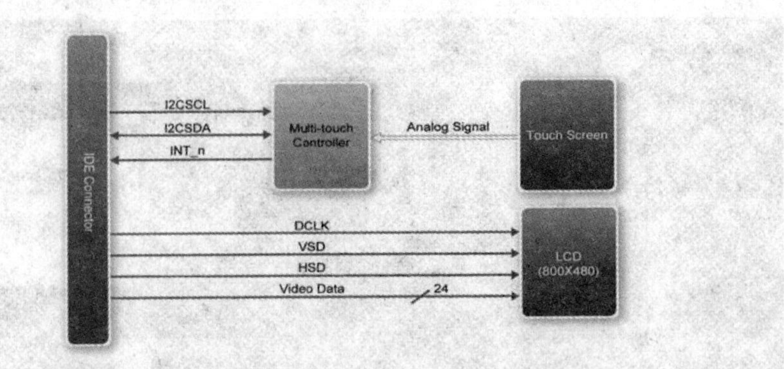

图 6.4　MTL 实现框图

由于 DE2-70 中只有 2 个 2×20 的 GPIO 接口，与 MTL 连接需要使用转换器 ITG Adapter，接口连接如图 6.5 所示。

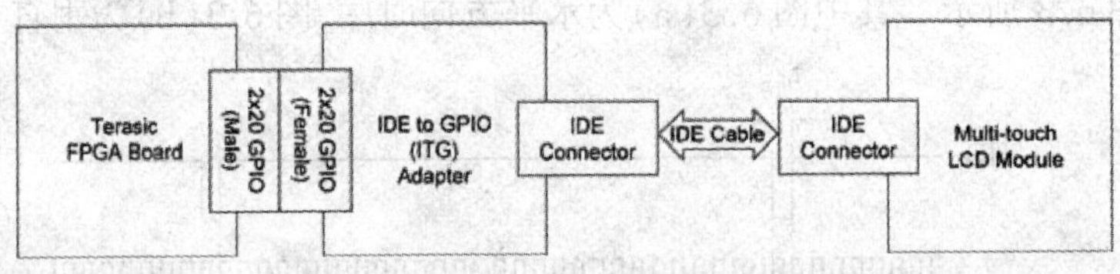

图 6.5　DE2-70 与 MTL 接口连接图

图 6.5 中 Multi-touch LCD Module，IDE Connector，IDE Cable 和 ITG Connector 的实物如图 6.6 所示。

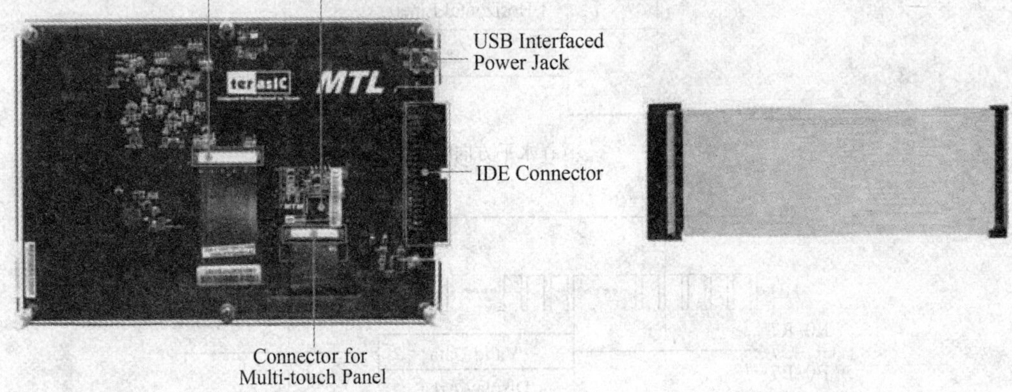

图 6.6　MTL 及接口实物图

使用 ITG Adapter 可以将 IDE 接口转换为 2×20 GPIO 母口，用于和 DE2-70 上 GPIO 公口连接，其中 GPIO 母口引脚信号名如图 6.7 所示。

根据图 6.7 所示 GPIO 母口引脚信号名，DE2-70 开发板上 GPIO 公口的推荐引脚分配见表 6.1。

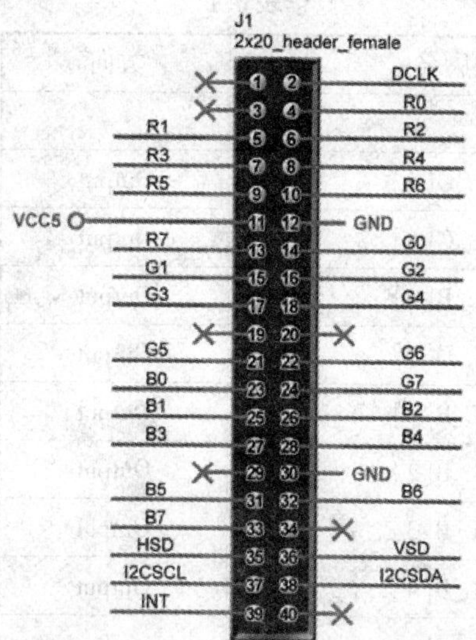

图 6.7 ITG Adapter 上 GPIO 引脚信号名

表 6.1 DE2-70 上 GPIO 推荐引脚分配表

引脚号	引脚名	方向	IO Standard
1	—	—	—
2	MTL_DCLK	Output	3.3-V LVTTL
3	—	—	—
4	MTL_R[0]	Output	3.3-V LVTTL
5	MTL_R[1]	Output	3.3-V LVTTL
6	MTL_R[2]	Output	3.3-V LVTTL
7	MTL_R[3]	Output	3.3-V LVTTL
8	MTL_R[4]	Output	3.3-V LVTTL
9	MTL_R[5]	Output	3.3-V LVTTL
10	MTL_R[6]	Output	3.3-V LVTTL
11	—	—	—
12	—	—	—
13	MTL_R[7]	Output	3.3-V LVTTL
14	MTL_G[0]	Output	3.3-V LVTTL
15	MTL_G[1]	Output	3.3-V LVTTL
16	MTL_G[2]	Output	3.3-V LVTTL
17	MTL_G[3]	Output	3.3-V LVTTL
18	MTL_G[4]	Output	3.3-V LVTTL
19	—	—	—

续表 6.1

引脚号	引脚名	方向	IO Standard
20	—	—	—
21	MTL_G[5]	Output	3.3-V LVTTL
22	MTL_G[6]	Output	3.3-V LVTTL
23	MTL_B[0]	Output	3.3-V LVTTL
24	MTL_G[7]	Output	3.3-V LVTTL
25	MTL_B[1]	Output	3.3-V LVTTL
26	MTL_B[2]	Output	3.3-V LVTTL
27	MTL_B[3]	Output	3.3-V LVTTL
28	MTL_B[4]	Output	3.3-V LVTTL
29	—	—	—
30	—	—	—
31	MTL_B[5]	Output	3.3-V LVTTL
32	MTL_B[6]	Output	3.3-V LVTTL
33	MTL_B[7]	Output	3.3-V LVTTL
34	—	—	—
35	MTL_HSD	Output	3.3-V LVTTL
36	MTL_VSD	Output	3.3-V LVTTL
37	MTL_TOUCH_I2C_SCL	Output	3.3-V LVTTL
38	MTL_TOUCH_I2C_SDA	Inout	3.3-V LVTTL
39	MTL_TOUCH_INT_n	Input	3.3-V LVTTL
40	—	—	—

LCD 模块有着 800×480 的像素分辨率,并且运行在 33 MHz 的像素率下,驱动 LCD 运行不需要额外的配置信息。LCD 与 VGA 的显示方式类似,需要利用 LCD 的显示时序规格对显示区域进行设置,时序规格见表 6.2。

表 6.2　LCD 时序规格

项	推荐值	单位
Pixel Rate	33	MHz
Horizontal Period	1056	Pixel
Horizontal Pulse Width	30	Pixel
Horizontal Back Porch	16	Pixel
Horizontal Front Porch	210	Pixel

续表 6.2

项	推荐值	单位
Horizontal Valid	800	Pixel
Vertical Period	525	Line
Vertical Pulse Width	13	Line
Vertical Back Porch	10	Line
Vertical Front Porch	22	Line
Vertical Valid	480	Line

MTL 套件提供了一些触控手势用于实验,包括单点和多点手势,集成于 i2c_touch_config 模块中,使用 IP 核的方式提供给用户。用户在使用前需要首先安装该 IP 核的证书,安装方法可参考 MTL 的用户手册第 1 章。添加 IP 核后,在触摸屏上按特定手势要求触碰,触摸屏可以识别并传递手势 8 位 ID 信息至触摸控制器。本章利用了一些手势,IP 核中提供手势与其 ID 信息对照见表 6.3。

表 6.3　手势对照表

手势	ID (hex)	手势	ID (hex)
单点手势		多点手势	
North	0x10	North	0x30
North-East	0x12	North-East	0x32
East	0x14	East	0x34
South-East	0x16	South-East	0x36
South	0x18	South	0x38
South-West	0x1A	South-West	0x3A
West	0x1C	West	0x3C
North-West	0x1E	North-West	0x3E
Rotate Clockwise	0x28	Click	0x40
Rotate Anti-clockwise	0x29	Zoom In	0x48
Click	0x20	Zoom Out	0x49
Double Click	0x22		

在手势对照表中,单点手势如 North,需要在触摸屏上部单指滑动。Click 是在触摸屏任意部位单击,可以看到手势局限性较大。IP 核提供了一些端口用于扩展,具体实现将在 6.3.2 小节讲述。

6.3 程序及说明

6.3.1 基于锁相环的触摸屏时序控制

1. 锁相环模块

锁相环模块用于提供触摸屏所需要的 33 MHz 像素时钟。

锁相环模块在 Quartus II 中的调用方法：

点击菜单栏 Tools 下的 MegaWizard Plug-In Manager 选项，如图 6.8 所示，进入如图 6.9 所示的界面，保持如图设置点击"Next"按钮，进入如图 6.10 所示的窗口，选择 I/O 下的 ALTPLL，并将名字命名为 MTL_pll. v，点击"Next"按钮。

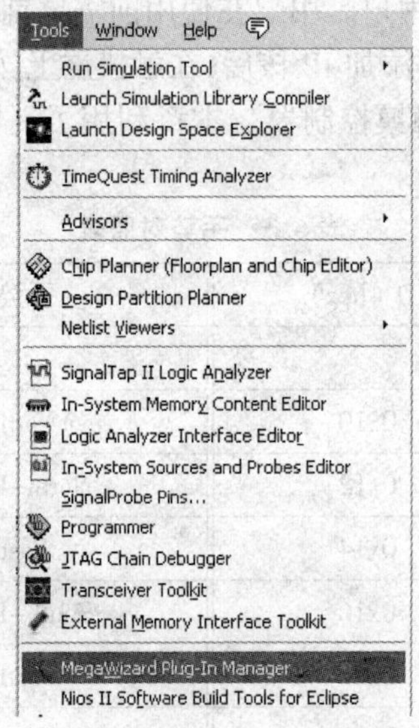

图 6.8 Mega core 添加菜单

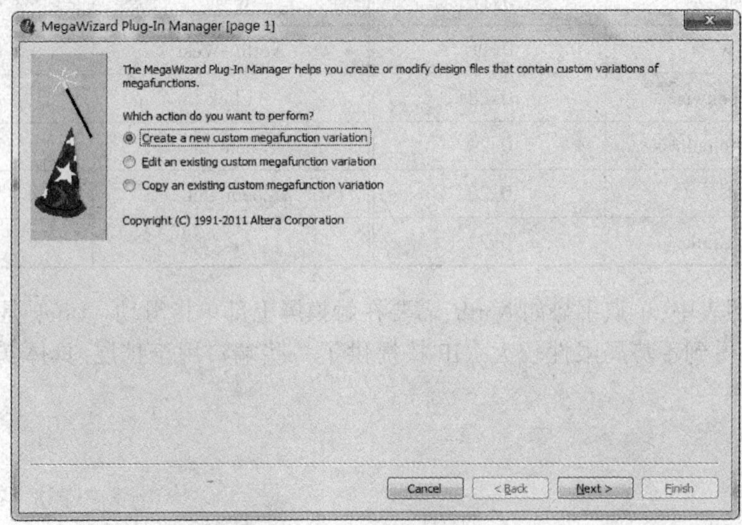

图 6.9 Mega core 创建窗口

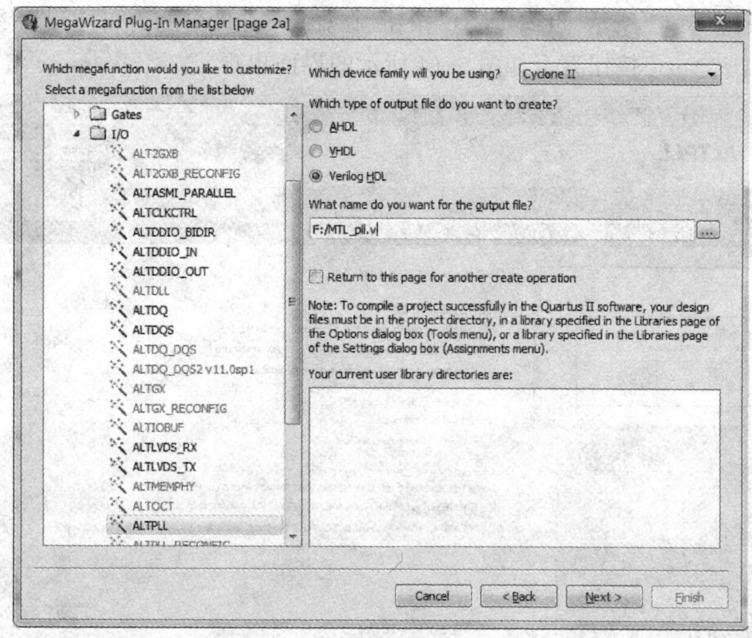

图 6.10 ALTPLL IP 核创建窗口

在如图 6.11 所示的对话框中，选择时钟为 28.6 MHz，点击“Next”按钮，进入如图 6.12 所示的窗口。

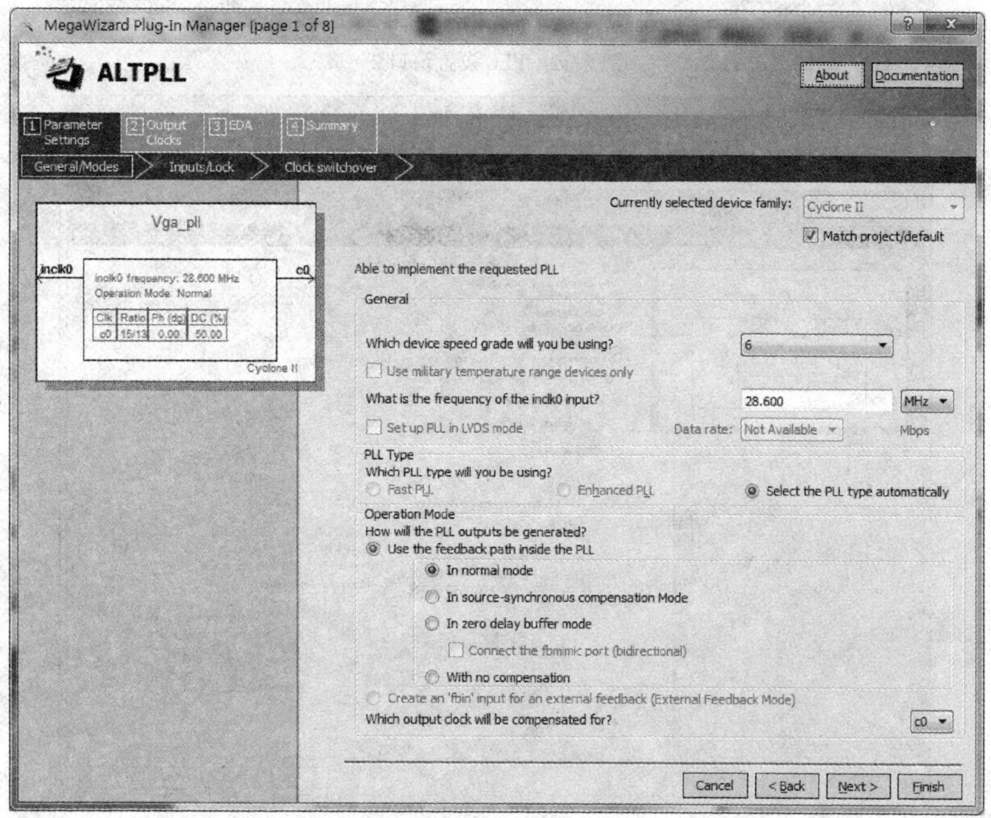

图 6.11 PLL 时钟设置窗口

设置选项如图 6.12 所示,点击“Next”按钮,在如图 6.13 中的窗口中设置参数 c0 的输出为 33 MHz。点击“Next”按钮直至如图 6.14 所示的界面出现,选择 pll_inst.v 将 IP 核实例化。

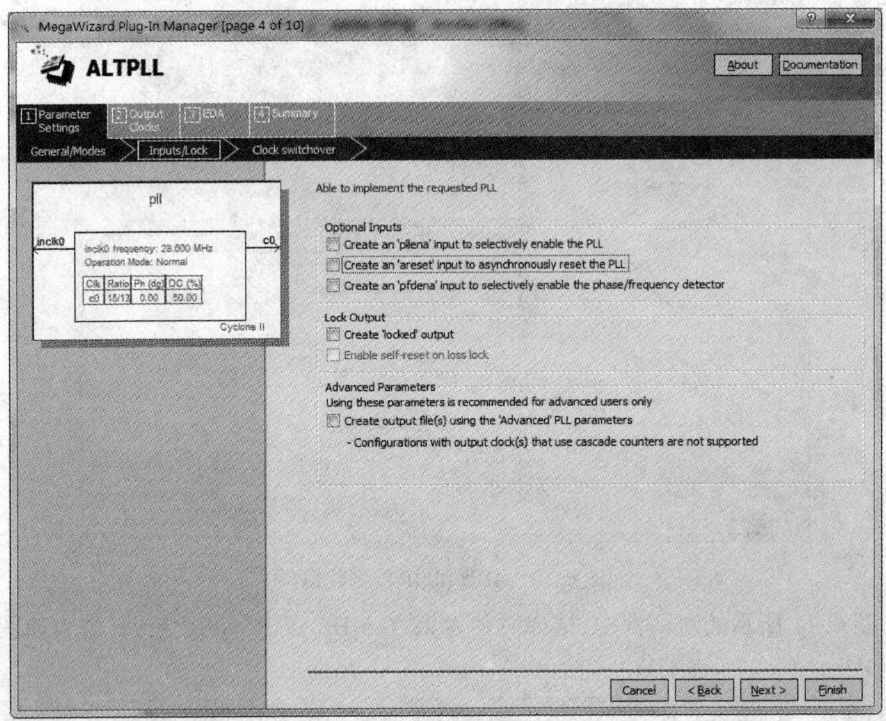

图 6.12　PLL 设置窗口 2

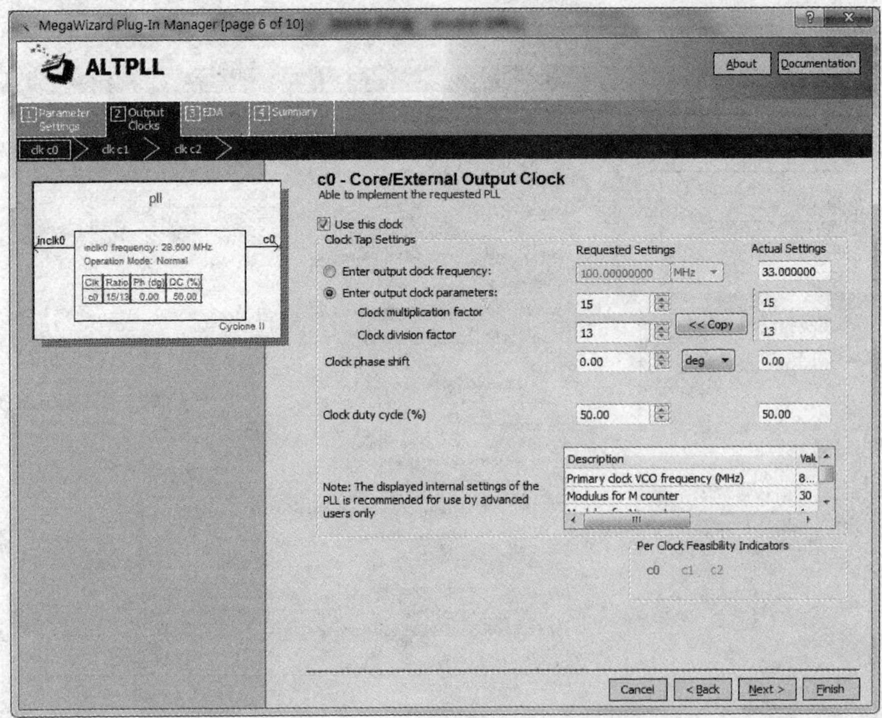

图 6.13　PLL 设置窗口 3

在图 6.14 所示的界面点击“Finish”按钮，完成弹出如图 6.15 所示的对话框。点击“Yes”按钮。完成 PLL 模块的设计，工程中已经包含设置完成的 PLL 模块，只需要在逻辑中对其实例化即可使用 PLL 产生的时钟信号。

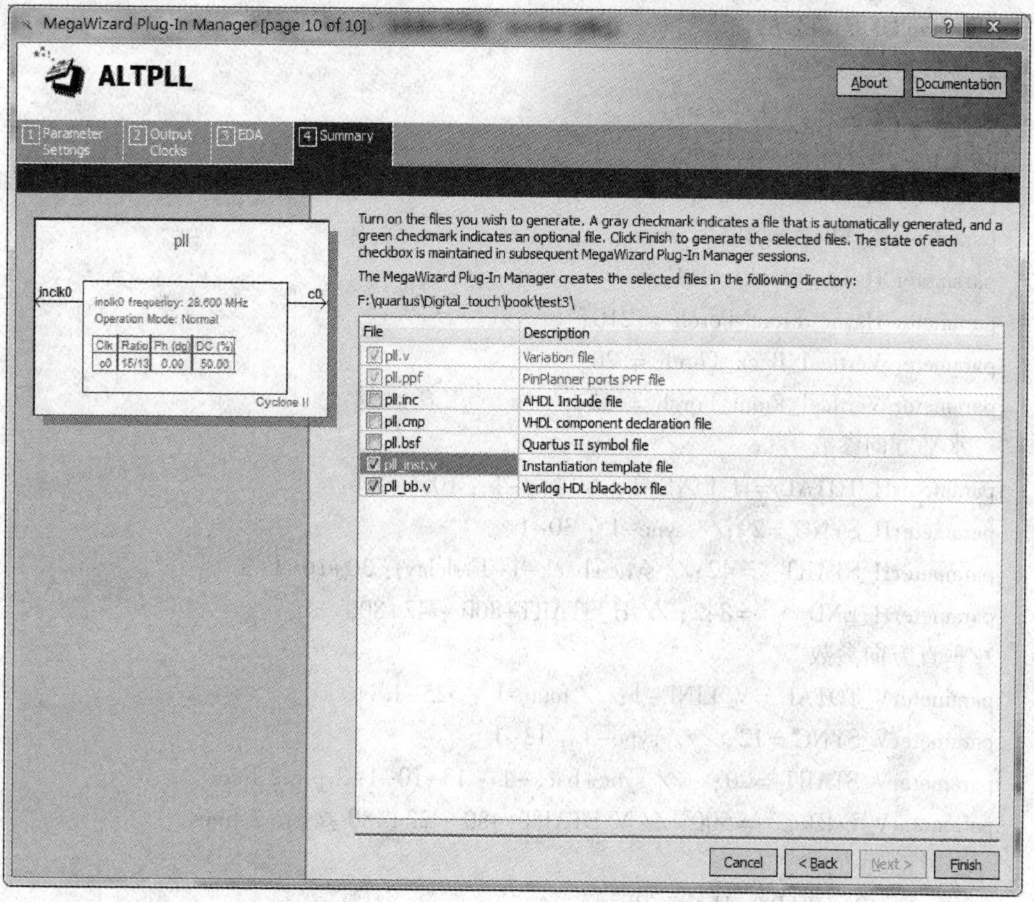

图 6.14　PLL 设置窗口 4

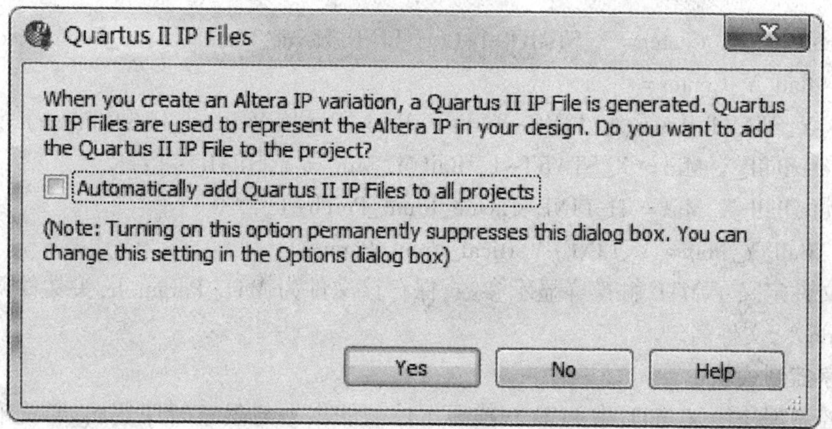

图 6.15　IP 核添加到工程对话框

生成的 PLL 通过模块实例调用在工程中使用，在 Quartus II 11.0 SP1 软件下生成后，调用格式为：

```
MTL_pll   pll_mtl (.inclk0( * ), .c0( * ));
```

其中 inclk0 是 PLL 的输入时钟，c0 是 PLL 分频后得到的时钟信号。

2. 参数定义头文件

参数定义头文件 MTL_Param：

```
// PARAMETER declarations
parameter H_LINE = 1056;
parameter V_LINE = 525;
parameter Hsync_Blank = 42;
parameter Hsync_Front_Porch = 210;
parameter Vertical_Back_Porch = 20;
parameter Vertical_Front_Porch = 22;
//水平方向参数
parameterH_TOTAL =H_LINE-1; // total-1 : 1056-1
parameterH_SYNC =29;// sync-1 : 30-1
parameterH_START   =42;// sync+back-1-1-delay : 30+16-1-3
parameterH_END     =842; // H_START+800 : 42+800
//垂直方向参数
parameterV_TOTAL =V_LINE-1; // total-1 : 525-1
parameterV_SYNC =12;  // sync-1 : 13-1
parameterV_START =20;  // sync+back-1 : 13+10-1-2 pre 2 lines
parameterV_END     =500; // V_START+480 : 22+480-2 pre 2 lines

parameter  X_START=Hsync_Blank;
parameterY_START=Vertical_Back_Porch;


parameter Ball_X_Center= X_START-1+((H_LINE-Hsync_Blank-Hsync_Front_Porch)>>1),
        Ball_Y_Center=
        Y_START-1+ ((V_LINE-Vertical_Back_Porch-Vertical_Front_Porch)>>1);
ParameterBall_X_Min= X_START-1, Ball_Y_Min = Y_START-1;
ParameterBall_X_Max= H_LINE-Hsync_Front_Porch-1,
        Ball_Y_Max= V_LINE-Vertical_Front_Porch-1;
```

该头文件定义了 MTL 触摸屏显示参数，保存该文件为 MTL_Param.h，头文件调用格式为：

```
'include "<文件名>"
```

3. 时序控制模块

时序控制模块定义 MTL 中 LCD 扫描显示控制的水平与垂直时序逻辑，首先利用 LCD 时序规格定义扫描边界，再用像素时钟得到行列扫描完成指示 oMTL_HS 和 oMTL_VS。具体实现有：

时序控制模块 mtl_controller：

```
modulemtl_controller (iCLK, iRSTN, oREAD, oMTL_HS, oMTL_VS);

input    iCLK;
input    iRSTN;
output      [2:0] oREAD;
output reg oMTL_HS;
output regoMTL_VS;

'include "MTL_Param.h"

reg    [10:0]   h_count;
reg    [9:0]    v_count;
reg h_act;
reg [2:0]    v_act;
wire h_max, hs_end, hr_start, hr_end;
wire v_max, vs_end, vr_start, vr_end;

assign oREAD = {v_act[2]&&h_act, v_act[1]&&h_act, v_act[0]&&h_act};

assign h_max = h_count == H_TOTAL;//H_TOTAL=1055
assign hs_end = h_count >= H_SYNC;//H_SYNC=29
assign hr_start = h_count == H_START;//H_START=42
assign hr_end = h_count == H_END;//H_END=842
assign v_max = v_count == V_TOTAL;//V_TOTAL=524
assign vs_end = v_count >= V_SYNC;//V_SYNC=12
assign vr_start = v_count == V_START;//V_START=20
assign vr_end = v_count == V_END;//V_END=500

//水平时序控制逻辑
always @ (posedge iCLK or negedge iRSTN)
    if (! iRSTN)
    begin
        h_count<=11'b0;
        oMTL_HS<=1'b1;
        h_act<=1'b0;
    end
    else
    begin
```

```
            if (h_max)
              h_count<=11'b0;
            else
              h_count<= h_count + 11'b1;

            if (hs_end && ! h_max)
              oMTL_HS<=1'b1;
            else
              oMTL_HS<= 1'b0;

            if (hr_start)
              h_act    <=1'b1;
            else if (hr_end)
              h_act    <=1'b0;
        end

//垂直时序控制逻辑
always@(posedge iCLK or negedge iRSTN)
        if(! iRSTN)
        begin
            v_count<=10'b0;
            oMTL_VS<=1'b1;
            v_act<=3'b0;
        end
        else
        begin
            if (h_max)
            begin
              if (v_max)
                v_count<=10'b0;
              else
                v_count<=v_count + 10'b1;

              if (vs_end && ! v_max)
                oMTL_VS<=1'b1;
              else
                oMTL_VS<=1'b0;

              v_act[2:1] <= v_act[1:0];
```

```
            if (vr_start)
                v_act[0] <=1'b1;
            else if (vr_end)
                v_act[0] <=1'b0;
        end
    end

endmodule
```

4. 显示控制模块

显示控制模块 mtl_display：

```
module mtl_display (iCLK, iRST_n, oHD, oVD, oREAD, oLCD_R, oLCD_G, oLCD_B);

'include "MTL_Param.h"

input       iCLK;
input       iRST_n;
output         [7:0]oLCD_R;
output         [7:0]oLCD_G;
output         [7:0]oLCD_B;
output      oHD;
outputoVD;
output[2:0]oREAD;

wire[7:0]       mred;
wire[7:0]       mgreen;
wire[7:0]       mblue;

mtl_controllerU1(
            .iCLK(iCLK),
            .iRSTN(iRST_n),
            .oREAD(oREAD),
            .oMTL_HS(oHD),
            .oMTL_VS(oVD));

//显示颜色定义
assign mred=8'h7f;
assign mgreen=8'h7f;
```

```
assign mblue = 8'h7f;

endmodule
```

显示控制模块用于提供触摸屏所显示内容的设置，在下述实验中还将用于提供触碰手势控制功能。显示控制模块中颜色定义可以包含在 mtl_controller 模块中，但将显示控制模块单独列出有利于后续实验的编写。

5. 复位延时模块

复位延时模块 reset_delay：

```
modulereset_delay(iRSTN, iCLK, oRST);

inputi RSTN;
inputi CLK;
output   reg oRST;
reg   [26:0] cont;

always @ (posedge iCLK or negedge iRSTN)
  if (! iRSTN)
  begin
    cont       <= 27'b0;
  end
  else
  begin
if (! cont[26])
       cont       <= cont + 27'b1;
    oRST <= ! cont[26];
  end
endmodule
```

6. 顶层模块

顶层模块 MTL_1：

```
module   MTL_1(
         iCLK_28,                    //28.636 36 MHz
         iCLK_50,                    //50 MHz
         iKEY,                       //Pushbutton[3:0]
         );

inputi      CLK_28;                  //28.636 36 MHz
inputi      CLK_50;                  //50 MHz
```

```
input[3:0]      iKEY;                    //Pushbutton[3:0]

wire[7:0]   mtl_r;                       //mtl Red Data 8 Bits
wire[7:0]     mtl_g;                     //mtl Green Data 8 Bits
wire[7:0]     mtl_b;                     //mtl Blue Data 8 Bits
wire      mtl_nclk;                      //mtl Clock
wire      mtl_hd;
wire      mtl_vd;
wire      dly_rst;
wire[2:0]      read;

assignGPIO_0[0]=mtl_nclk;
assignGPIO_0[1]=mtl_r[0];
assignGPIO_0[2]=mtl_r[1];
assignGPIO_0[3]=mtl_r[2];
assignGPIO_0[4]=mtl_r[3];
assignGPIO_0[5]=mtl_r[4];
assignGPIO_0[6]=mtl_r[5];
assignGPIO_0[7]=mtl_r[6];
assignGPIO_0[8]=mtl_r[7];
assignGPIO_0[9]=mtl_g[0];
assignGPIO_0[10]=mtl_g[1];
assignGPIO_0[11]=mtl_g[2];
assignGPIO_0[12]=mtl_g[3];
assignGPIO_0[13]=mtl_g[4];
assignGPIO_CLKOUT_P0=mtl_g[5];
assignGPIO_0[15]=mtl_g[6];
assignGPIO_0[16]=mtl_b[0];
assignGPIO_0[17]=mtl_g[7];
assignGPIO_0[18]=mtl_b[1];
assignGPIO_0[19]=mtl_b[2];
assignGPIO_0[20]=mtl_b[3];
assignGPIO_0[21]=mtl_b[4];
assignGPIO_0[22]=mtl_b[5];
assignGPIO_0[23]=mtl_b[6];
assignGPIO_0[24]=mtl_b[7];
assignGPIO_0[26]=mtl_hd;
assignGPIO_0[27]=mtl_vd;
```

```
reset_delayu_reset_delay (
                    . iRSTN(iKEY[0]),
                    . iCLK(iCLK_50),
                    . oRST(dly_rst) );

MTL_pll         pll_mtl(
                    . inclk0(iCLK_28),
                    . c0(mtl_nclk) );

mtl_displayu6   (
                    . iCLK(mtl_nclk),
                    . iRST_n(! dly_rst),
                    . iKey(iKEY[1]),
                    . oLCD_R(mtl_r),
                    . oLCD_G(mtl_g),
                    . oLCD_B(mtl_b),
                    . oHD(mtl_hd),
                    . oVD(mtl_vd),
                    . oREAD(read) );

endmodule
```

6.3.2 基于触摸屏的背景颜色触碰改变

为实现触摸屏的背景颜色触碰改变,需要在工程中加入触摸屏触碰识别逻辑和触摸屏显示逻辑。其中触摸屏显示逻辑中的 PLL、参数定义头文件、复位延时模块 reset_delay 和时序控制逻辑 mtl_controller 与上节相同,本节中不再赘述。

1. 触碰控制逻辑

本书中使用的是 MTL 触摸屏套件,其技术文档内附带触碰控制模块 Verilog 描述,文件名为 i2c_touch_config. v。可利用该模块实现单手势或多手势的触碰识别,也可利用该模块判断触碰点位置,自行设计触碰操作。模块提供端口有:

```
i2c_touch_config  u_i2c_touch_config (
                . iCLK(iCLK_50),
                . iRSTN(iKEY[0]),
                . iTRIG(! TOUCH_INT_n),
                . oREADY(touch_ready),
                . oREG_X1(reg_x1),
                . oREG_Y1(reg_y1),
                . oREG_X2(reg_x2),
                . oREG_Y2(reg_y2),
```

```
                .oREG_TOUCH_COUNT(reg_touch_count),
                .oREG_GESTURE(reg_gesture),
                .I2C_SCLK(TOUCH_I2CSCL),
                .I2C_SDAT(GPIO_0[29]));
```

利用该模块中端口,如 oREG_X1,oREG_Y1,oREG_X2,oREG_Y2,可以对手势进行扩展,自行设计手势,或者对手势进行深度约束,如设置单击操作 Click 的范围,实现进一步控制。

2. 触碰识别延迟模块

MTL 触摸屏在识别单手势触碰信号过程中,会因触碰延时问题产生误操作。为确保识别的可靠性,在识别触碰信号时加入延迟逻辑,确保手势识别的可靠程度。

触碰识别延迟模块 touch_delay:

```
module touch_delay(iCLK,iRST_n,iTRIG,oTRIG);

input  iCLK;
input   iRST_n;
input  iTRIG;
output oTRIG;

reg clk_irq1,clk_irq2;
reg  [32:0] cnt_delay;

always@(posedge iCLK or negedge iRST_n)
begin
    if (! iRST_n)
        begin
        cnt_delay <= 0;
        end
    else if (iTRIG)
        cnt_delay = 0;
    else if (cnt_delay < 32'HFFFF_FFFF)
        begin
        cnt_delay <= cnt_delay + 1;
        end
    else
        cnt_delay <= cnt_delay;
end

always@(posedge iCLK or negedge iRST_n)
begin
    if (! iRST_n)
```

```
        begin
        clk_irq1 <= 0;
        end
    else
        begin
          if (cnt_delay <= 32'HBFFF)
              clk_irq1 <= 0;
          else  if (cnt_delay > 32'HBFFF && cnt_delay <= 32'HFF_FFFF )
              clk_irq1 <= 1;
          else  clk_irq1 <= 0;
    end
end

always@ (posedge iCLK or negedge iRST_n)
begin
    if (! iRST_n)
        begin
        clk_irq2 <= 0;
        end
    else
        begin
          if (cnt_delay <= 32'HF_FFFF)
             clk_irq2 <= 0;
          else   if (cnt_delay > 32'HF_FFFF && cnt_delay <= 32'HFF_FFFF )
             clk_irq2 <= 1;
          else   clk_irq2 <= 0;
    end
end

assign oTRIG =clk_irq1 ^ clk_irq2;

endmodule
```

3. 显示控制模块

根据上节中显示模块的编写，加入触碰切换逻辑，即可实现触摸屏背景颜色的触碰改变功能。同时，增加了一种灰度显示模式，利用扫描点的位置实现灰度背景色的逻辑设计。

显示控制模块 mtl_display：

```
'default_nettype none
module mtl_display(
                    iCLK_50,
```

```
                iCLK,
                iRST_n,
                iKey,
                oHD,
                oVD,
                oREAD,
                oLCD_R,
                oLCD_G,
                oLCD_B,
                iREG_GESTURE,
                iTRIG);

'include "MTL_Param.h"

inputi      CLK_50;
inputi      CLK;
inputi      RST_n;
inputi      Key;
output      oHD;
output      oVD;
output[2:0]       oREAD;
input[7:0]       iREG_GESTURE;
inputiTRIG;

wire      oTRIG;
reg      [1:0]iDISPLAY_MODE;
reg      [10:0] x_cnt;
reg      [9:0]y_cnt;
regmhd;
reg      [7:0]graycnt;

touch_delay u_touch_delay(
                .iCLK(iCLK_50),
                .iRST_n(iRST_n),
                .iTRIG(iTRIG),
                .oTRIG(oTRIG));

mtl_controllerU1(
        .iCLK(iCLK),
```

```
            .iRSTN(iRST_n),
            .oREAD(oREAD),
            .oMTL_HS(oHD),
            .oMTL_VS(oVD));

always@(posedge oTRIG or negedge iRST_n)
begin
    if(!iRST_n)
        iDISPLAY_MODE = 2;
    else
        begin
          if(iREG_GESTURE == 8'h14)
            iDISPLAY_MODE = iDISPLAY_MODE +1;
          else if(iREG_GESTURE == 8'h1C)
            iDISPLAY_MODE = iDISPLAY_MODE -1;
          else
            iDISPLAY_MODE = iDISPLAY_MODE ;
        end
end

/////////////// x  y counter  and graycnt generator ////////////
always@(posedge iCLK or negedge iRST_n)
begin
    if(!iRST_n)
        x_cnt <= 11'd0;
    else if(x_cnt == (H_LINE-1))
        x_cnt <= 11'd0;
    else
        x_cnt <= x_cnt + 11'd1;
end

always@(posedge iCLK or negedge iRST_n)
begin
    if(!iRST_n)
        y_cnt <= 10'd0;
    else if(x_cnt == (H_LINE-1))
    begin
        if(y_cnt == (V_LINE-1))
            y_cnt <= 10'd0;
```

```
            else
                y_cnt <= y_cnt + 10'd1;
        end
end

always@(posedge iCLK or negedge iRST_n)
begin
    if(! iRST_n)
        graycnt <= 0;
    else if((x_cnt>(Hsync_Blank-1))&&(x_cnt<(H_LINE-Hsync_Front_Porch)))
        graycnt <= graycnt + 1;
    else
        graycnt <= 0;
end

assign  mred = (iDISPLAY_MODE == 2'b11)?   8'hff:
          (iDISPLAY_MODE == 2'b10)?   8'h7f:
          (iDISPLAY_MODE == 2'b01)?   8'hff:
          graycnt;

assign  mgreen = (iDISPLAY_MODE == 2'b11)?   8'hff:
          (iDISPLAY_MODE == 2'b10)?   8'h7f:
          (iDISPLAY_MODE == 2'b01)?   8'hff:
          graycnt;

assign  mblue = (iDISPLAY_MODE == 2'b11)?   8'hff:
          (iDISPLAY_MODE == 2'b10)?   8'h7f:
          (iDISPLAY_MODE == 2'b01)?   8'h00:
          graycnt;

endmodule
```

4. 顶层模块

顶层模块 MTL_2：

```
module MTL_2(
            iCLK_28,              //28.636 36 MHz
            iCLK_50,              //50 MHz
            iKEY);                //Pushbutton[3:0]
input       iCLK_28;              //28.636 36 MHz
```

```
input       iCLK_50;                    //50 MHz
input[3:0] iKEY;                        //Pushbutton[3:0]

wire        [7:0]   mtl_r;              //mtl Red Data 8 Bits
wire        [7:0]   mtl_g;              //mtl Green Data 8 Bits
wire        [7:0]   mtl_b;              //mtl Blue Data 8 Bits
wire        mtl_nclk;                   //mtl Clock
wire        mtl_hd;
wire        mtl_vd;
wire        dly_rst;
wire        [2:0]                       read;
wire        [9:0]                       reg_x1, reg_x2;
wire        [8:0]                       reg_y1, reg_y2;
wire        [7:0]                       reg_gesture;
wire        [1:0]                       reg_touch_count;
wire        touch_ready;
wire        TOUCH_I2CSCL;
wire        TOUCH_INT_n;

assign  GPIO_0[0]   =mtl_nclk;
assign  GPIO_0[1]   =mtl_r[0];
assign  GPIO_0[2]   =mtl_r[1];
assign  GPIO_0[3]   =mtl_r[2];
assign  GPIO_0[4]   =mtl_r[3];
assign  GPIO_0[5]   =mtl_r[4];
assign  GPIO_0[6]   =mtl_r[5];
assign  GPIO_0[7]   =mtl_r[6];
assign  GPIO_0[8]   =mtl_r[7];
assign  GPIO_0[9]   =mtl_g[0];
assign  GPIO_0[10]   =mtl_g[1];
assign  GPIO_0[11]   =mtl_g[2];
assign  GPIO_0[12]   =mtl_g[3];
assign  GPIO_0[13]   =mtl_g[4];
assign  GPIO_CLKOUT_P0=mtl_g[5];
assign  GPIO_0[15]   =mtl_g[6];
assign  GPIO_0[16]   =mtl_b[0];
assign  GPIO_0[17]   =mtl_g[7];
assign  GPIO_0[18]   =mtl_b[1];
assign  GPIO_0[19]   =mtl_b[2];
```

```
assign   GPIO_0[20]   =mtl_b[3];
assign   GPIO_0[21]   =mtl_b[4];
assign   GPIO_0[22]   =mtl_b[5];
assign   GPIO_0[23]   =mtl_b[6];
assign   GPIO_0[24]   =mtl_b[7];
assign   GPIO_0[26]   =mtl_hd;
assign   GPIO_0[27]   =mtl_vd;
assign   GPIO_0[28]   =TOUCH_I2CSCL;
assign   TOUCH_INT_n   = GPIO_0[30];

reset_delayu_reset_delay (
                    .iRSTN(iKEY[0]),
                    .iCLK(iCLK_50),
                    .oRST(dly_rst) );

i2c_touch_config   u_i2c_touch_config (
                    .iCLK(iCLK_50),
                    .iRSTN(iKEY[0]),
                    .iTRIG(! TOUCH_INT_n),
                    .oREADY(touch_ready),
                    .oREG_X1(reg_x1),
                    .oREG_Y1(reg_y1),
                    .oREG_X2(reg_x2),
                    .oREG_Y2(reg_y2),
                    .oREG_TOUCH_COUNT(reg_touch_count),
                    .oREG_GESTURE(reg_gesture),
                    .I2C_SCLK(TOUCH_I2CSCL),
                    .I2C_SDAT(GPIO_0[29]) );//TOUCH_I2CSDA

MTL_pll   pll_mtl(
          .inclk0(iCLK_28),
          .c0(mtl_nclk));

mtl_displayu6 (
                    .iCLK_50(iCLK_50),
                    .iCLK(mtl_nclk),
                    .iRST_n(! dly_rst),
                        .iKey(iKEY[1]),
                    .oLCD_R(mtl_r),
```

```
                        .oLCD_G(mtl_g),
                        .oLCD_B(mtl_b),
                        .oHD(mtl_hd),
                        .oVD(mtl_vd),
                        .iREG_GESTURE(reg_gesture),
                        .iTRIG(TOUCH_INT_n),
                        .oREAD(read));

endmodule
```

6.3.3 基于触摸屏的弹球动画

利用触摸屏显示弹球动画,需要在之前实验基础上加入弹球控制模块,实现弹球的移动及碰壁反弹功能,并对背景的显示逻辑进行更改,加入弹球的显示。该实验利用本章前两个实验中的 PLL 模块、显示控制模块 mtl_controller、参数定义头文件 MTL_Param.h、复位延迟模块 reset_delay、触碰识别延迟模块 touch_delay 和触碰控制逻辑 i2c_touch_config,加入弹球和背景颜色控制逻辑,实现弹球动画。

1. 弹球控制模块

弹球控制模块的端口包括弹球位置坐标、弹球尺寸、弹球移动速度(步进)和弹球初始尺寸。模块需要包含对弹球中心坐标、弹球移动、尺寸和碰壁反弹的控制逻辑,其中尺寸控制由 DE2-70 上的拨码开关实现。具体实现有:

弹球控制模块 Ball:

```
module Ball(
        rst_n,
        clk_in,
        Ball_S_in,
        X_Step,
        Y_Step,
        Ball_X,
        Ball_Y,
        Ball_S);

'include "MTL_Param.h"
input       rst_n;
input       clk_in;
input       [3:0] Ball_S_in;        // input ball size
input       [3:0] X_Step;           // input x step
input       [3:0] Y_Step;           // input y step
output      [10:0] Ball_X;          // ball x cordinate
output      [9:0] Ball_Y;           // ball y cordinate
```

```
output      [9:0] Ball_S;            // ball size

wire        [9:0] Ball_S;
reg         [10:0] X;
reg         [9:0]Y;
reg         [10:0] Ball_X, Ball_Y;

assign Ball_S = {6'b000000,Ball_S_in};

always@(posedge clk_in or negedge rst_n)
begin
   if(!rst_n)
   begin
      Ball_X <= Ball_X_Center;
      X <= {7'b0000000,X_Step};
   end
   else
   begin
      if(Ball_X+Ball_S >= Ball_X_Max)          //碰到右壁
         X = ~{7'b0000000,X_Step}+10'b1;
      else if(Ball_X-Ball_S <= Ball_X_Min)     //碰到左壁
         X = {7'b0000000,X_Step};
      else
         X=((Ball_X==Ball_X_Center)&&(X==11'b0))? {7'b0000000,X_Step}:X;
      Ball_X = Ball_X + X;
   end
end

always@(posedge clk_in or negedge rst_n)
begin
   if(!rst_n)
   begin
      Ball_Y = Ball_Y_Center;
      Y = {6'b000000,Y_Step};
   end
   else
   begin
      if(Ball_Y+Ball_S >= Ball_Y_Max)          //碰到下壁
         Y = ~{6'b000000,Y_Step}+10'b1;
```

```
        else if(Ball_Y-Ball_S <= Ball_Y_Min)            //碰到上壁
          Y = {6'b000000,Y_Step};
        else
          Y=((Ball_Y==Ball_Y_Center)&&(Y==11'b0))? {6'b000000,Y_Step}:Y;
        Ball_Y = Ball_Y + Y;
    end
end

endmodule
```

2. 背景颜色控制模块

由于触摸屏显示不是分图层实现,因此弹球动画的背景显示与弹球运动轨迹显示需要同时进行。为实现弹球动画过程中触碰更改背景颜色功能,需要更改本章前述实验中背景颜色控制模块以及显示模块。背景颜色控制模块的功能是判断当前手势,改变颜色显示标志位,并输出标志位,具体实现如下:

背景颜色控制模块 Background_Color:

```
module Background_Color(
                        iCLK_50,
                        iCLK, // LCD display clock
                        iRST_n, // systen reset
                        iREG_GESTURE,     // Touch Gesture
                        iTRIG,

oBackground_set
);

input       iCLK_50;
input       iCLK;
input       iRST_n;
input       [7:0]  iREG_GESTURE;
input       iTRIG;
output      [1:0]  oBackground_set;
reg         [1:0]  oBackground_set;
wire        oTRIG;

touch_delay  u_touch_delay(
                        .iCLK(iCLK_50),
                        .iRST_n(iRST_n),
                        .iTRIG(iTRIG),
                        .oTRIG(oTRIG));
```

```
always@ (posedge oTRIG or negedge iRST_n)
begin
     if (! iRST_n)
        oBackground_set = 1;
     else
        begin
          if (iREG_GESTURE == 8'h14)
               oBackground_set =  oBackground_set +1;
          else if(iREG_GESTURE == 8'h1C)
               oBackground_set =  oBackground_set -1;
          else
               oBackground_set =  oBackground_set ;
        end
end

endmodule
```

3. 背景显示模块

背景显示模块中定义了弹球的显示范围,并利用 VGA 扫描显示原理,使用 x,y 方向坐标,判断弹球位置,控制弹球所在区域显示特定颜色,从而实现弹球动画。并且,加入了几种背景颜色显示逻辑,可进行切换。具体实现如下:

背景显示模块 color_gen:

```
module color_gen(
                    iRST_n,
                    Ball_X,          //给定球的 x 坐标
                    Ball_Y,          //给定球的 y 坐标
                    MTL_X,           //mtl x coordinate
                    MTL_Y,           //mtl y coordinate
                    Ball_S,
                    MTL_R,
                    MTL_G,
                    MTL_B,
                    iDISPLAY_MODE);

'include "MTL_Param. h"

Input        iRST_n;
input        [10:0] Ball_X;              // the x cordinate of the ball
input        [9:0] Ball_Y;               // the y cordinate of the ball
input        [10:0] MTL_X;               // the mtl current scan x cordinate
```

```
input          [9:0] MTL_Y;                    // the mtl current scan y cordiante
input          [7:0] Ball_S;                    // the size of the ball
output  reg  [7:0] MTL_R;                    // the red compent to mtl
output  reg  [7:0] MTL_G;
output  reg  [7:0] MTL_B;
input          [1:0] iDISPLAY_MODE;

wire           Ball_Show;
wire           [21:0] Delta_X2,Delta_Y2,R2;

assign Delta_X2 = (MTL_X-Ball_X)*(MTL_X-Ball_X);        //x的平方
assign Delta_Y2 = (MTL_Y-Ball_Y)*(MTL_Y-Ball_Y);        //y的平方
assign R2        = (Ball_S*Ball_S);//r的平方
assign Ball_Show = (Delta_X2+Delta_Y2)<= R2? 1'b1:1'b0;//判断坐标点是否在圆周内

//generate RGB
always@(Ball_Show, VGA_X, VGA_Y, iDISPLAY_MODE)
begin
    if(Ball_Show)
        begin
                VGA_R = {8{1'b1}};
                VGA_G = {8{1'b1}};
                VGA_B = {8{1'b1}};
            end
    else if (iDISPLAY_MODE == 2'b11)
        begin
            VGA_R = 8'h00;
            VGA_G = 8'hff;
            VGA_B = 8'h00;
        end
    else if (iDISPLAY_MODE == 2'b10)
        begin
            VGA_R = {VGA_X[7:0]};
            VGA_G = {VGA_X[7:0]};
            VGA_B = {1'b1,VGA_X[7:1]};
        end
    else if (iDISPLAY_MODE == 2'b01)
        begin
            VGA_R = 8'hef;
```

```
            VGA_G = 8'h00;
            VGA_B = 8'hef;
        end
    else
        begin
            VGA_R = {8{1'b0}};
            VGA_G = {8{1'b0}};
            VGA_B = {8{1'b0}};
        end
    end

endmodule
```

4. 顶层模块

本实验中弹球初始尺寸、尺寸变化和移动速度的控制交由 DE2-70 上的拨码开关实现,而背景颜色的更改由触碰控制。

顶层模块 MTL_3:

```
module MTL_3(
        iCLK_28,                //28.636 36 MHz
        iCLK_50,                //50 MHz
        iKEY,                   //Pushbutton[3:0]
        iSW);

input       iCLK_28;            //28.63636 MHz
input       iCLK_50;            //50 MHz
input[3:0]  iKEY;               //Pushbutton[3:0]
input[17:0]iSW;

wire[7:0]   mtl_r, mtl_r1;      //mtl Red Data 8 Bits
wire[7:0]   mtl_g, mtl_g1;      //mtl Green Data 8 Bits
wire[7:0]   mtl_b, mtl_r1;      //mtl Blue Data 8 Bits
wiremtl_nclk;//mtl Clcok
wiremtl_hd;
wiremtl_vd;
wire[10:0] mtl_x;
wire[9:0]   mtl_y;
wire[1:0]   display_mode;
wiredly_rst;
wire[2:0]   read;
wire[9:0]   reg_x1, reg_x2;
```

```
wire[8:0]  reg_y1, reg_y2;
wire[7:0]  reg_gesture;
wire[1:0]  reg_touch_count;
wire       touch_ready;
wire       TOUCH_I2CSCL;
wire       TOUCH_INT_n;
wire[10:0] Ball_X;                //ball x cordinate
wire[9:0]  Ball_Y;      //ball y cordinate
wire[9:0]  Ball_S;      //ball size

assign     GPIO_0[0]=mtl_nclk;
assign     GPIO_0[1]=mtl_r[0];
assign     GPIO_0[2]=mtl_r[1];
assign     GPIO_0[3]=mtl_r[2];
assign     GPIO_0[4]=mtl_r[3];
assign     GPIO_0[5]=mtl_r[4];
assign     GPIO_0[6]=mtl_r[5];
assign     GPIO_0[7]=mtl_r[6];
assign     GPIO_0[8]=mtl_r[7];
assign     GPIO_0[9]=mtl_g[0];
assign     GPIO_0[10]=mtl_g[1];
assign     GPIO_0[11]=mtl_g[2];
assign     GPIO_0[12]=mtl_g[3];
assign     GPIO_0[13]=mtl_g[4];
assign     GPIO_CLKOUT_P0=mtl_g[5];
assign     GPIO_0[15]=mtl_g[6];
assign     GPIO_0[16]=mtl_b[0];
assign     GPIO_0[17]=mtl_g[7];
assign     GPIO_0[18]=mtl_b[1];
assign     GPIO_0[19]=mtl_b[2];
assign     GPIO_0[20]=mtl_b[3];
assign     GPIO_0[21]=mtl_b[4];
assign     GPIO_0[22]=mtl_b[5];
assign     GPIO_0[23]=mtl_b[6];
assign     GPIO_0[24]=mtl_b[7];
assign     GPIO_0[26]=mtl_hd;
assign     GPIO_0[27]=mtl_vd;
assign     GPIO_0[28]=TOUCH_I2CSCL;
assign     TOUCH_INT_n= GPIO_0[30];
```

```
reset_delay    u_reset_delay (
                        . iRSTN( iKEY[ 0 ] ) ,
                        . iCLK( iCLK_50) ,
                        . oRST( dly_rst) ) ;

i2c_touch_config   u_i2c_touch_config (
                        . iCLK( iCLK_50) ,
                        . iRSTN( iKEY[ 0 ] ) ,
                        . iTRIG( ! TOUCH_INT_n) ,
                        . oREADY( touch_ready) ,
                        . oREG_X1( reg_x1) ,
                        . oREG_Y1( reg_y1) ,
                        . oREG_X2( reg_x2) ,
                        . oREG_Y2( reg_y2) ,
                        . oREG_TOUCH_COUNT( reg_touch_count) ,
                        . oREG_GESTURE( reg_gesture) ,
                        . I2C_SCLK( TOUCH_I2CSCL) ,
                        . I2C_SDAT( GPIO_0[ 29 ] ) ) ;          //    TOUCH_I2CSDA

MTL_pll    pll_mtl(
                        . inclk0( iCLK_28) ,
                        . c0( mtl_nclk) ) ;

Background_Color    Background_set_u(
                        . iCLK_50( iCLK_50) ,
                        . iCLK( ) ,
                        . iRST_n( ! dly_rst) ,
                        . iREG_GESTURE( reg_gesture) ,
                        . iTRIG( TOUCH_INT_n) ,
                        . oBackground_set( display_mode) ) ;

mtl_controller    mtl_controller_u(
                        . iCLK( mtl_nclk) ,
                        . iRSTN( ! dly_rst) ,
                        . iR( mtl_r1) ,
                        . iG( mtl_g1) ,
                        . iB( mtl_b1) ,
                        . oREAD( read) ,
```

```
                    .oMTL_R(mtl_r),
                    .oMTL_G(mtl_g),
                    .oMTL_B(mtl_b),
                    .oMTL_HS(mtl_hd),
                    .oMTL_VS(mtl_vd),
                    .oH_cnt(mtl_x),
                    .oV_cnt(mtl_y));

Ball   Ball_1(
                    .rst_n(! dly_rst),
                    .clk_in(mtl_vd),
                    .Ball_S_in(iSW[4:1]),
                    .X_Step(iSW[8:5]),
                    .Y_Step(iSW[12:9]),
                    .Ball_X(Ball_X),
                    .Ball_Y(Ball_Y),
                    .Ball_S(Ball_S));

color_gen   color_gen_BALL(
                    .iRST_n(! dly_rst),
                    .Ball_X(Ball_X),
                    .Ball_Y(Ball_Y),
                    .MTL_X(mtl_x),
                    .MTL_Y(mtl_y),
                    .Ball_S(Ball_S),
                    .MTL_R(mtl_r1),
                    .MTL_G(mtl_g1),
                    .MTL_B(mtl_b1),
                    .iDISPLAY_MODE(display_mode));

endmodule
```

6.3.4 扩展要求:基于触摸屏的弹球游戏

利用本章所讲述的触摸屏实验以及本章之前的内容,可以设计基于触摸屏的弹球游戏,具体功能有:

(1)利用触碰手势实现挡板的左右移动;

(2)利用触碰手势实现弹球移动速度的调节;

(3)利用触碰手势实现弹球大小的改变。

参考文献

[1] 杨春玲,朱敏. 可编程逻辑器件应用实践[M]. 哈尔滨:哈尔滨工业大学出版社,2008.
[2] 杨春玲,王淑娟. 数字电子技术基础[M]. 北京:高等教育出版社,2011.
[3] 仁爱锋,罗丰. 基于 FPGA 的嵌入式系统设计[M]. 西安:西安电子科技大学出版社,2004.
[4] 杨春玲,朱敏. EDA 技术与实验[M]. 哈尔滨:哈尔滨工业大学出版社,2009.
[5] 夏宇闻. Verilog 数字系统设计教程[M]. 北京:北京航空航天大学出版社,2004.